化学工业出版社"十四五"普通高等教育规划教材·风景园林与园林类

城市景观设计
原理及应用

姜虹　张丹　毛靓　任君华 ◉ 编

田大方 ◉ 审

化学工业出版社

·北京·

内容简介

《城市景观设计原理及应用》较为全面地概述了当代城市景观中经常应用的设计美学原理，以及在国内当今时代背景下出现的相关设计理论和交叉研究方法；同时，通过结合国家目前实施的部分相关规范、标准，明确了不同类型城市景观的主要规划内容及其设计要点。

第1章介绍了形式美法则和三大构成理论，归纳总结城市景观设计中的造景基本原则和常用组景方法。第2章介绍了城市居住区景观设计相关标准、规范和设计要点。第3章针对不同类型的城市商业区，从基本概念、空间形态、景观构成等几个方面介绍了其主要景观特点及相应的设计要点。第4章介绍了城市广场和城市公园的发展过程、主要类型以及相应的景观设计要点，详细分析了不同类型城市公园的主要设计理念和具体设计方法。第5章针对性地介绍了城市工业类棕地、基础设施类棕地以及矿业类棕地景观再生的主要内容和特点，并结合典型实例解析了基本设计原则和具体设计内容。

本教材结合大量实例，语言简练，图文并茂，通俗易懂。

本书可作为高等院校风景园林、园林、环境艺术设计、城乡规划、建筑学等专业教材，也可作为相关行业的设计师、工程师、管理人员参考用书。

图书在版编目（CIP）数据

城市景观设计原理及应用/姜虹等编 . —北京：化学工业出版社，2023.2

化学工业出版社"十四五"普通高等教育规划教材 . 风景园林与园林类

ISBN 978-7-122-42683-3

Ⅰ.①城… Ⅱ.①姜… Ⅲ.①城市景观-景观设计-高等学校-教材 Ⅳ.①TU-856

中国版本图书馆 CIP 数据核字（2022）第 258720 号

审图号：GS京（2023）0043 号

责任编辑：尤彩霞　　　　　　　　　　　　文字编辑：朱雪蕊　陈小滔
责任校对：田睿涵　　　　　　　　　　　　装帧设计：韩　飞

出版发行：化学工业出版社（北京市东城区青年湖南街 13 号　邮政编码 100011）
印　　刷：三河市航远印刷有限公司
装　　订：三河市宇新装订厂
787mm×1092mm　1/16　印张 13¾　字数 351 千字　2023 年 4 月北京第 1 版第 1 次印刷

购书咨询：010-64518888　　　　　　　　　售后服务：010-64518899
网　　址：http://www.cip.com.cn
凡购买本书，如有缺损质量问题，本社销售中心负责调换。

定　　价：59.00 元　　　　　　　　　　　　　　　版权所有　违者必究

前　　言

　　城市景观设计的特点是具有高度的综合性，与众多学科方向都互有交叉，尤其在风景园林、城乡规划、环境艺术、建筑学等设计类学科的培养计划中，都开设了相似类型的课程。在教学过程及设计实践中，因受到所在学科专业背景知识的影响，出现了各自的侧重倾向，使得学生对城市景观的理解有所欠缺，对其内容与重点掌握得不够全面。同时，由于城市景观的动态性和时效性，与其设计相关的国家规范在近两年来陆续更新，并新增了若干条文规定，因此导致部分已出版的相关书籍和教材的内容与现行规范不符。

　　《城市景观设计原理及应用》为高等院校城市景观设计课程教材（先修课程教材为《城市景观设计概论》已于 2017 年出版），较为全面地概述了当代城市景观中经常应用的设计美学原理，以及在国内当今时代背景下出现的相关设计理论和交叉研究方法；同时，通过结合国家目前实施的部分相关规范、标准，明确阐述了不同类型城市景观的主要规划内容及其设计要点。本套教材力求全面、系统、形象地解析城市景观，从基本概念内涵到设计原理及其实践应用进行阐述，为学生掌握相应的具体设计技能打下清晰、准确的理论与实践基础。

　　为了更好地阐释各章节内容，紧密结合城市景观设计的特点，本教材列举大量实例；同时，结合园林、风景园林以及环境艺术设计等专业学生对城市景观设计认知有限的问题，本教材力求语言简练、图文并茂，使枯燥的理论知识能够具象化，达到通俗易懂的效果。本套教材可供园林、风景园林、环境艺术以及城乡规划、建筑学等相近专业的教师、学生和设计师学习和参考之用。

　　本书在编写过程中得到了东北林业大学园林学院建筑教研室各位同事的大力协助，在此表示深深的谢意！

　　鉴于编者水平所限，书中难免有不妥之处，敬请读者批评雅正！

编者
2022 年 2 月于哈尔滨

目　录

第1章

城市景观设计的美学原理与组景方法

本章导引：

教学内容	课程拓展	育人成效
形式美法则的主要内容	审美教育	通过理论结合实例的学习，充实学生的审美理论，巩固优良传统的审美标准，避免审美观念扭曲
构成艺术理论的应用	创新思维、文化自信	将经典理论应用于生活中的景观场景，培养学生的创新思维，激发学生的文化自信
基于视知觉特性的造景原则	创新思维	培养学生从不同的角度和思维来理解和总结城市景观的造景原则，结合自身的视知觉心理激发设计创新
城市景观的常用组景方法	文化互鉴	每个国家和城市的情况都各不相同，通过中外实例的对比，积极进行文化的交流互鉴，更深刻地了解我国城市景观的发展历程

针对城市景观，一直存在着主观审美标准的差异。审美体验的差异性及变异性表现在不同时期对同一审美对象所产生的不同认识与体验，以及个体的不同年龄阶段的审美差异。同时，对于美的认知除了因人而异之外，还表现出很强的地域性特点。人们所处的地域环境不同，在传统文化气质、风俗习惯、生活方式等方面也会有很大差别，使得审美标准大相径庭，所以对于景观美学的研究也要考虑其地域性特点。可见，在城市景观设计中对于视觉美学方面的考虑不能简单化、同一化，应该充分顾及景观美学的复杂性因素，因地制宜，因时制宜，做到恰到好处。由于每个人对于美的认知不尽相同，这就要求城市景观的美学特征带有很强的普遍意义。因此在景观美学研究中，社会群体共有的审美认知和习惯往往比个体的审美差异更为重要。"形式美"法则追求的多样的有机统一原则对于城市景观艺术来说，是一个重要的设计出发点。

1.1 形式美法则

1.1.1 形式美法则的起源

欧几里得几何是几何学分支之一，简称"欧氏几何"，它最早来源于埃及的几何知识，之后在希腊学者欧多克斯、毕达哥拉斯、德谟克利特等的传播和影响下，逐渐发扬光大。欧式几何体系产生了柏拉图式的完美、抽象、明确、清晰的古典美学体系，可以说是整个西方古典美学的思想根源。

希腊人对欧式几何最大的贡献是将逻辑学引入几何中进行推理和论证命题，由此形成了系统化和公式化的几何体系。公元前300年左右，古希腊数学家欧几里得集前人之大成，将早期这些没有联系和未予严格证明的定理加以整理、归纳，并规定几个原始假定为公理、公设，通过逻辑推理，导出了几何基础、几何与代数、圆与角、圆与正多边形、比例、相似、数论等相关概念和理论，从而建构了完整的欧几里得几何学。

欧式几何的创立，对于人类科学而言，不仅仅是产生了一些有用的定理，更重要的是它孕育了一种理性的科学精神，这种精神不仅在数学领域产生影响，而且在哲学、美学等领域也产生巨大的影响。例如在毕达哥拉斯学派的影响和传播下，欧氏几何逐渐在哲学和美学上得到运用，他们将客观世界万物看成一个个明确的几何形体，确立了包括对称、和谐、秩序、比例、尺度等在内的审美原则，这些原则到了两千多年后的今天仍被人们广泛运用着。虽然，从当今的知识结构看来，欧式几何把自然世界中的形体以及空间简化为基本几何形体，不可避免地会将原本复杂多变的万物特征简单化，使得这种几何体系自身存在一些局限性，但是对于审美而言，这种简化的几何形式，追求对称、比例、尺度、和谐、秩序的美学原则，恰恰满足了景观的基本功能与结构逻辑，从古埃及的金字塔到当代遍布城市中的现代建筑以及各类城市景观，都无法摆脱这种几何体系的束缚。康德是这样评价欧式几何体系的："一种先天的空间直觉迫使我们认识到空间是欧几里得式的。"这个状况，直到非欧式几何产生，时空观念被完整地关联起来后才逐渐得以改观。

1.1.2 形式美法则的形成

形式美的形成并非自然的力量，而是由美的外在形式经过演变而产生的，其内涵极为丰富，具有社会的烙印，通过重复、仿制等手段，使原有的具体社会内容发生变化，最后成为观念内容，在这种变化过程中，美的外在形式得以塑造提炼，进化为规范的形式，最终成为独立审美的对象。

形式美是一种具有相对独立性的审美对象。形式美与美的形式从字面上看相似，但从内容和内涵上看却有着本质的不同。美的形式所体现的本质是追求自由感性的形式，其最重要的一点是彰显出人本质的力量以及感性形式，美的形式体现的是事物本身美的内容，是具体和确定的，与其他内容的关系是呈现出对立统一的特征，联系密切；而形式美的重点却在于形式本身所包含的内容，与美的形式表现出来的事物美是截然不同和脱离开来的，并且呈现出朦胧的意味。其次，形式美和美的形式存在的方式也是各不相同的，美的形式是美的感性外观形态，它不是具有独立意义的审美对象，是美的有机统一体中不可或缺的部分，而形式美最显著的特点是具备审美特性。

形式美的构成因素一般划分为两大部分：一部分是构成形式美的感性质料，一部分是构成形式美的感性质料之间的组合规律，或称构成规律，即形式美法则。构成形式美的感性质料主要是色彩、形状、线条、声音等，把它们按照一定的构成规律组合起来，就形成色彩美、形体美、线条美、声音美等形式美。

构成形式美的感性质料组合规律，即形式美的法则主要有齐一与参差、对称与平衡、比例与尺度、黄金分割律、主从与重点、过渡与照应、稳定与轻巧、节奏与韵律、渗透与层次、质感与肌理、调和与对比、变化与统一等。这些规律是人类在创造美的活动中不断地熟悉和掌握各种感性质料因素的特性，并对形式因素之间的联系进行抽象、概括而总结出来的。

形式美法则产生的背景是人类创造美的形式以及美的过程时，会对美的形式规律进行经验总结和抽象概括，通过对形式美的法则进行研究和探索，使人们对形式美的感觉更加敏锐，引导人们来创造更加美好的事物，其中也包括城市景观。形式美法则运用在城市景观设计中，可以更加突出有关美的内容，使美的形式和内容在城市景观中形成高度统一。

因此，美学法则的重要性是不言而喻的，是设计学各个领域不可缺少的学习内容。在我们的生活中，美是一种宝贵的精神享受，任何一种事物的存在是不会脱离逻辑的内容和形式的。人们处于不同的社会地位、经济地位，个人文化水平、品格修养、价值理念等方面呈现出不同性，其审美观也不一致，但是如果采用形式条件来评价事物或者视觉形象时，对于美丑的评价则会出现相近性，形成一种共识，这就是美的形式法则发挥作用所产生的结果。例如，高大的树木以及高楼、山峰等不同物体的特征是各异的，但从结构轮廓的角度研究发现，它们都属于垂直线，在视觉上给人以高大威严之感；而水平线则令人感到开阔和平缓，使人感到平静安宁。很多的审美感觉是人们在日常生活中所产生和积累的，这种对美所形成的共识，经过演变形成形式美的法则。随着时代的发展，形式美法则在现代设计中发挥出重要作用，作为理论基础受到学术界和设计行业的重视。

1.1.3　形式美法则的主要内容

美是每一个人的自觉追求，因审美主体所处的经济地位、文化素质、思想习俗、生活理想、价值观念等不同，从而使其具备了不同的审美观念。然而抛开这些，单从形式来评价某一事物或是某一视觉形象的时候，对于美与丑的感觉，在大多数人中都存在着一种不约而同的共识，这是人们在长期的认识、生活实践中积累的经验。在没有经过专业理论知识学习的前提下，这种简单的、大众的审美也是普遍存在的。

在西方美学界，有些学派把美学称为形式学，反映和揭示了美学与形式极为密切的关系。美的根源表现为内在心理与外在形式的协调统一，美的形式原理基础是各构成要素之间关系的整体表现形式是否具有美的感觉。经过不断探索和研究，在设计领域总结出了形式美学的一些规律和法则，即人们在对美好的事物进行创作中归纳总结出的经验以及一些抽象的概念，它是对自然美加以分析、组织、利用并形态化的反映；是在判断一个形象的美丑时，忽略它原有的意义及内容，单从它的形式去研究或鉴赏的方法，从本质上讲就是变化与统一的协调。其主要内容包括比例与尺度、变化与统一、均衡与对称、节奏与韵律等几个方面的内容。对形式美法则的合理运用，可以使人们更加方便地表现创作中美的感觉，从而把表现形式和美的内涵达到完美的结合。

1.1.3.1　比例与尺度

比例，指的是一个空间或是单体内，各个要素之间的数值关系，比如高低、大小、长宽等形成的百分比数。比例在设计中体现出的特性有两种：第一种是一个物体内各部位的相对视觉比例，第二种是整体构图形态内各物体间的相对视觉比例，也就是部分与部分之间的关系。

尺度，是指一种标准，在设计中制订的基准。换言之，尺度是设计对象的整体或局部与人的生理尺寸或人的某种特定标准之间的计量关系。在长期的生产实践中，使用者根据自身活动的方便总结出各种尺度标准，体现于日常生活和各类设计中。

比例与尺度可以体现在部分与部分之间、部分与整体之间，也可以体现在人与观赏对象之间、人与环境之间等。

经典的黄金比例，即黄金分割，是指将整体一分为二，较大部分与整体部分的比值等于较小部分与较大部分的比值，其比值约为0.618。这个比例被公认为是最能引起美感的比例，因此被称为黄金分割。公元前300年前后欧几里得撰写的《几何原本》，吸收了古希腊数学家欧多克索斯的研究成果，进一步系统论述了黄金分割，成为最早的有关黄金分割的论著。黄金分割在文艺复兴前后经过阿拉伯人传入欧洲，受到了欧洲人的欢迎，他们称之为"金法"，这种算法在印度称之为"三率法"或"三数法则"。黄金分割具有严格的比例性、艺术性、和谐性，蕴藏着丰富的美学价值，被认为是建筑和艺术中最理想的比例。建筑师们对数字 0.618 特别偏爱，无论是古埃及金字塔，还是巴黎圣母院、希腊雅典的帕特农神庙，或者是近世纪的法国埃菲尔铁塔，都有黄金分割的足迹。

推而广之，在景观设计中，如地形塑造、树木花草、营造建筑、水景小品和园路布置等可以在整体性基础上运用黄金分割及数学关系，并以几何的比例关系组合达到数的和谐，以满足人们对空间的审美要求。如城市景观的平面布局、建筑轮廓与天际线、水景线、林冠线、园路及小品雕塑等，通过黄金分割的应用可以构成完整震撼的画面。

1.1.3.2 重复与渐变

重复指的是基本形的反复使用与排列，重复给人带来秩序美感，它是设计中比较常见的形式之一。相同的形象多次出现，加强给人的印象，增加节奏感，可以是形状、颜色、形态方面的重复。某一元素在设计中交替、反复、规律地使用与组合，经由相同形式的表现，产生繁复的美或壮观的美，视觉形式较有秩序性，可增强印象，给人单纯、规律的感受。重复的目的就是一致性，是实现统一的表现形式，体现整体性。重复并不是创建一个完全相同的模式，有时它只是在设计中重复使用相同的颜色、纹理或形式。

渐变是指将构成元素的形状、材质或色彩做次第改变、层层变化，有的是逐渐增加，有的是逐渐减少，能给人动感与节奏感。渐变的基本原理与重复相类似，渐变可以是相同形象之间的渐变，也可以是相似形象之间的渐变。例如，一个正方形可以渐变到圆形，这就是形状上的渐变，也可以是同一种形状的渐大或渐小、同一种色彩的渐浓或渐淡、声音的渐强或渐弱、速度或节奏的渐快或渐慢、空间或距离的逐渐远近、光线的逐渐明暗，均属于渐变形式。而在渐变的层次变化中，渐次改变造型或色彩，使得画面较具活泼性，给人生动轻快的动感与节奏感。

1.1.3.3 统一与变化

统一是将各种矛盾体或无秩序化的元素进行整合，或是将一个物体中各个不同的部分结合到一起，形状和尺寸的协调可以贯彻到最小的细节中去，不同要素合理有序的安排，使其处于统一的环境中，彼此协调，符合客观审美要求，把那些实在难免的多样化元素组成引人入胜的统一，可以使设计更具整体性。例如，利用整体性的铺装样式将几个形式各异的景观单体元素统一在一起，或是通过相同的植物配置使差异性较大的几个景观空间获得视觉上一定程度的统一感（图 1-1-1、图 1-1-2）。

图 1-1-1　杂乱无章的视觉效果　　　　图 1-1-2　整体性较好的视觉效果

变化是设计中所选取的不同事物之间的差异，变化元素广泛存在于艺术创作中，主体与配体的形态差异是变化的，不同事物所代表的隐喻也是变化的，变化是有内在与外在的特征的。统一是创作中所选择的事物融合后形成的内在联系，比如作品中相同类型的事物、色彩、物体形态、光影、质感等。设计作品中缺乏区别与差异，就会导致作品呆板、没有微妙的情绪变化，但是如果缺乏统一的要素，作品就会混乱无序，没有主次关系，会破坏作品的艺术表现。

在设计中，通常人为地加强某一元素，减弱另一方，从而达到变化中有统一、统一中有变化的效果。为了达到这种整体效果，可以采用统一的色调、统一的造型、统一的材质等，在整体统一的情况下，局部变化，避免过分统一而产生的呆板。

1.1.3.4　对称与均衡

对称是指处于中心轴两侧或周围形式的对应等同，它是两个同一形的并列与均齐，可以说是在所有的形式原理中最为常见且最为稳定的一种形式，并且在自然界中也普遍存在。对称在各种视觉形式中，最能给予人平和、庄重的感受，虽然较易失之于单调，但对于人类的情感颇具稳定作用，这是其他形式无法超越的。生活中，对称的形式处处可见，稳重、严肃、平衡是这些对称形式的事物给我们的心理感受。

均衡，不同于对称一样物象组合完全相同，是在不对称中追求平稳。均衡的稳定感多数来自于人们的心理感受，不同形态、不同色彩的物体均衡地组合与并置，给人心理产生一种稳定的感觉。

对称在中线两边同型并置，最典型的例子是涂上色彩的纸张对折、互压后展开，则两边出现同大、同色、同形的色块。均衡则相对显得更为自由活泼，能调整空间的氛围。呼应即属于均衡的一种形式美，是各种艺术常用的手法，呼应也有"相应对称""相对对称"之说，一般运用形象对应、虚实气势等手法获得呼应的艺术效果。

1.1.3.5　节奏与韵律

有规律的重复称为节奏，而有规律的变化则叫作韵律。

节奏是指各种视觉元素的重复出现，同一形象、色彩或空间序列等元素的反复排列和有规律的重复出现。

韵律分为交替性韵律与渐进性韵律两种形态。在韵律变化中，相同的元素会在一个规律的状态中重复与交替出现，将这样的状态归类为交替性韵律。交替性韵律是重复两种以上的连续相同组合要素的图案或形状形成规律性的组合。渐进性韵律由重复出现的某些元素或组合要素规律化地连续逐渐变化而形成，这些变化的元素包含形状的大小、颜色的轻重、质感的渐变等。

节奏与韵律是相辅相成的，有节奏就一定有韵律，能给人既有抑扬变化又和谐统一的美感，带来既有变化又有秩序的律动美。节奏和韵律是通过体量大小的区分、空间虚实的交替、构件排列的疏密、长短的变化来实现的，一般认为节奏带有一定程度的机械美，而韵律是在节奏变化中产生的一些情趣。节奏可以说是某一种形态、图形或是色彩、材质的反复使用与出现，在这些重复出现的形态中，拥有着某一种规律，而这种规律可以给人强烈的节奏感。韵律是产生在节奏之上的，可以说一种形态的构成首先需要有一定的规律，在此基础上才能有一定的律动感。

1.1.3.6　调和与对比

调和是指在设计中所选取的素材具有类似或同一属性的特征，使得素材在作品中呈现出和谐统一的视觉效果。设计中的调和元素渗透在作品的细节中，画面中广泛存在相同属性的素材，例如同一色系的色彩、相同规律的线条以及不同物体但具有同一的象征内涵，都能够在创作中表现调和的特质。

对比恰恰相反，是在设计中避免有太多相似的元素，放大可比性，使元素富有变化，差异增强，个性鲜明，通过对比让最重要的内容能够被衬托出来，它可以是物体形态、大小、颜色上的对比，还可以是物体材质的对比。当不相同的两个物体同时出现时，人们总会感觉有强烈的反差感，可能是形态上高低、长短、大小、曲直的对比，可能是色彩上鲜艳、暗淡的对比，也可能是材质上坚硬与柔软的对比。将不同特性的元素同时置于作品中，并产生一定程度的对比反差，从而丰富作品的艺术表现力：明暗的反差、色彩的对比、线条图案形态的转化，不同事物所代表的本质特征，都可以视为对比元素在艺术创作中的表达，这样的元素可以丰富创作的层次感并增强作品情感的冲突与感染力。

调和与对比有一定的矛盾性，一方面调和让作品在感官上和谐统一，另一方面过于统一的艺术创作反而使得作品缺乏变化，视觉表现趋于平淡，削弱了感染力。对比的元素让作品更具多样性，情感冲突更加激烈，但是过于强烈的对比会破坏作品整体的平衡，反而破坏画面的视觉感受。"调和与对比"形式美法则与"节奏与韵律""变化与统一"法则也存在着内在的关系，在突出表达对比、冲击力比较强的作品中，节奏比较动感，画面中出现的元素比较丰富。在侧重调和的作品中，节奏较为舒缓，画面柔和，作品的组成元素较为和谐。

1.1.3.7　联想与想象

联想与想象是强调间接的创作手法，联想是指从主要事物通过思维延伸到次要事物的情绪转换，蕴含了人的主观判断与心理暗示；想象则是观赏者在欣赏景观作品时被眼前的景物启发，结合自身对未来进行场景的假设。意境则是观赏者被动接收的外在表象与个人的惯性认知之间产生的融合，有强烈的主观情感，是通过联想与想象这一过程激发出来的。

在设计中，联想与想象要依托观赏者本身的思维认知，在人的潜意识中不同的事物具有不同的情感倾向，色彩的冷暖变换可以调动人的情绪，物体形态质感的改变也赋予了更深层次的隐喻，世间万物都有独特的内涵。设计者选择的创作题材、表达对象、形态质感、情感氛围，可以体现出作品的创作意图以及设计者的主观态度或某种主张。观赏者自然而然地会受到设计者观点的影响，并结合自身的生活经历、对世间万物的认知，从而理解设计者的思路，被其所营造的意境所吸引。同时，通过对画面意境的营造，也会突出景观本身的艺术性，提升观赏者审美上的享受。

1.1.3.8　隐喻与象征

园林景观常强调"外师造化，中得心源"。以《诗经》为例，其中的"比"和"兴"大半起始于移情，有些是显喻，有些是隐喻。这种"由我及物"的主观色彩，运用到设计之中可以烘托独特的景观氛围。在园林景观中，不仅"一树一木皆有心，一花一草总关情"，还须弦外有余音。隐喻与象征可以起到"移情作用"，即"拟人""托物""寓理于象"。隐喻与象征可以创造情感，主观创造"超以象外"，客观创造"得其环中"。传统文化中的天、地、人三者合一的哲学观渊源是我国古代环境景观营造中象征艺术的文化背景。

1.1.3.9　延续与简洁

延续是指连续延伸。如果将一个物体的外表形状有规律地向上或向下、向左或向右连续下去就是延续。这种延续手法运用在空间设计之中，使空间获得扩张感或导向作用，甚至可以加深人们对环境中重点景物的印象。

简洁指环境中没有过多的修饰和多余的附加物，以少而精的原则，把视觉中的景观元素减少到最低程度。"少就是多，简洁就是丰富"。后现代主义中极简主义景观就是此类的代表，在形式上追求极度简化，以较少的形状、物体和材料控制大尺度的空间，形成简洁有序的景观（图1-1-3、图1-1-4）。

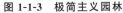

图 1-1-3　极简主义园林 　　　　　　　　　图 1-1-4　极简主义水景

1.2　构成艺术理论

构成设计起源于 20 世纪初在欧洲崛起的构成主义运动。20 世纪初，受立体派影响的画家们在俄国开始了前卫艺术运动，它是俄国十月革命胜利前后在俄国一小批先进的知识分子当中产生的前卫艺术运动和设计运动。阿列克塞·甘（Aleksei Gan，1989—1942）在 1922年出版的《构成主义》中系统地阐述了构成主义思想体系，同年，俄国构成主义大师埃尔·李西斯基（El Lissitzky，1890—1941）和荷兰"风格派"的组织者特奥·凡·都斯伯格（Theo van Doesburg，1883—1931）在参加包豪斯设计学院举办的国际进步艺术家联盟大会时，带来了各种对纯粹形式的看法和观点，从而形成了新的国际构成主义观念。20 世纪 30年代，日本引进包豪斯的思想和基础设计教育体系，并在此基础上进一步完善和发展，形成了后来影响东亚诸多国家的"三大构成"体系。

1.2.1　构成的基本理论

从表面而论，构成是具有解构、构造、组合、重构之意的近代造型概念，就是将几个形态各异的单元以一种新的单元形式出现。从深层次而论，构成研究的基础要素就是造型的纯粹形态，而造型的纯粹形态是在遵循审美规律的前提下，通过理性的组合方式来对感性的视觉形象进行表达，以此提取出造型的纯粹形态。

三大构成即平面构成（plane composition）、色彩构成（color composition）与立体构成（stereoscopic composition），是现代各类艺术设计的基础及重要组成部分。构成艺术不是一种风格，更不是一种流派，而是一个基本的科学设计思维方式。

在设计领域中，构成是指将一定的形态元素，按照视觉规律、力学原理、心理特性、审美法则进行的创造性的组合。构成作为一门传统学科在艺术设计基础教学中起着非常重要的作用，它是对学生进入专业学习前的思维启发与观念传导。1919 年包豪斯设计学院在瓦尔特·格罗皮乌斯（Walter Gropius，1883—1969）提出的"艺术与技术的统一"口号下，努力寻求和探索新的造型方法和理念，对点、线、面、体等抽象艺术元素进行大量的研究，在抽象的形、色、质的造型方法上花了很大的力气，他们在教学当中的这种研究与创新为现代构成教学打下了坚实的基础。

构成艺术在现代艺术及其设计领域中被广泛应用，尤其对现代景观设计风格的形成具有重要的影响。例如景观设计的总平面图在满足功能需求的同时也力求美观，在形式上追求简化、客观、抽象，设计过程中遵循"最少干预"的设计原则，以最少的元素实现人与自然的和谐统一，这即应用了平面构成和色彩构成。而鸟瞰图和透视图的层次感和色彩，是将三维元素以不同的构成方式组合在一起，这即应用了立体构成和色彩构成。所以，研究构成艺术理论与现代景观设计，挖掘出构成艺术丰富的现代景观设计形式与手法，具有重要的意义。

构成艺术包括平面构成、色彩构成、立体构成三大类，它们之间既有联系又有区别，其中立体构成包含了平面构成，而平面构成又是立体构成的基础。

1.2.2 平面构成

平面构成是一门研究形象在二维空间里的变化构成的科学，探求二维空间的视觉规律、形象建立、构架组织、各种元素的构成规律，从而形成既严谨又有无穷律动变化的平面构图。

勒·柯布西耶在其《走向新建筑》一书中提到"平面是生成元，没有平面就没有混乱和任意，平面包含着感觉和实质。平面从内部发展到外部，外部是内部造成的，平面是体块和表面生成元，是它，不可更改地决定了一切。平面是基础，没有平面就没有宏伟的构思和表现力，就没有韵律，没有体块就没有协调一致。没有平面，就会有人们不能忍受的那种感觉：畸形、贫乏、混乱和任意的感觉"。从这里我们可以看出平面图在景观设计中非常重要，处于设计的第一步，同时也可以看出平面图中各个元素的尺度大小、相对比例和构成关系影响着整个设计的效果。

平面构成理论首先是对二维形态的总体感知的研究，常常以图底关系分析作为研究二维空间形态的工具；其次，是对二维形态基本构成要素——点、线、面的构成法则和规律的研究，旨在通过该三大要素建构符合审美需求和艺术品质的平面形态。

点、线、面是平面构成的三个要素，它们所构成的文字、图形、符号、色彩和空间在现代景观设计中发挥着至关重要的作用。可以说景观设计是人类生存环境的感官设计，人们首先映入眼帘的是它的外在形式和视觉美感。点、线、面元素通过构成艺术法则进行组合变成具体形状，形成实际空间要素，以平面构成手法布置景观平面布局，满足功能性的同时强调点、线、面之间的构成关系。

1.2.2.1 "点"的应用

（1）点的数量

单点：单独存在的一个点，往往是形态构成的视觉焦点，作为构成中心起控制形态的作用。两点：它们之间往往暗示着一条线的存在，带有一定的启示性和指向性。

（2）点的构成规律

点大到一定程度就具有面的特征，越大越空泛，越小越聚集。当形态有两个点时，或大小相同的点按照一定规律分布时，视觉上会通过联想产生一条线，这就是点的线性化。当有三个散开点时，视觉上会产生一个三角形，进而具有了面的特质。

点不论形状或大或小，都具有放射力，假如画面中只存在一个点，人们很容易把其当作视觉中心，点会在背景中突显出来，与画面周围空间形成不同的作用。当点位于画面的中心位置时，点与空间的关系则比较和谐，视觉上感到舒适；而点处在画面的边缘时，画面的静态平衡关系则被打破，使画面不仅具有紧张感外，还形成动势；假如又出现一个点，那么在两点之间则会形成视觉张力，在不知不觉中人的视线会在两点之间流转，呈现出运动状态来，从而产生了时间因素；如果画面上有三个点，那么人们会由此而产生联想，三角形面是最直接的想象。如果很多点聚焦或者扩散，那么能量和张力则呈现出多样化的特征，同时也会使画面变得动感十足。

点的连续排列会使人的视觉发生变化，仿佛一条虚线把点连接起来，点的线化与实线相比更具特色，美感更加强烈，也更具层次感，随之而产生韵律感带来的感受更加与众不同，点的线化虽然只是虚线，但却能够起到线的作用，并且带给人不同的美感。多数点集合起来给人产生面的感觉，由于点有密有疏，给人视觉所造成的冲击也是各不相同的，疏密程度决定了明暗变化；如果点的排列均匀有序，则呈现出严谨的结构性和秩序性。

（3）点的作用

① 吸引性　点是形态构成中最具视觉吸引力的元素，往往是人们感知形态的重点。

② 表现性　点位置的不同直接影响到形态构成"场力"的不同，或动或静，或偏东或偏西，它作为形态感知的"重点"体现着形态的特征。

③ 控制性　往往作为线与线之间的交点，起着控制两条线、进而控制面的作用。

④ 情感性　不同大小、疏密的点混合排列，可以形成散点式，浪漫洒脱；由大到小按照一定轨迹排列的点又具有韵律感。同理，采用不同的构成手法，还可产生主次对比、节奏变化等心理感受。这些手法的综合运用又可产生复合的心理感知。

（4）点的特性

平面构成中，点是环境中最基础的形态要素，从美学角度出发，准确地说点没有大小之分，线的交叉也可以出现点。点可标注位置，也可以标志某个区域的中心，即使这个点从中心偏移，也可以吸引观察者的视线进行移动。点具有象征性，还可以独立地构成形象；点存在于比较中，通过比较而显现。比如在城市广场中，一片绿化带相对于整个广场来说就是一个点，广场就是一个面。一棵树对于一片绿化带来说就是一个点，绿化带就是一个面。点的数量不同，带给人们的感觉也不同。众多点的聚集或扩散，能够引起能量和张力的多样性，使画面变得更加具有节奏感、韵律感。

在城市景观设计中，点状要素就是分布形式呈点状的元素，人们对于环境的认知基本都是从点状景观开始的。在一定的空间范围内，所有形状的物体都可以视为点，点的不同组合形式也会给人们带来不同的视觉冲击和心理感受。点的聚散、量比、形状等要素的变化带来的视觉冲击，构成了视域中连续的视觉形状。点也可以最大限度吸引人们的注意，成为视觉焦点。在景观空间中，点所处的位置与带给人的感受也有直接关系，点排列组合成特定的规律形式，与环境相融合，或是与环境区别开而独立存在。点与点之间间距越小，延长的距离越远，看起来越近似于线，由点组成的线变化多样，富有节奏感。点可以转化为线，把点按照一定规律连续排列就是点的线化。点也可以转化为面，点的面化就是一系列点集合在一起，给人以面的视觉效果。排列点的疏密程度会影响点所形成面的明暗感觉，如果按照相同的密度均匀排列点，就会呈现结构周密、秩序感强的面。在空间中布局点状景观时，要做到疏密有致、虚实结合，使城市空间更加具有层次感。

1.2.2.2　"线"的应用

无数个点按线的形式排列就会产生线感。线可以看作是点位移的轨迹，在视觉上可以表现出运动和生长感，以及水平、竖直或倾斜感。线的表达方式多种多样，相对于点来说，线有更加清晰的方向感，具有更强的引导作用。线可以连接、联系、支撑、包围或贯穿其他视觉元素。线的粗细、长短、疏密、曲折程度不同，也会形成不同的空间深度与层次。中断的线可以产生点的感觉，集合排列的线可以产生面的感觉，面的交接可以产生线。

线的作用是非常关键的，线的表现离不开对应物，只有拥有了表现的特定的目标，主体意识才会形成，才能够成为实现创造的依托和基础，线的特点是明确的，是属于设计师个人特有的。线具有情绪化的特征，其表现力也是最强的，对人视觉造成强烈的冲击，点、线、面三类形态中，线的表现力是最强大的，景观的空间感和层次感通过线的变化而彰显出来。同时，线兼具导向和界限功能。线用于区分空间和区域，给建筑物和景观功能布局以明确的边界。线的视觉传达动能非常明确，在设计中使用很多。

在城市景观设计中，具备线状性质的要素被称为线性要素，不同形状的要素可以表达出不同的性格。线性要素在长度、粗细程度以及位置方面有所区别，在距离、方向、材质以及色彩上也有变化。在城市空间中，要对线所具有的视觉上的吸引力与感知力加以关注并予以充分设计，才能在最终的设计上发挥其最大功效。线的封闭形式可以构成面，同时，线可以突出物体的外形，还可以对物体进行一定的美化。线在城市空间设计中发挥着非常关键的作用，线性结构一旦发生改变，城市空间设计中具有的力感也会发生改变。在具体设计中，线型可分为直线、曲线、斜线、折线等。不同的线型会产生不同的景观效果，给观者带来不同的视觉感受。

（1）直线的应用

直线具有简约、刚直、明快等特点，给人以清晰明了的感觉。线条的粗细程度还能带给人们不同的力量感与速度感等不同感受。直线在城市景观设计中具有非常明显的方向感与导向性，力度强于曲线很多，且易和城市空间中的建筑物轮廓线进行搭配，因此使用率非常高。

（2）曲线的应用

曲线通常会给人轻盈、通畅、优美、灵动的感觉，深受设计者喜爱。因为曲线具有柔美感，所以在自然景观中易融入周边环境，产生和谐的视觉享受。曲线在平面应用中，由于角度的原因，在一定情况下还会给人造成空间上的视错觉。

（3）斜线的应用

在城市景观设计中，斜线的运用会形成丰富的、具有动态感的空间，让人印象深刻。斜线属于直线的范围，也经常与直线结合使用，有时还可以形成尖角，给人一种强烈的视觉冲击感和刺激感，吸引人的注意力，丰富空间结构。吉尔·克莱芒（Gilles Clement）和阿兰·普罗沃斯特（Allain Provost）联合设计的法国巴黎安德烈雪铁龙公园就是斜线应用的经典案例（图1-2-1），设计者将平稳均衡的构图用一条沿对角线布置的宽阔斜路打破，使原本的结构变得更加生动起来，活跃了整体画面。在城市景观设计中有时为了打破单调和缺少变化的构图，或想要与对称、稳重的形式形成对比，也会应用斜线来达到效果。

（4）折线的应用

折线是直线中的一种表现形式，折线就是将原本位于同一方向的线改变方向后继续延伸。在城市景观设计中可以用折线组合成的多种转折方式来丰富空间构图（图1-2-2），折线可以改变人的视线方向，还可以让人们在行走、运动、观赏中体会到节奏感，给人以富有变化和愉悦感的视觉享受。折线也可以利用其特别的形式构

图1-2-1　斜线的应用

成独立空间，不仅可以避免造型缺乏变化，还可以形成既开敞又具有一定私密性的空间，满足不同人群的需求。在景观设计中，折线造型的城市空间要素不仅能构建景观，还可以活跃城市空间的构成方式，给人们带来更多富于变化的新鲜感。

图 1-2-2　折线的应用

1.2.2.3　"面"的应用

面是点按照矩阵排列后呈现的结果，是线移动的轨迹，是线呈封闭状态时构成的形式，有明显、完整的轮廓。面是平面构成理论最大的一个概念因素，点、线的基本内容也包括在其中。设计中的平面还可以理解为纹理或颜色等元素的运用媒介，也可以理解为围合空间的一种方法。面的形式多种多样，其与点相比，更强调形状和面积。把面进行有规律的排列，能够产生多层次的效果，运用在城市景观设计中能够产生更丰富的表现形式。面的形式分规则和不规则两大类，并且具有一定的限度和边界。面的形状种类很多，因为几何形面有规律、形象鲜明，所以是最容易重复应用的。自由形面的形态或优美或凌厉，富于变化，洒脱随意，能带给人很大的想象空间，深受人们喜爱。

（1）圆形面的应用

圆形面在景观设计中具有简洁、舒展、内守、浑然、流畅的特征，能给人以柔和、生动、充满张力之感。圆形面以其饱满的外形吸引人的视线，易形成视觉中心（图1-2-3）。圆形面没有过多零散的分支，宽广恢宏，有强烈的向心和离心作用，整体感很强，同时它也象

图 1-2-3　圆形面的应用

征着运动和静止这两种特性。正圆可以演变出椭圆的形态，椭圆面的使用可以使城市空间具有动态的趋势和更为丰富的变化。

（2）矩形面的应用

矩形面的形状丰富多样，具有安稳、坚实、规律之感，我们之所以在城市空间环境经常见到矩形面，是因为其更易于衍生出相关图形。在实际应用中，形状多样的矩形面也占据着不可替代的地位，它们不仅能够满足不同类型空间的需要，也能打破传统审美，通过重复、叠加、变换等手法创造更加特别的构图方式（图 1-2-4）。矩形面的形状和建筑原料形状大多是相似的，其刚劲挺拔的气质也更易体现出建筑物或城市空间的简约硬朗之感，所以更易于同建筑物相匹配，应用的范围也就更为广泛。

图 1-2-4　矩形面的应用

（3）三角形面的应用

在城市空间设计中经常会应用到三角形面，比如个性化的建筑物、景观小品、雕塑、铺装等。三角形面十分稳固，能给人安稳、伶俐、明锐、醒目之感，倒三角则会带给人不稳定的感受（图 1-2-5）。

图 1-2-5　三角形面的应用

（4）自由形面的应用

自由形面是由不规则的曲线及直线围合而成的，形状生动灵活（图1-2-6）。其中包括用自由的线条构成的自然有机形面、由特殊的技法意外偶然得到的偶然形面、不借助几何器械徒手随意绘制的徒手形面等。自由形面具有较大的审美属性差异，相比较于几何形面来说，自由形面所含的感性成分较多，所以其包含的情感也更加浓厚。除此之外，自由形面还具有洒脱、随性的特点，被广泛应用于城市景观设计中。

图 1-2-6　自由形面的应用

面能够带给观者心理上的延伸感。曲面还会给观者带来运动感和节奏感。面的长宽比例、位置、色彩、肌理、围合程度等是影响观者心理感受的重要因素，比如视觉重量感、稳定感、方向感、封闭或开敞感等。面可以是隐喻的、虚构的，也可以是直接的、真实的。

面的进一步围合就成为了体，体占有实质的空间，我们可以通过视觉和触觉感知它的存在，使人产生空间感，其界限可以由面显现出来。体在一定程度上可以表现出点、线、面的特征。点、线、面、体的关系有时是互为表达的，也可以把体归纳到面的组合范围中进行分析研究。

1.2.2.4　点、线、面的综合应用

在城市景观设计中，设计者可以在一定的城市空间范围内，综合运用点、线、面的设计方法，把形象与符号的位置关系及表达方式按照审美的原则进行组织及安排，使其成为吸引、说服观者的艺术整体。

（1）点、线、面的综合对比

对比在这里是指城市景观空间中的某种造型因素就其某一特征在其程度上的比较。比如色调有深浅、明暗的对比，线条有长短的对比，形体有方圆的对比，等等。其中，线是点沿线性排列，连续延伸的轨迹，面是点密集排列，形成片状的效果，明暗色调是由于点的密度不同而形成的，这就是点的对比；线可以作为物象的边缘，也可以独立表达某种形象，比如长度上的长短、线型上的曲直，这就是线的对比；在三维空间中，形体就是面的对比，存在形式是二维空间的占有方式。

（2）点、线、面组合的节奏

如果把城市景观设计的过程比作一首音乐的创作过程，那么空间元素就可以比作音乐中

的音符。音乐里音符交替出现会产生轻重缓急的运动序列，此运动序列就构成了音乐的节奏。有的节奏轻重缓急安排得当，起伏有致，非常动听，让人感到心情愉快；有的节奏过于枯燥乏味，就像噪声般无法给人带来愉悦的感受。就像在城市景观设计中出现的情况，各种形象符号的任意堆积毫无章法可言，使观者无所适从，并不能使其成为理想中的构图。每一个画面都想要进行强调，导致每一个重点都不突出。一般画面的重点部分设计在整体画面节奏感最强或视觉感受最突出的位置，也就是人们的视觉中心。这个位置是指视觉上最有看点的部分，不一定在画面的中间，此位置也可称为趣味中心。画面中的其他部分应将观众的视线引导到中心，并为中心服务。

1.2.3 立体构成

立体构成主要研究立体形态的材料和形式的造型。立体构成所研究的对象是立体形态和空间形态的创造规律，具体来说就是研究立体造型的物理规律和知觉形态的心理规律。

1.2.3.1 立体构成与平面构成的关系

平面构成是视觉元素在二维平面上，按照美的视觉效果、力学的原理，进行编排和组合，它是以理性和逻辑推理来创造形象，研究形象与形象之间的排列方法，是理性与感性相结合的产物。立体构成是一门研究在三维空间中如何将立体造型要素按照一定的原则组合成富于个性美的立体形态的学科。整个立体构成的过程是一个分割到组合或组合到分割的过程。任何形态可以还原到点、线、面，而点、线、面又可以组合成任何形态。立体构成是由二维平面形象进入三维立体空间的构成表现，两者既有联系又有区别。联系是：它们都是一种艺术训练，引导了解造型观念，训练抽象构成能力，培养审美观。区别是：立体构成是三维的实体形态与空间形态的构成，结构上要符合力学的要求，材料也影响和丰富形式语言的表达。立体是用厚度来塑造形态的，它是制作出来的。同时立体构成离不开材料、工艺、力学、美学，是艺术与科学相结合的体现。

立体构成主要是围绕空间的立体造型展开，对造型中的点、线、面形成的体积、空间、材质等不同的三维形态进行研究。因此，对形态本身产生的语言及形态与形态之间的关系是造型过程中必须解决的问题，即立体构成设计中点、线、面的重心问题、大小关系、质感及位置问题，其目的是构成造型物体的形态美法则。

1.2.3.2 立体构成的特点

立体构成是现代艺术设计的基础之一，是使用各种材料将造型要素按照美的原则组成新立体的过程，立体构成的构成要素包括点、线、面、体、色彩和空间等方面。它的形成要素仍然遵循形式美的法则，如对比调和、对称均衡、节奏韵律、变化统一等，重要的是通过设计创造意境。立体构成是三维的立体空间构成，组合成具有视觉美的造型体，它运用材料来影响和丰富形式语言的表达，其重点是研究空间立体造型规律，创造立体和空间的三维形态，在现代景观设计中起着非常重要的作用。

立体构成的形成理念包含两方面的内容：首先，立体构成是一个解析的过程，通过分析拆解，还原纯粹的造型基本元素，剖析形态的结构本质，把握了解各个元素的情感特征和积极性特征；其次，立体构成又是基于特定的目的，将造型元素依据一定的构成法则，整理组合为具有美感形态的过程。

立体构成包含两个重要元素：第一，造型元素，其中包括点、线、面、体、色彩、材料等；第二，情感元素，是通过视觉感知的情感心理因素引起的情绪和心理审美上的响应。立体构成形式上倡导借助于形式美法则，将形状、颜色、材料和其他因素作为一个组织机构，追求造型抽象、纯粹或简单，需要创建一个强烈的空间感、视觉感、运动感和梦幻感，同时运用形状、色彩、节奏、韵律、秩序等烘托人的视觉享受。

景观中的立体构成描述环境与物体的关系。环境是一个空间的概念，每一件景观作品都应在造型方面存在与环境的对话，给人视觉、听觉、嗅觉等全方位感受。

1.2.3.3　"体"的应用

面元素经过围合形成一定的空间，即各界面围合界定的基本形体，或者面元素经过移动而留下的轨迹都能够称为体。体因此而分为两种基本形态，一种是内部充斥了实体形态，一种内部是面元素围合成的空体形态或者由其他点、线、面元素充斥于其中构造出的虚体形态。不论是实体形态还是虚体形态，观者看到都会产生具有分量感的心理感受。

体在自然和人文社会中存在着几种表现形态：由基本的几何形状围合成的是基本几何单体，如长方体、三棱柱等，这些形体表达出简洁、稳重、冷静的几何美感；由弯曲的几何形状围合成的是曲面几何单体，如圆球、圆锥、环形等，这些形体表达出大方、轻快的视觉感受；再有一种是没有固定形态的形体，它不会拘泥于一种固定的形状，它可能因周围的任何情况而发生形体的变化，如烟雾、水流等，它通常具有连绵、波荡的视觉情绪。

在构成学中，空间是指实体与实体之间所限定的、具有关联性和相对完整性的"场域"。例如，三个柱状实体距离较近放置时，之间就形成了被限定的场域，产生了看不见的吸引力，实体与限定的空间成为一个整体；当柱间距拉大到一定程度，随着限定的弱化和原有限定空间的消逝，它们又成了不相关联的三个圆柱体。

立体构成是城市景观空间设计的重要组成部分，也是实现三维空间的基本构成手段。立体空间性指的不仅是建构筑物、景观小品等本身所占有的实体空间，还包括其实体空间构建的空间环境，空间环境依靠实体空间进行构造、划分区域，实体空间因构建了虚拟空间而发挥作用，它们是相互作用、相互影响的。

城市中的建筑物形形色色，体量较大，且对城市景观起到重要的影响，可被视为立体构成中最大的单位——体，一般建筑是简单或复杂的体块以及体块的组合。单一体块建筑给人以简洁、明确的秩序感；复杂多变、融合了曲面的复杂体块建筑给人以流动的变化感；采用多个体块组合的建筑往往以一个体块为主，其他体块作为补充和呼应，突出主体，主次结构分明，体现的是建筑中立体构成的节奏感和韵律感。

立体构成中的点、线、面、体在建筑设计中都有相应的运用：

① 点在建筑设计中一般起点缀作用，由于建筑的实体巨大，相对于整个建筑外立面，较小的如窗体及其他装饰物，可以被视作是整个建筑体中的点。窗在建筑外立面上的排布实质就是点的排布，既起到建筑采光的作用，同时也对建筑整体进行点的装饰，使面更加丰富，不会过于单调沉闷。

② 线的运用也非常广泛，如起支撑作用的外露支撑立柱、外露的横梁和装饰线脚等直线或曲线。直线的运用使建筑的造型更加稳重且挺拔有力，建筑整体具有鲜明的层次感，曲线的运用则能创造更为自由的流线感。

③ 面在立体构成中占了很大比重，无论是全混凝土的实面还是布满窗体的虚面，无论是简洁的长方形或三角形还是柔美动感的曲面形作为外立面，都体现了立体构成中面的特性。

体元素由于涵盖了长、宽、高三个维度，因此有着点、线、面所不具备的体积、重量等特点。与此同时，体能够给人们带来非常直观的观感，并使人产生强烈的空间感。与点、线、面不同，体块所塑造的形态具有充实、厚重和稳定感。

以古典建筑意大利米兰大教堂和现代建筑香港中国银行大厦为例：米兰大教堂是典型的哥特式建筑，有数以百计向天空延伸的尖塔和立柱，外立面有大量装饰性线脚及人物雕刻，综合体现出建筑设计中的点、线、面、体的构成（图1-2-7）。香港中国银行大厦是非常具有现代感的当代建筑，结构采用4角12层高的巨形钢柱支撑，整栋由四个不同高度结晶体般的三角柱身组成，每组三角柱体的高度不同，节节高升，整体造型在严谨的几何体块内富于变化，同样充分地体现出点、线、面、体的综合运用（图1-2-8）。

图1-2-7　米兰大教堂　　　　　　　　　　　　图1-2-8　香港中国银行大厦

体元素有着非常丰富的形态，凭借着这一特色，设计师在运用体的过程中通常采用变形、组合以及切割等手段，因此体的运用使得建筑设计的空间形态得到了大幅的拓展和丰富。典型的现代主义建筑多用规则的几何形体作为建筑造型，如长方体、圆柱体等的组合，体现现代主义崇尚的简洁之美；而解构主义则善于将几何体切割重组，或者运用不规则的形体组合，达到强烈的视觉冲击效果。由现代主义建筑大师赖特（Frank Lloyd Wright，1867—1959）设计的纽约古根海姆博物馆，其主体由多个圆柱体和长方体组合而成，四个圆柱体由下到上逐渐增大，依次排列，与后面长方体的高层建筑形成体量和形状的强烈对比，也体现了现代主义秉承的理性、规则、秩序的形式美（图1-2-9）。而由解构主义建筑大师弗兰克·盖里（Frank Owen Gehry）设计的毕尔巴鄂古根海姆博物馆，其外形像是一个巨大的雕塑，由多个扭曲的、有着笨重体量的几何体块有机结合，在金属外表皮的装饰下，极具动感和视觉感染力（图1-2-10）。这些造型迥异的建筑为城市景观增添了丰富的视觉效果及无限活力。

1.2.4　色彩构成

色彩构成也被称为"互动作用"的颜色。它是一个复杂的视觉化的变幻，将人们的心理

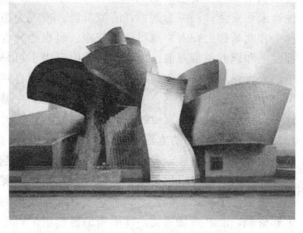

图1-2-9 纽约古根海姆博物馆　　　　　　图1-2-10 毕尔巴鄂古根海姆博物馆

与视觉在基本颜色上进行整合，并使用物理学原则去发现、追求和把握大众心理的审美感受。色彩构成实际就是将不同的颜色按照形式美学原则的规律，再重新进行搭配组合，完成新的色彩关系和呈现不同的色彩世界，主要通过人的主观意识对颜色的反应程度来实现。色彩构成是根据人们长期形成的对色彩的感觉而产生的一种思维定式，不同颜色的搭配，能够给人不同的心理感受，而色彩构成就是将这些思维定式总结出来。

色彩构成即色彩的相互影响、相互作用，是从人对色彩的知觉和心理效果出发，用科学的方法作为分析途径，把复杂的色彩现象还原为基本要素，利用色彩在平面和空间、量与质的可变幻特性，按照一定的规律组合各构成元素之间的相互关系，再创造出新的色彩效果的过程。色彩构成是艺术设计的理论基础之一，它与平面构成及立体构成有着不可分割的关系。色彩不能脱离位置、空间、形体、面积、肌理等而独立存在。在景观设计的实际应用中，色彩构成能够丰富设计师的设计思维，提高审美的判断能力和创新精神，也可以体现出设计作品的色彩修养、创意水平和色彩魅力。

1.2.4.1 色彩三要素

① 色相　是用以区别色彩种类的基本面貌（除了黑白色）和类型的专用名词。色相由光波决定，因此波长相同色相相同，红、橙、黄、绿、青、蓝、紫七种色彩是代表性的色相。由于明度、环境与光影都能够干扰色彩本身，在它们共同作用下形成了多种多样的色彩体系。色相的种类虽然无限多，但人眼可识别的仅有160个左右。

② 明度　指色彩的明暗程度。白色明度最高，黑色明度最低。通过控制加入这两种颜色的量可以形成一系列梯度的明度。明度与色彩表象光线的反射率相关，白色是明度最高的色彩，色彩明度越高，白色成分越多，反之亦然。

③ 纯度　指的是色彩洁净的程度，也叫饱和度或彩度。色彩在投射光和反射光中，其纯度由光线波长的组成成分是否单一所决定。加入黑色、白色、灰色或该色彩的补色，都可使其纯度下降。纯色纯度最高，色相混合次数越多，纯度越低。

1.2.4.2 色彩与视觉心理

生理心理学表明感受器官能把物理刺激能量，如压力、光、声和化学物质转化为神经冲动，传导到脑而产生感觉和知觉。而人的心理过程，如对先前经验的记忆、思想、情绪和注意力集中等，都是脑较高级部位以一定方式所表现出的神经冲动的实际活动。研究表明，肌肉的功能和血液循环在不同色光的照射下发生变化：蓝光最弱，随着色光——绿、黄、橙、红依次增强。人对色彩的认知来源于自然的先天色彩：太阳为红色，温暖热烈；树木为绿色，亲切安全；海洋为蓝色，清凉沉静；夜晚为黑色，神秘阴暗。

在此基础上，人为地将色相按冷、暖视感分为两大类。另外，色彩的抽象联想也在很大程度上和地方风俗习惯、宗教文化等因素密不可分，需要进行具体的分析。比如，南欧和热带的人喜好鲜明的颜色，而北欧和寒带的人则喜好暗淡纯净的颜色。色彩三要素的不同组合可产生冷暖感、轻重感、空间感等多种实感。在城市景观设计中，利用视觉心理原理进行设计，对于空间氛围、意境的塑造具有明显的作用。

1.2.4.3　色彩调和的方法

两种或以上色彩，有秩序、协调地组织在一起，搭配成能使人心情愉悦、欢喜、满足、舒适的色彩的过程叫色彩调和。经过长期研究，现一般公认具有以下五种感知特征的色彩搭配是协调有序的：近似色彩的组合，有秩序变化的色彩组合，令人愉悦、舒适、感到好看的色彩搭配，能够满足视觉心理平衡的色彩搭配，形和色高度统一的色彩搭配。

色彩调和通常有三种方法：

① 类似调和　突出色彩元素的一致性与相似性，通过色彩融合产生总体感受。类似调和涵盖了相似调和与同一调和两类。同一调和是在纯度、色相与明度上具备某类因素的一致性，而改变其他因素的调和方式。相似调和是在三大元素里，具备一类相似的因素，改变其余因素的调和方式，如黄色和橙色因相近的色相而得以调和。

② 对比调和　侧重于色彩的变化而产生的色调相互衬托现象。在认知色彩的过程中，人们通常将色彩加以比较进行思考，如花坛的外围鲜花能够借助明度强烈的色彩作背景，烘托花坛目标植被，以此能够形成主次分明的调和效果。

③ 面积调和　每一类色彩所占据的面积的比重不同，都会引发人们在纯度、明度与色相心理感受方面的差异。同样，色彩因为纯度与明度的差异，同样也会引起人们对面积大小认知的差异。从视觉规律看，面积越大调和作用越低，反之调和作用越强烈。"万绿丛中一点红"就是面积调和效果的代表实例。

1.2.4.4　城市景观的色彩应用

在现代城市景观设计中利用色彩的组合构成，改变传统构图形式，使现代园林景观显得更加生动多彩和更具有时代气息。色彩的应用对整个景观的空间感、舒适度、环境气氛、使用效率，以及对人的心理和生理均有很大的影响。在一个既定的空间环境中最先进入我们视觉感官的是色彩，而最具有感染力的也是色彩。不同的色彩可以引起不同的心理感受，好的色彩环境会给人带来舒畅愉悦的感觉，这就是色彩的理想组合搭配。

色彩在人类视觉中相比其他元素在表现力方面效果更为显著。在景观设计中，色彩主要分为三个层次：①背景色，常指园林中固有的地面、水体、墙面等建筑设施的大面积色彩，占景观环境整体色彩面积的一半以上；②主题色，是指环境中需要突出、重点烘托的景物的色彩，此部分色彩的面积一般占整体的三分之一左右；③点缀色，是指环境中最易于变化的小面积色彩，如四季草花、椅凳、灯光等，往往采用最为突出的强烈色彩。

从色彩的物质载体的性质角度来说，城市景观的色彩组成可分为三类：自然色、半自然色和人工色。色彩的对比是两种或两种以上的色彩并置时所产生的色彩差别，分为色相对比、明度对比、彩度对比、补色对比、纯度对比、冷暖对比等。色彩会让人产生不同的心理感觉，如冷或暖、轻或重、收缩或膨胀等感觉。色彩在人的生理和心理两方面既相互联系，又相互制约。受地域、历史文化以及自身条件背景等因素的影响，人们对色彩的感知具有一定的主观性，也就是由对色彩积累的经验转变为色彩的心理规范，当受到什么刺激后可以产生什么反应，都是色彩心理学所探讨的内容，两者之间的关系非常复杂，但在设计中重视这一因果关系是非常必要的。

一座城市的色彩往往能最直观地表现一座城市的形象。如瑞典首都斯德哥尔摩，从空中俯瞰其建筑墙体大部分为红色、黄色等暖色调，局部分布着蓝色、绿色等冷色。这些颜色都通过调整其自身颜色属性而和谐地搭配在了一起。在这座城市中，柔和的颜色与鲜明的颜色相互交错着，如在深蓝色的波罗的海的映衬下，米色、黄色、橘色、红色等色彩相互搭配，给寒冷的环境带去了温暖的感觉（图1-2-11）。到了夏季时，这里的日照时间每天可长达18h，光的折射作用能够使夜晚的天空透出淡淡的蓝色微光，在建筑色彩的衬托下，像梦境般美妙。

图 1-2-11　斯德哥尔摩的城市色彩

城市景观中的色彩运用与表达是城市文化的一部分，对其研究的目的并不只是单纯地来协调、营造视觉效果，增加审美感受，更是为了通过对城市色彩的研究，在全球化的大背景下发掘、保护和继承地域性的文化传统，实现全球化、现代化与地域性共存。

1.2.5　构成艺术的景观设计实例

景观设计师彼得·沃克（Peter Walker）设计的剑桥中心屋顶花园（图1-2-12、图1-2-13），采用了一种带有艺术性的构成布置手法。矩形的屋顶花园铺装空间利用重复的点状混凝土方砖进行重复的阵列组合：平面上以紫色砂石做底，中心部分用淡蓝色预制混凝土方砖按网格点缀，两侧以低矮带状花坛交错组织成一幅几何线条图案。由于屋顶上不能栽种高大的乔木，设计师为了在竖向视线上获得变化，利用构成的手法设计了五组大框架、入口框门、五根小框柱、两个方形花棚架。这些雕塑般的小品景观风格统一，均由涂成白色的金属管组合而成，就像一片白色的小"树林"，在紫色地面衬托之下显得十分醒目。屋顶花园的周边环绕了较宽的种植坛，设置了一排排供人休息观景的座椅。花园北面靠近大楼平顶入口处设置了一个半圆形的咖啡平台。

图 1-2-12　剑桥中心屋顶花园鸟瞰

图 1-2-13　剑桥中心屋顶花园局部

　　"解构主义"代表作品——巴黎的拉·维莱特公园也是优秀实例（图 1-2-14）。为了适应现代人的审美意向，设计师伯纳德·屈米（Bernard Tschumi）的拉·维莱特公园投标方案，以纯粹的构成理念为基础进行了整体性设计。公园的总体布局构图是由点、线、面三个构成元素相互叠加，然后按照构成的方法重新组合起来。构成园中"点"的要素是按方格网设置；几条笔直的林荫道、两条长廊和一条贯穿于整个园林景区的流线型的主要游览路，构成公园中的"线"的要素；面的要素包括草坪、场地、建筑等。

图 1-2-14　拉·维莱特公园总体鸟瞰

　　达拉斯喷泉广场位于美国达拉斯市中心，占地约 6hm^2，由丹·凯利（Dan Kiley）设计。该广场属道路围合型建筑附属广场，环绕着艾利德银行塔楼，为市民提供休闲环境和生态花园景观，营造了城市中最具有魅力的公共空间。广场总面积约 70% 被水面覆盖，广阔的水面上是数以百计的树木和喷泉。广场的中央是一组由电脑控制的有 160 个喷嘴的音乐喷泉，可以自动调节喷泉高度，喷水停止时，行人便可自由穿越。440 株柏树列队整齐地排列在路旁或水中，柏树之间有序地排列着 263 个泡状喷泉，水也随地形呈阶梯式布置，水池间形成了层层叠叠的瀑布。步行道由豆绿色板铺成，部分与水面平齐，步入其间，如同浮在水面。人们在喷泉广场，仿佛置身于极富创意的自然山水间，浓厚的人工色彩被自然的元素所消化，城市的嘈杂、喧嚣被音乐和流水所代替，设计结合了对自然的感知与想象，创造出城市中令人愉悦的休闲空间（图 1-2-15、图 1-2-16）。

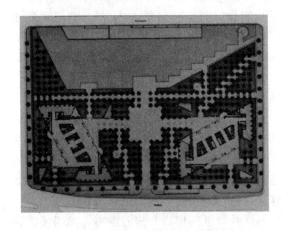

图 1-2-15　达拉斯喷泉广场总平面图

图 1-2-16　达拉斯喷泉广场树阵叠水

1.3 审美心理学

审美心理学也称"心理学的美学",与哲学的美学和社会学的美学同为美学三大分支。德国心理学家费希纳(Gustav Theodor Fechner)从心理实验着手,自下而上地由审美经验出发来研究审美活动中的心理规律,从而开创了心理学美学,自此以后,心理学美学构成了美学中的一个重要组成部分。随着研究的逐渐深入,审美心理学已经不限于心理实验,而是进入对更为复杂的审美感情、审美想象、审美趣味和审美理想等的心理分析。国外的主要学说有布洛(Edward Bullough,1880—1934)的"心理距离说"说,立普斯(Theodor Lipps,1851—1914)的"移情说",克罗齐(Benedetto Croce,1866—1952)的"直觉说(表现说)",以阿恩海姆(Rudolf Arnheim,1904—2007)为主要代表的"格式塔心理学(完形审美心理学)派"以及著名的弗洛伊德(Sigmund Freud,1856—1939)的"心理分析学(精神分析学)派"等;国内,王国维首创的"出入"说,可以说是中国心理学美学所取得的最早的成果,其后朱光潜以人文主义为核心,结合现代心理学为中国近代美学做出了卓越贡献。

心理学和美学在景观设计方面的结合,以格式塔心理学,即完形审美心理学方向的研究相对比较深入具体。格式塔心理学是内容较为复杂,立论较为严整,在当今有着广泛影响的心理学的美学流派。本书主要概述其与城市景观设计相结合运用的部分观点与理论。

1.3.1 格式塔心理学的内涵与特征

1.3.1.1 格式塔心理学产生的背景

格式塔心理学是由承继西方现代美学的先驱之一——费希纳形而下美学(实验心理美学)的思路发展起来的,反对"空头理论",认为心理学、美学可以用一定的实验方式,用一种理性、严谨的态度加以测量和观察。20世纪初,德国心理学家惠太海默、柯勒、考夫卡等人在研究"似动现象"时提出了格式塔心理学的基本观点,即"整体大于部分之和"的整体性原则以及物理现象和心理现象的"异质同构"原则。

德裔美国著名美学家阿恩海姆是格式塔心理学最杰出的代表人物,他一生都在致力于运用格式塔心理学的实验方法与理论来研究美学。他对视知觉与艺术两者之间关系的研究尤为精深,受到人们广泛的关注。阿恩海姆出版过不少著作,其中初版于1954年、修订再版于1974年的《艺术与视知觉》一书,可以说是他多年来研究成果的总结,被公认为是格式塔心理学的代表之作。这本书不仅把格式塔心理学系统化了,而且也把西方审美心理研究推向一个前所未有的广度与深度。

格式塔心理学的产生有其深刻的哲学思想渊源,受到康德的先验论、胡塞尔的现象学等理论的影响,然而更值得一提的是它的自然科学背景。物理学的发展为格式塔心理学奠定了良好的科学基础。19世纪末20世纪初,物理学界对机械论的观点进行了排斥,接受了场的理论并同时提出了"物理场"这一概念。场是一个限定的域,是一种新的力学结构和实体,是一种整体的存在,其中的每一部分的性质都是由它的整体所决定的,但其整体的性质又非各个组成部分简单相加之和。对于"场"的理解,我们可以用磁力现象来解释:当我们在一张纸上撒一些铁屑的时候,用一块磁铁放在纸的下面并与纸间保持一定的距离,然后慢慢移动磁铁,此时会发现,铁屑会随着磁铁的移动而向相同的方向移动,并排列成一定的形状。物理学将其解释为铁屑因受到磁铁周围磁力场的影响而发生变化。格式塔心理学家正是通过这一科学现象得到灵感，试图用场论解释心理机制并由此产生的一些心理现象等问题，于是提出了"心理场"这一概念，所谓的"物理场"就是现实存在的能被人们的视觉或知觉感受到的客观实体，"心理场"就是人们通过知觉或视觉在大脑中形成的反应形式。

1.3.1.2 "格式塔"与"完形"的含义

格式塔是德文 Gestalt 的音译，英文一般用"Form"或"Shape"来表达，中文则采用"完形"一词来表达。格式塔心理学是西方现代心理学的主要流派之一，1912 年在德国诞生，后期在美国得到广泛传播和发展。由于它是一门研究"形"的知觉规律的学科，故又称完形心理学。格式塔心理学的主要观点是整体包含部分，并决定部分的本质，它强调心理实验，是一种现代实验心理学，广泛用于艺术心理学、社会心理学、发展心理学等领域。大体说来，"格式塔"指的不再只是视觉上单纯、静止的形状，而是着重于事物各部分组织成的整体性效果，这种效果是经过人的感知活动实现的，它要大于各个部分机械相加的总和。具体到格式塔心理学中，"格式塔"同人的感知活动紧密相连，经由这一桥梁，人把外部世界的形式及动力结构内化为个体的动态心理结构。简言之，人的感知觉积极主动地参与了审美活动，将那些外在的、独立的、个别的局部在人的内部心理活动中实现完形，成为一个整体形式，进而呈现为一个完整的艺术品。

"完形"在格式塔审美心理学中具有特殊的含义："形"是指在人的知觉经验中形成的一种意象组织和结构，"完形"是指心理活动中"形"的整体性，这"形"的整体性不是客观事物本身原有的，而是由知觉活动组成的经验中的整体，是知觉进行积极组织或构建的结果。完形的特征主要表现在两点：①完形是一种力的样式；②完形是自发地追求着一种平衡。

格式塔心理学派认为，完形的目的是表现。表现就是人们通过知觉的方式获得某种经验，这种表现得以实现，是因为人与客观事物具有"同形同构"关系。即审美欣赏的目的，是借助审美对象与人的同形同构关系使自己的情感愿望得以表现。他们认为，表现是人的知觉样式固有的特征。比如孔雀舞能够引起人的美感，不是因为舞蹈中对孔雀的形态、动态的表演使人联想美丽的孔雀而感到美，而是因为表演中体现的孔雀的"力的式样"传达到人的大脑皮质，受"同形同构"的影响产生快乐的知觉共鸣。再如柳树被动下垂的样子会引起人的悲哀情感，也是由于柳树的样子与人的"悲哀情感的力"具有"同形同构"的关系，所以柳树这一形象可以表现人的悲哀情感。总而言之，外在世界的力与人内在的力具有同形同构性，同形同构引起的共鸣促使人产生心理美感。

完形具有三个特点：

① 整体性 完形的整体性是现代科学系统论意义上的"整体性"。其意义是，完形的整体性不是各个部分的简单相加，而是整体大于部分之和。比如对一首五言绝句的整体感受和理解，绝不是 20 个字的意义的简单相加，而是一个完整的意义，整体意义远远大于部分意义之和。

② 独立性 即每一个完形一经形成，就具有了不为外界因素变更的相对独立性。如人们欣赏过一首乐曲之后，无论再换用什么乐器演奏这首乐曲，都不会破坏、改变乐曲给人的整体心理感受。

③ 主客体的统一性 即完形不是完全指客体本身的形式，而是在人的知觉经验中形成的完形。也就是说，完形是在人感知客体的基础上在大脑中形成的，是在知觉中呈现的。所以，对完形的研究主要是对知觉的研究。

1.3.1.3 格式塔心理学的主要理论

"异质同构"是"格式塔"心理学派的重要理论，通过实验证明了人具有把看似不相关的事物，利用自身的生理条件，使其获得某种联系的可能。只要这些事物的力的式样是相同的，人在大脑中就会把它们等同起来，并把它们归结于同一类事物之中。异质同构中"质"的概念是指性质、结构、质感等含义，它是把不同"质"的物形组合在一起，用一种形象的"质"去替代或破坏另一形象的图形创意。简单地说就是把几种不同的视觉形象结合在一起，来生成一个全新的图形形象，在视觉表达上自然而然地从一个视觉语义延伸到另一个视觉语义，从而产生新颖的视觉效果和新的意义。但这些视觉形象之间并不是毫无关联的，它们必须有一定属性关系的相似性，这种相似可以是视觉上的、心理上的，也可以是经验及知识上的。由此可见，异质同构对设计的启示主要体现在其对图形形式的影响上。

通过归纳总结，格式塔心理学的主要理论包括以下三个方面。

① 整体论　格式塔心理学认为，任何一个人的知觉都具有将视野组织起来的趋势，并将这一视野建构成一个完整的图形。当知觉的各部分之间构成一个完整的结构框架的时候，一个格式塔便随之形成。然而，格式塔作为一个整体，并非等于各部分的简单相加，因为各个部分的特性并不显示在整体的特性之中。这便是"整体大于部分之和"的著名理论。换句话说："格式塔整体论强调的是各部分之间的有机配合，共同组成一个完整的整体，以及从中突显的创新性。"

② 完形论　当面对一个不完整的图形时，人们的知觉会不由自主地将这一图形的缺口填补起来使其变得完整，这是一种知觉与思维的完形倾向。比如一个缺角的三角形，我们的知觉可以把它填补成一个完整的三角形，也可以填补成一个梯形。这种在同时面临多种刺激时尽可能把不完整图形看成一个"完好"图形的心理趋向称为完形性。正是因为有空缺、不完整才为人们创造了完形的必要条件，也正是格式塔的完形性使得人类创造性的心理机制得以产生。

③ 同型论　格式塔心理学在解决心身和心物的关系时，提出了同型论。同型论是在 19世纪由海林（Ewald Hering，1834—1918）和马赫（Ernst Mach，1838—1916）提出来的，这一理论认为生理现象是理解心理学的关键。"所谓同型论，简言之，就是认为生理历程与意识历程在结构的形式方面彼此完全等同"。构造主义认为心身之间没有任何关系，然而格式塔心理学家对这一观点进行了尖锐的抨击，他们认为身心之间是可以相互作用的，无论是心理现象、生理现象还是物理现象，它们都是一个格式塔，都具有格式塔的性质。

什么是"好的格式塔"？格式塔心理学指出与艺术密切联系的"形"有三种类型：其一为简单规则的格式塔；其二是复杂而不统一的格式塔；第三种则是复杂而统一的格式塔。对于景观形态美学而言，其审美认知往往伴随着生理和心理活动，是一个复杂的综合组织过程，也是通过大脑思维的自组织规律而趋向和谐、平衡的过程。在此过程基础上形成的格式塔即人们常说的多样统一的"形"，是艺术能力成熟的表现，它是物质世界和人类内心情感生活经过组织后的平衡状态，是最真实、最本质的反应，也是最为成熟的"格式塔"。

1.3.2　阿恩海姆视觉思维艺术理论

阿恩海姆是格式塔心理学的核心人物，又是将格式塔心理学与艺术融合的集大成者。其艺术思想兼具哲学、心理学、实证科学、美学等多重视角，并且流露着对艺术本体美的崇高追求，对当下的艺术实践有方法论上的指导意义。阿恩海姆把视觉形式与情感等精神活动融入视知觉形式动力生成之中，对形式主义和表现主义之间的争论起到了调和作用，同时又在一定程度上对形式和表现主义美学观点有一定的推动作用，填补了西方美学理论中两大学说的鸿沟，因此也在一定程度上呈现了现代西方美学的内在发展逻辑。

1.3.2.1　视知觉的特性

视知觉形式动力理论，是阿恩海姆在格式塔的基础上，对人类视知觉特性进行研究分析得出的。他通过在格式塔心理学中引入动力概念，更加切地描述了形式的完形倾向。这种理论的研究重点在于人的视知觉行为和观察物体之间的关系。阿恩海姆将完形理论应用于人对形式的直觉能动性研究上，由于形式的完形趋势，人对于形式的视知觉解读往往是一种自主自觉的行为。这种视知觉动力形式的作用过程是连续的：物体的形态中表现出的动力式样对知觉主体的视知觉产生刺激，随后视知觉会将物体的形象重新建构，而这一过程也伴随着与人心理相关的感受、情绪、经验等心理元素的参与，从而在视知觉形式动力的作用下对观察物形成了个人的视知觉认识。

阿恩海姆将视知觉定义为一种视觉思维，因为其一方面是人的思维认识的一种途径，但另一方面自身也具备一定程度的认知能力。而视知觉的认识行为通常表现为两个方面的特性：整体性和主动性。视知觉的整体性表现在人对于视知觉认识的物体的完整把握，从而获得一些相对抽象且具有情感的结论，如喜欢、讨厌等。这种把握主要来自于对视知觉刺激物形式上的感受和理解。视知觉的主动性主要是指人对于事物的特征和性质是基于其主动的角度来分析和诠释的。视知觉的过程虽然迅速，但是这并不是对于各种要素的简单叠加，而是视知觉主体自身视觉和心理之间相互作用的结果，是一种主观的认识思维而非简单的直觉反应。因此物体本身的形式和特性，在视知觉主体的认识过程中具有重要的意义。在视知觉的认识过程中，视知觉主体往往会主动地遵循相似、闭合等组织原则对观察物的形象进行处理，这种认识的完型趋势主要体现为"补足"和"重构"。例如，视知觉会在观察的过程中将一个缺失了部分的圆形在脑海里补充完整，将偏离中心的不稳定构图重构为稳定平衡的均衡稳态构图。

1.3.2.2　主要美学观点

在艺术审美方面，阿恩海姆将"视觉思维"作为核心概念提出，认为审美直觉中蕴含着视觉思维，因此视觉思维兼具着感性与理性的特点，通过视觉意象表现出来，可以说"视觉思维"的提出弥合了科学与艺术的鸿沟，是阿恩海姆艺术审美理论的独具匠心之处，其核心内容归纳如下。

（1）简化

格式塔心理学派认为，能够给人最愉快的感觉的完形，就是那些采取了最大限度的简化形式的完形。简化的实质是以尽量少的结构特征，把最复杂的材料组织成有秩序的整体，而整体的简化是由表现力的需要决定的。如剪影艺术、绘画中的素描，要求最大限度地简化形式，简化到突出形象的最主要特征。简化的特征是表现"力的样式"。

完形从客体上讲表现为结构，从主体上讲表现为组织。简化就是要抓住事物的表现结构特征，用最精粹的形式将其表现出来。简化要求意义的结构与呈现这个意义的式样的结构之间达到一致。这种一致性，被格式塔心理学家称为同形性。也正因如此，格式塔心理学认为，在具体的艺术创作中，艺术家就应该抓住"结构特征"来对表现物加以抽象化，这种抽象化的内在依据就是艺术家所要表现的意义结构。换句话说，艺术家在创作时要将表现意义不可缺少的材料组织起来，并去找寻最佳的结构方式，来实现简化的效果，从而达到完形的要求。在阿恩海姆看来，事物的种种复杂的刺激的动力结构在人的知觉中也会趋于简化，而艺术作品中的形象正是对外在原型的一种简化，而简化的关键就在于在艺术结构形式中包含着的张力。正因为简化来自抽象，所以阿恩海姆认为艺术作品在表现时一定程度的抽象是必不可少的，他提出了"抽象的再现"这一术语，并认为世界艺术史上，高度抽象的再现风格是相当普遍的，追求"照相式"逼真才是罕见的，而且也总是在非常特殊的文化条件下才作这种追求的。因此，"抽象的再现"就不是对生活原型的简单模仿，而是对原型的模式的一种阐释。

格式塔心理学的相关实验证明："人的眼睛倾向于把任何一个刺激式样看成已知条件达到的最简单的形状。"而这种"最简单的形状"必然是最具有代表性、暗示性的图形和形象。

（2）张力

张力就是力处于最有表现性时的一种样式。张力体现在运动状态中，是力量发挥到淋漓尽致的一刹那的状态，最具有表现性和运动性。所以，简化的核心是动态平衡，动态平衡的基础在于张力，简化本身就是一种张力的样式。

阿恩海姆指出，静止的画面上没有真实张力的存在，张力只存在于可能产生张力的结构形式，真正的张力是产生于观赏者的大脑皮质中的。"我们在不动的式样中感受到的'运动'就是大脑在对刺激物进行组织时激起的生理活动的心理对应物"。这也就是说，不动之动是由于观赏者的视觉受艺术作品结构形式的刺激，大脑依照同形的原理对这种刺激加以组织，并在这组织的过程中，大脑皮质产生的一种生理力的活动，这种生理力的活动再反映于心理，便被感受为刺激物（即艺术作品的形式结构）的力的活动，艺术作品"不动之动"的奥秘就在这里。由此也可见，艺术作品能否对观赏者产生"不动之动"的生命感与艺术作品的结构形式关系极大，只有艺术作品的结构形式具有张力时，它才可能使观赏者产生出"不动之动"的生命感或审美幻觉。

通常情况下，视觉传达中有两种"形"：一种是完美的、有规律的"形"，简洁明了，便于人们识别和理解；一种是看似杂乱的和不规则的图形，但是由于视觉对它们的组织也变得稍微困难和紧张起来（与感知一个简单的或重复的式样相比），反而能够引起观者的更大注意。这类打破"常规"的设计，局部之间的关联、映衬、反差，甚至是矛盾，则能够形成图形内部的张力，可以蕴含较为深刻的主题，从而造成观者紧张而引发思索，获得较丰厚的美感。

1.3.2.3 理论的局限性

国内外很多研究者都把阿恩海姆美学的理论基础看作是格式塔心理学，但也有学者认为，早期阿恩海姆的理论基础存在格式塔心理学与形式主义美学的双重特征。早期阿恩海姆美学思想中的形式主义美学的存在，不仅造成了其早期美学并未形成完整的格式塔心理学美学，同时也为中晚期阿恩海姆美学思想严重的形式主义倾向埋下了伏笔，导致其美学理论忽视了社会环境等外在因素对美学活动的重要作用。格式塔心理学派在形的整体性、力的表现性和运动性等方面的研究有独到之处，但它一方面缺乏科学的心理学依据，另一方面忽视了社会实践在艺术创作和欣赏中具有的决定性作用，只从生理和心理方面解释事物和情感之间力的关系，从而忽视了社会和历史对人的心理结构起着决定性的影响，因而具有片面性。

1.3.3 完形组织法则

完形组织法则（gestalt laws of organization）是格式塔学派提出的一系列有实验佐证的视知觉组织法则，它阐明视知觉动力是如何而来的，是如何运作的。在格式塔心理学家看来，真实的知觉经验正是组织的动力整体，而感觉元素的拼合体则是人为的堆砌。因为整体不是部分的简单总和或相加，整体的性质不是由部分决定的，各个部分则是由这个整体的内部结构和性质所决定的。所以完形组织法则意味着人们在感知刺激物时，总会按照一定的形式把经验材料组织成有意义的整体。它是依据人们的视知觉和视觉思维的动力机制而提出的一系列图形的视觉原理，运用这些原理进行视觉审美表达，并最终形成画面的审美张力。从美学原理上分析，完形组织法则实际上可以分为两种，即图形-背景法则和群化法则。群化法则中又包含了几个方面的相似原理，目的都是为了使图形趋向符合观者经验的良好、完善的整体意象。

1.3.3.1 图形-背景法则

图形-背景法则指的是大脑倾向于将视觉区域分为主体和背景，主体包括一个场景中占据观者主要注意力的所有元素，其余的则是背景。人在进行观察的时候，总是会对混乱的事物进行分离。对混乱的事物进行分离的目的，是为了更方便地对外物进行知觉。比如，我们看见海面上的船，就自然地会把大海、船进行分离。再结合"小的事物更具显著性"原则，船更容易成为图形，而大海更容易成为背景。如图 1-3-1 中左图与右图的对比，图形与背景的关系是我们看到图形时最直觉的判断。又如，图 1-3-2 是著名的"人脸花瓶幻觉"图：如果以黑色为背景，白色为图形，则是一个花瓶；如果以黑色为图形，白色为背景，则是两个人的侧脸。它也反映了图形和背景对整体图面的影响。

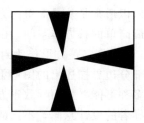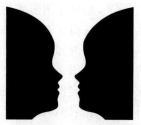

图 1-3-1 图形——背景法则示意图　　　　　**图 1-3-2 人脸与花瓶**

1.3.3.2 群化法则

完形心理学的群化法则主要是在研究图像的组织与人类视觉上会将信息分类的一种形式法则。格式塔理论的创始人威特海默·马克斯提出一种叫作"Principles of grouping"的平面构成法则：相同或相似的基本图形单元通过一定规律可以组织在一起构造出一个新的图形，新组合而成的图形应该表现得尽可能概括、明晰，能清楚地表现出其建构逻辑，从而形成鲜明的形象特征，给人以深刻的印象。根据阿恩海姆的理论，在一个由多个元素构成的平衡的完形关系中，每一个元素的变化都会影响整体和其他部分的性质。所以在这个系统中整体是大于部分元素的总和的，因此其给人的视知觉感受也就更为强烈。

群化法则是利用知觉群组的方法，将人所接收到的刺激，赋予连接及次序的关系。群化是完形心理学重要的原理及主张，一个形象的某些部分在知觉特质上互相类似的程度，决定它们看起来是否互相隶属的程度。总结各派的说法，归纳出以下六个群化原则。

① 接近律　距离较靠近的图形或符号，会自然成一群，和其他分隔较远的图形或符号分开。如果不同的视觉元素彼此距离靠近，就易被视为一个整体，易于组织成形。因此在视觉场中元素与元素间的距离及空间的配置，将会影响它们知觉上的关联性。例如图中的平面图形虽然由六个元素组成，但是由于它们之间距离的差别较大，我们首先看到的是它们分别组成的三组元素而非六个单独的元素（图 1-3-3）。

② 相似律　类似的图形、符号，会自然组织成群。设计要素如色彩、造型、大小、明度、方向、速度等，若具类似性则极易于群化。当视觉场中的众多元素彼此间的形状、尺寸、色彩、属性、动作、方向、数量或意义十分近似时，这些不同的元素会被视为彼此有关而形成一个整体的概念即完形（图 1-3-4、图 1-3-5）。相似性元素在心理空间中的运用，不仅能起到划分空间、突出主次的效果，而且还能保证视觉的连贯、空间的流动。

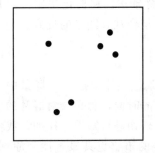

图 1-3-3　接近律示意图

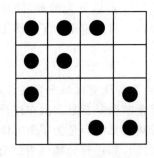

图 1-3-4　位置相似

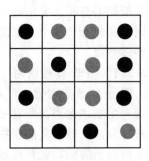

图 1-3-5　明度相似

③ 封闭律　当图形或符号的界限被遮蔽或缺少部分轮廓时,人类的知觉系统会自动补齐被遮蔽或缺少的部分,使图形或符号看起来是完整的整体(图 1-3-6)。当观赏者面对十分熟悉的图像,一旦图像的线条或形状处于接近完成的状态,有被知觉或记忆成更接近完成的倾向。人们对于图形或是空间的知觉认识通常是从最简单的方式入手的。因此相对复杂的封闭空间往往很难表现出来,而即使是最简单的长方体空间,由于表达方式的不同,结果也不一定相同。例如图 1-3-7 的两个图形,虽都是以正方形作为封闭图形,但是左侧通过实体化四角所描述出来的图形要较右侧通过部分边界描述出的图形更加稳定。右侧的图形中因边界描述的不确定性,使得空间感知产生多种可能,从而导致正方形的存在感更弱。当然对于封闭感的强化或削弱主要还是取决于主导者的设计意向,不同的营造手法会产生不同的景观空间效果。

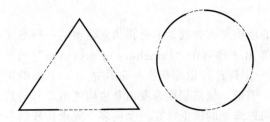

图 1-3-6　封闭律示意图

图 1-3-7　封闭律的知觉差异

④ 连续律　连续的图形、符号,具有自然组织成群的倾向。两条交叉线,人们会看成两条线,而不是四段不连续的小线段。若直线与波浪线互相切断,但看起来仍各自连续,不会认为是断线。当人们观赏图像中的线条,不论直线或曲线,即使被少数的元素干扰阻断,仍可利用人类的知觉系统整合成连续而不中断的线条。

⑤ 单纯性与完整性　人类的视觉具有喜欢看到对称或完整图形的倾向,人类观赏图形时,因力求完整而自然会忽略图形的被切割破坏,称为单纯性或完整性,是知觉的组织总易于倾向完全状态及良好完形的特性,而良好的完形具有简单、节省、规律、稳定、清晰、强力、有意义的特质。

⑥ 共同命运律　指图形的部分如果具有良好的外形和共同特性就会被视为一体,或图形中若干单位若以同速度或同方向移动,则易被视为属于同一知觉单位的倾向。画面上的造型,虽然形、色、方向等都极端差异,可是其机能与命运具共同性时,知觉就会将其结合为一群。如花与花瓶、酒与酒杯,易于群化。

1.3.3.3　群化法则的应用

视觉是我们获取外部信息的主要渠道,一个正常人所获得的外界信息有 87% 是靠视觉获得的。但是，视知觉的过程不是一个简单的被动的记录过程，而是一个复杂微妙的过程。它首先对外来的刺激由经验过滤器进行整理分类，并建立与先前经验的联系，激起预测，同时诱发感情上的反应，这是知觉的三个方面。在很大程度上设计是以视知觉的方式引起人们的关注，来揭示人们的审美心理的。下面对群化法则的视知觉的审美心理加以阐述。

在知觉空间里，人们会对在适当的时间、适当的空间所呈现的相类似的事物产生视觉上的联结。群化法则就是利用事物的知觉特性以其类似的程度来确定其相互隶属的程度，也就是说把类似的事物，不是一个而是多个地放在一起，也就是部分与部分之间所形成的一种群化构成，可以知觉其哪些为互相隶属，这个法则利用的是类似原理。因各种知觉特性不一样，可分为大小类似、造型类似、明度色彩类似、位置类似、方向类似、速度感类似、材质肌理类似等。群化的构成有两个重要特点：一是因知觉特性的不同而构成不同性质的群化，二是在部分与部分之间的关系上由部分构成群化组合。

群化法则经过程式化之后，这些法则可以作为一个基本原理——类似原理来应用。在设计实践中，利用类似原理进行群化对比组合的设计有很多：①由于群化的结果，相似族群从整体结构中会产生形象；②形成易区分的对比族群，例如足球场上，双方不同色彩的运动衣，既让观者易区分两队，又让球员自己能区分彼此；③利用基本形进行丰富的组合与变化，从而构成新的形象；④确保整体的统一，如果在设计中强化某一知觉特性，例如材质、色彩、形象、符号等，就能保持此设计的整体感；⑤群化构成心理场空间。

一般认为空间是由围合封闭的实体构成的，它所获得的是一个明显的、实实在在的封闭空间。但实际上，围合体不一定是封闭的实体构成的，而是以相类似的知觉特性，在适当的时间、空间出现，造成视知觉上的联结，形成一种关系，这种关系便建立了心理场空间，即我们常说的虚隔空间或灰空间。心理场空间有以下几个特点：①它是处在母空间的范围内，与母空间既有交流又有一定的独立性和领域感；②没有完全的隔离状态，只依靠某种知觉特性来完成视知觉的联结；③常常借助隔断、绿化、陈设、照明等因素来形成心理的空间。

另外，由于知觉特性的条件不同，那么心理场空间对人的影响力的大小也会不同，主要有以下几个方面：①与面积有关，限定空间的面积越大，图形越单纯，场空间张力越大；②与相似族群的多寡有关，相似族群多，场空间强度大；③与距离有关，界面之间距离越近，场空间张力越大；④与虚实有关，界面越实，场空间张力越大；⑤与形状有关，界面形状越完整，场空间张力越大；⑥与色彩和材质有关，色彩与材质相同度越高，则场空间张力越大。

在纷乱的群化构成形态中，人们从心理上通常会寻求一种内在的联结，这说明人类存在着将纷乱的状态整理成容易知觉的形态的需求。图形越是概括、完整，并以一定规则排列，越能引起人们的注意和喜悦的感受。因此，我们可以总结出，设计的图形或空间结构越简洁，越有规律，就越容易为人们知觉。如果图形过于复杂，其结构方式不易被解释，就会造成知觉困难。

秩序所表现和强调的是形与形的关系的构成，部分与部分形的关系的构成，所以设计中我们要将凌乱的形态整理成群体的、有规律、有秩序的形态。秩序美的原理有对称、均衡、比例、统一等。秩序美设计手法是通过重复、连续、聚散、扩大、反射、渐变、放射等规律组成有意义的图形。

变异，是指在普遍相同的事物和相同的形态中，出现了个别的异质的事物或形态，变异是秩序美中的一种特质的表现形式，这种变异的特质，给人以新鲜、奇妙、振奋的感受，这种感受会使人的注意力高度集中。从审美心理角度讲，秩序给人带来完满的愉悦感，变异则给人带来紧张的、兴奋的快感，是一种突然的触动和震撼。

变异的知觉特性有以下几个方面：

① 知觉对运动的事物特别敏感。例如，在广告如林的大街上，活动的广告往往能够引起人们的注意，这是因为在静的秩序中，动成为一种变异的特性。

② 形态的变异。在已形成某种秩序的形态中，有一部分产生尺度、形态的变异，都会引起人的注意和好奇。

③ 中断变异。在连续的形态中出现断裂，出现空缺，会使人产生紧张的审美心理。

在连续中产生了中断，那么引起我们注意的是有空缺的部分。这就是在视知觉中，变异的部分可将眼睛引到图案中没有表示出来的地方，不管人们是否愿意，它成了"视觉的显著点"。例如贝聿铭设计的巴黎卢浮宫美术馆的玻璃金字塔，就是一个很好的变异的例子，它以一种现代的姿态屹立在古典的建筑群之中，形成对比、相互映衬。

1.3.4 基于视知觉特性的造景原则

在城市景观设计中，景观元素由二维向三维转化，在不同的设计中同时具备二维及三维的视觉特征。基于视知觉的审美心理特点，城市景观的造景原则主要有以下几个方面。

1.3.4.1 群组化原则

群化空间为了建立群组间的联系需要有一套相应的规则支配整个空间的秩序，通过规则的组织，群化的各种元素聚合在一起时，这种逻辑性增加了其内部的联系性，从而产生完形力，形成一个整体。这种规则包括两类：一种是基于几何图形自身的逻辑性产生作用的，例如，网格及其扭曲变体、螺旋线、嵌套图形、参数化图形、蒙德里安图形等；另一种则是基于物体之间的内在联系产生作用的，例如，物体形状之间的相似性、方向的相似性、位置的相似性、物体由整体到部分的分解关系等。规则可以是空间的暗含逻辑，也可以是实体化的建筑结构。通过规则，群化组合中的元素集结构成一个新的整体，而在这个新的整体中每一个单元依然具有其独立的识别性。如图 1-3-8～图 1-3-10，是对不同功能、不同造型的建筑空间的群组化处理，使形态各异的各部分建筑形体以某种秩序组织在一起，创造出一个新的、完整的建筑造型形象。

图 1-3-8 不同建筑空间造型的群组化

在设计中由于群组化的构成形成了部分与部分之间的对比关系，若知觉特性比较复杂（例如既有形的变化又有色彩、空间、位置的变化等），对人的刺激就强，对比关系就强烈；若知觉特性比较单纯，或其中有一族群被强化，对比关系就弱，越趋向统一完整。另外，这种刺激受到知觉的选择性的制约。当人们感觉器官受到多方面的刺激时，并不是所有的刺激都能被人们感知到，只有少数知觉刺激格外清楚，而其余知觉刺激比较模糊。根据这一知觉的选择性，我们在设计中更要有所选择地强化某种知觉特性，形成一定的对比。

图 1-3-9　丹麦奈斯特韦兹医院咨询中心

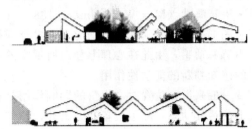

图 1-3-10　建筑造型群组化示意图

1.3.4.2　动力性原则

景观要素通过设计，在构图上形成向心运动的趋势，比均衡对称的形式更富有动感和活力，构成力场的三要素是：力的作用点（场心）、力的方向（场向）、力的强度（场度）。这种具有视觉张力的构图使景观空间具有一定的方向性，心理知觉产生较强的动态感。

阿恩海姆著名的"运动的点实验"描述了视知觉动力理论关于图形形态中"力"的存在。在图 1-3-11 中，将一个黑色圆点随意放置在白色的底图上，仔细观察这两个图，就会发现黑点与白底之间的视觉作用对人们的心理感受是完全不同的。在左图中，黑点由于偏移了画幅中心而产生一种不安定性，它有一种离开中心向右边运动的趋势，似乎是在某个力的作用下被右边的边框吸引过去了；而在右图中，由于多了一个圆点，则图形带给人的动力特征感受完全改变，黑点与画幅的动力关系减弱，人们的第一感觉是一大一小两个圆点之间的引力和斥力的斗争关系，似乎小的圆点在引力的作用下，被大的圆点所吸引，人们关注的重点不再是圆点与图框之间的引力关系。由此可见，尽管图中显示的是一幅静态图像，图像中的点并不会真正地在画幅中运动起来，但是通过视知觉作用，它的确显示出了一种内在的心理作用力，这种力使得图像中的黑点呈现出想要运动的趋势，并且这种运动趋势与图形的形态密切相关。而这样一种心理感受让这个静止不动的图形有了运动的趋势，有了动力的表现，并且这个动力表现具有物理学中关于力的定义，大小、方向、作用点，因此也就可以把它称为心理上的"力"了。

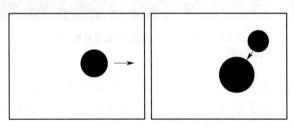

图 1-3-11　动力关系示意图

由此，我们可以清晰地理解视知觉动力的概念，它所描述的"力"是一种心理力，表明外界刺激物进入视觉认知的过程并不是机械的、复制性的输入，而是两者之间的一种积极主动的互动过程。视知觉对闯入视觉的物象进行重新组织，并且这种组织伴随着与物象相关的心理、经验、情感等因素的积极参与，由此形成一种新的"知觉结构"，这个过程就是"力"的作用过程，而"知觉结构"则是人们对事物的美学认知结果。阿恩海姆认为观察者感知到的图像中的"力"是活跃在大脑视觉中心的那些生理力的心理对应物，也就是说，视知觉理论下的"力"不是现实世界中客观存在的力，但是它的确又是由客观存在的物理力经过人的知觉系统转译而成的，因而是一种心理力。格式塔心理学创始人之一，德国心理学家马克斯·韦特海默（Max Wertheimer，1880—1943）也认为在观看外界事物时，视知觉会根据事物的形态表现主动地对运动与方向进行捕捉，在这个过程中，运动或运动的趋势会使人产生力感和动感，由此在心理上会对所观察的物象产生各种力的特征，这也说明视觉"力"对人的感知判断的能动性作用。

一般来说，位置对"力"的影响作用是有迹可循的，即位于中心的最为稳定，位于对角线上的最具动态。除了位置的因素外，物体本身的形状同样会造成人们对它的"力"的判断不同。例如正方形呈现出由中心向四个顶点扩散的视觉张力特征，矩形表现为向短边扩散的视觉张力特征，而三角形则表现为向三个顶点扩散的视觉张力特征。同时不同的张力倾向也影响到人的审美判断，正方形给人以稳定、安全的审美心理，矩形根据短边方向不同给人以延伸、生长、挺拔的审美心理，三角形则给人以尖锐、不稳定、动态、紧张的审美心理。因此，这些几何形体所呈现出的张力是由主体形态自身特点所决定的（图1-3-12）。

图 1-3-12　位于广场一角的钟楼形成的"力场"

1.3.4.3　平衡性原则

视觉平衡存在于我们生活中的各个角落，平衡感对于观者而言是非常重要的，它会影响人们的视觉心理判断，这种影响在人的审美潜意识中时刻发挥着重要的作用。格式塔理论对于平衡原理的解释，表明了人们在观察任何东西时都在寻求一种平衡的感觉，这种平衡并不是简单地指对称、稳定、均衡等意思，而是指各种形态的视知觉力经过一系列对抗、消解、传递、融合等作用后形成的合力，这种合力作用于人的心理，使人产生相应的心理预期和情感反应的过程，是一种动态的平衡。

对于视知觉动力的美学认知而言，心理力是由于视觉对象的刺激而在人的意识和心理中构建的一种虚拟力，它存在于人们的知觉中，通过力的作用影响心理感受，产生相应的情感反应和心理舒适度。可以说力的心理生成强调的是一种人们天生的对结构中动力特征的感知能力，在这种能力的驱使下，人们可以在不存在物理力作用的情况下也能感知到形态结构中的力。一个具有良好的动力呈现的视觉刺激物，一定是各种力共同作用后产生的合力对心理情绪的反应。例如，图 1-3-13 的左图中，由于右下角的视知觉缺损区，给人的感受是"一头沉"的视觉体验，整个画面让人体验到一种力的不平衡状态，使得心理产生不太舒服的感觉；而右图，尽管只是增加了一个小圆点，但是由于缺损区被填补，心理上就感到比较均衡，比较舒服了，这样的心理感受就会影响审美判断，观者喜欢右边的图形也就不足为奇了。这就是图形的力作用于心理产生的作用，换而言之，也是不同的图形在人的"心理力"方面产生的"同构"作用。当然，这种"平衡"或"均衡"不是物理意义的平衡，而是图像中心理上的"平衡"。

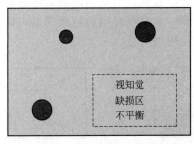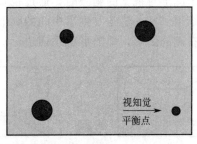

图 1-3-13　基于视知觉动力的构图平衡示意图

　　色彩和材质同样对"力"的平衡产生影响。色彩对平衡的影响主要是通过补色、相近色以及色彩的明度、饱和度、对比度等进行调节。例如图 1-3-14 中，一黑一灰两个正方形位于天平的两侧，尽管它们的大小、形状、位置都完全相同，但是当我们在看这个图形时，会不自觉地认为黑色的正方形重量感比灰色的要强，整个图形有一种向逆时针方向倾倒的动力感受，为了平衡这种不均衡感带给人的不适应心理，似乎只有像右图那样将支点向左移动一定距离才能使得天平保持平衡，从而达到构图的整体平衡与和谐。同样地，由于视知觉动力理论中认知主体是人，那么人的知识经验同样与"力"的作用相关，经验对于人的判断有时候起着非常大的作用。我们不会认为泡沫比铁块重，尽管泡沫的体积可能比铁块大多了，这就是经验判断的结果。

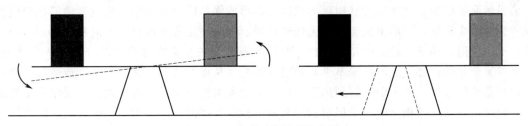

图 1-3-14　色彩对构图平衡的影响

1.3.4.4　简单化原则

　　当知觉主体受到外界的刺激后，通常情况下视知觉思维倾向于将认识到的视觉式样描述定义为一种简单的式样。这是因为相对于复杂的形态，这种简单的式样更容易被观察和理解，其产生的视知觉刺激也更强。基于这种特性，我们的视知觉认识会将所观察到的所有式样优先以最简单的结构进行组织。例如在空间中规则分布的四个点被人所感知后所得到的结果只会是由最简单线段构成的正方形图形，而其他需要额外的限定因素才能表现出的复杂图形，除非有丰富的单元构件进行知觉暗示，否则很难被感应到。这种简化不仅仅是构成形态在数量或复杂程度上的简单化，还是其所形成的形式动力关系的简单化。这种简单的关系更容易被人识别，也更容易给人以心理触动。简化的空间特征可以明确设计的重点，同时也可以容纳更加丰富的意义，增强对人的视知觉影响。例如当人们称赞一个空间简洁而纯净时，是指其将多样的形式组织在一个统一且完整的结构中，而非空间形式的单一和无趣。

视知觉的简化趋势中，视觉主体除了将所见到的东西都向规则化的图形结构简化之外，还有其他的简化倾向。当看到表达强度不足的动力式样，我们对于其内部蕴含的模糊态势常形成两种截然不同的简化倾向。

例如在图 1-3-15 中所示的三个图形，左边是一个感知上具有模糊性的图形——小四边形略微偏离了中心，其所形成的变形式样强度较弱。当我们调节放置距离或观看时间等条件，削弱这个图形对视觉的刺激时，通过视知觉自由地感受图形的倾向，在这种情况下我们会得到两种结果。其一感觉看到了中间的图形，即一个完全规则对称的图形；而另一种反应则是看到了右侧的图形，即图形中小四边形的偏移相当明显。

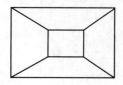 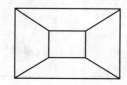 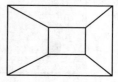

图 1-3-15　表达强度不足时的两种简化倾向（整平化与尖锐化）

很明显，第一种结果纠正了图形中存在的不对称的误差，第二种结果则夸大了这种偏移的倾向。事实上两种结果都是简化倾向的表达。对于这样模糊且倾向不明的图形而言，通过视知觉的感受对两种结构特征的倾向进行选择，当其中一种结构倾向占绝对优势的时候，消除其模糊性，使图形具有简化性。这两种倾向中，将图形中的矛盾性削弱，纠正差异的倾向称为"整平化"；而将图形中的矛盾激烈化，强化差异的倾向称为"尖锐化"。"整平化"和"尖锐化"这两种倾向往往是同时发生的，而在实际观察当中人们会更偏向于哪种倾向则与一些因素有关，例如当变化倾向模糊的图形处于不同的图形组合之中时，其整平与尖锐的倾向是不同的。

1.3.4.5　差异性原则

虽然简单的形态特征通过其明确的结构可以形成强烈的视觉影响，但过度的简化会使得视觉感受产生厌烦，而形象也会趋于无趣和枯燥。因此一定程度的复杂是对视知觉活力的保障，而这种简化相反的趋势则是差异性。差异原则体现在视觉式样中的部分特性的变化上，其通过复杂化的趋势形成不稳定不平衡的视觉张力，从而对知觉主体的视觉形成刺激，使其在视知觉认识过程中的主动性得到加强。也就是说人类的视知觉在直觉地追求简单平衡的感受，同时也具备一种相反的、希望增加复杂和不稳定程度的倾向。对于这种倾向，阿恩海姆认为，正如人类的生活总是体现为具有目的性的活动，而非一味追求虚无和安静的状态，人在艺术创造时也是这样，其不仅追求和谐统一的形式，而且更希望得到具有力量和方向性的式样。

1.3.4.6　逻辑化原则

事实上在实际设计中，更为重要的是如何确定简单的和复杂的可控范围。英国心理学家丹尼尔·保尼尔"关于物体形态与人类视觉吸引力之间客观规律的研究"以曲线的形式显示。如图 1-3-16 所示，当物体的形态在表现得非常复杂或者非常简单

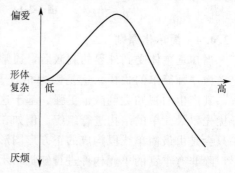

图 1-3-16　保尼尔心理曲线

时，不会对知觉主体产生足够的刺激，进而导致缺乏吸引力，过度复杂的形体甚至会让人产生反感。而具有一定复杂程度的视觉形态，则相对更受到人们的偏爱。丹尼尔·保尼尔的研究理论结果表明：简化与复杂的平衡状态往往是最吸引人的。因此设计中最理想的状态是使物体形态的复杂程度处于两者的平衡点，即设计作品形态呈现简化与复杂的平衡状态。这样设计作品不但可以在最初就迎合人们的喜好，同时还可以保证在一定的观察和理解后，仍具有一定的吸引力。

根据丹尼尔·保尼尔心理曲线的研究分析，景观空间特征所产生视觉吸引力的决定因素在于其复杂程度能否被人所理解。如果空间特征过于复杂，人们可能无法直接理解其逻辑，从而可能使人产生混乱甚至排斥的心理感受。但是如果将空间特征的复杂程度控制在一个合理的范围内时，则可以使人们理解空间的构成方式以及其表现意义。而观察者的这一理解过程恰是设计师所期许的，其所理解的意义也正是设计师思考的体现，所以在这种情况下景观空间的视觉吸引力最强。

由景观形式上的差异与复杂而带来的趣味性是对观赏者产生吸引力的一个重要因素，人们在被一个作品所吸引之前，通常先是觉得"有趣"并对其产生好奇。事实上，参观体验的过程如同一个解密的过程一般。设计者通过各种伏笔、暗示在作品中留下线索，而参观者则通过其自身的探索过程，理解这种复杂性，并了解到设计者的设计意图。这种模式类似于猜谜游戏，参与者会在找到谜底时了解到出题者的巧妙构思，从而获得愉悦感。设计师就如同一个编剧，而使用者则是切身体会作品的观众。设计师一方面需要运用各种手法将空间设计得具有一定复杂性和神秘性，这种不熟悉的元素保证了人们在空间中可以体验到探索的过程，但是另一方面还需要通过一些熟悉或者有趣的元素创造兴奋点，以避免空间因为复杂形态而失去吸引力。如果一个人在空间中感到了迷失，其对于空间中的内容物的兴趣会立刻降低。只有当空间体现为可以被理解和具有暗示性的逻辑关系时，人们才会进一步地了解和探索。而假如空间设计得过于复杂而陌生，则容易让人产生厌烦情绪，会让人们拒绝这种尝试，甚至直接离开。

1.4 城市景观的常用组景方法

1.4.1 轴线法

轴线法是利用轴线来组织各个景观节点，控制景观秩序的方法。勒·柯布西耶将轴线定义为具有导向目标的线；艾定增教授将其定义为由空间限定物的特征引发的、人感受到的空间轴向感；还有其他学者将轴线定义为穿过形体最长维度的想象中的线，并且其在引导形态与空间中的位置的同时，显示出极强的运动趋势。虽然到目前为止尚无景观轴线的统一定义，但是根据其几何特征，轴线是线性元素，有端点、长度和方向，可以形成对称或非对称的构图。一般来说，轴线可以弯曲、转折、汇聚，但不应分叉、发散。通常在景观设计中，连接两个或多个景观节点的基线即形成了轴线，它可以是有形的，也可以是无形的，通过轴线组景可以产生有机秩序感，轴线具有诱导、引导和组织观赏的作用。

轴线除了对二维场地形态的控制外，还介入到三维空间的引导与控制中。景观轴线可依据视觉形象的特征分为直轴线、曲轴线、复合型轴线等，不同的轴线布局传达与之匹配的空间功能、性质、氛围。直轴线传达庄严、肃穆、权力、严谨、稳定的构图感，此类意象的传达容易使空间保守而缺乏变化。曲轴线与曲线的特征相似，较直线更为灵活与自然，它化解了线性逻辑两侧的对称性，使场地更加丰富而活泼。复合型轴线是前两者的穿插组合，增添了一定的空间形态变化性。从城市景观发展历史上看，西方传统园林与中国皇家园林以明确的轴线表达君权思想、等级关系及理性主义。然而发展至现代时期，在很多类型的城市景观中明确的轴线形式已经逐渐弱化。

1.4.2　并置法

并置法又称对称法。对称是深受中国人喜爱的构图形式，古语有云："夫美也者，上下、内外、大小、远近皆无害焉，故曰美。"里里外外皆均衡妥帖，方为"美"，对称即是这样的美（图1-4-1）。建筑大师梁思成曾经说过："无论东方、西方，再没有一个民族对中轴线如此钟爱与恪守。"

图1-4-1　北京城中轴线的空间序列

并置法即将景观元素对称式地布置于中心线或轴线两侧，强调空间（序列）的导向作用。并置法可以将景物集中性、序列性地组合在中心线两侧，突显景观空间的仪式感和层次感；与轴线法的配合应用，更是将中轴对称之美发挥到了极致。

1.4.3　对构法

对构法是把重要的景物组织到视线的终结处或轴线尽端，形成视觉观赏或是景观序列的高潮、归宿。对构法会形成底景、对景和主景。

底景也称背景或衬景，主要为了衬托、渲染主体，对主要景观点起到支撑作用，凸显主景的效果；两个景观点可以互相观赏即互为对景，对构法中的对景一般为"正对"，即在视线的终点或轴线的一个端点设景成为正对，这种情况的人流与视线的关系比较单一；主景是要重点表现的景观点，是视觉功能及感官感觉的重点部位，一般要将主景作为景观构图中心。

1.4.4　立标法

立标法是在轴线的交点等重要位置设置景观标志物。凯文·林奇认为在空间意象中标志物是作为场所体验者的外部参考点，是尺度上具有任意性的简单物质元素。人们对于具有独特性和特殊性的标志物具有极强的向导性依赖。具有独特形式或象征意义的景观标志物被置于突出的空间位置，与背景及周边环境形成强烈的反差效果，这种单一性的物质特征使其成为景观空间中易识别的重要事物，其形态特征受社会、历史、经济、文化和地域等多元化因素的影响（图1-4-2、图1-4-3）。

图 1-4-2　巴黎协和广场的方尖碑

图 1-4-3　多种组景方法的综合应用

1.4.5　抑扬法

抑扬法即利用空间的对比变化先抑后扬。这种手法常表现为空间心理暗示的对比，例如正反、虚实、刚柔、曲直、高低等。对于没有明确物理分隔的空间序列而言，这种会给人心理上产生明确对比的空间描述显然是其形成相互区别的心理空间的主要方式。事实上空间序列的抑与扬是一种切入人的生理与心理的规律。《老子·第三十六章》曰："将欲歙之，必固张之。"也就是说想要收的话就必须要张。如同想要吸气就必须要呼气一般，相反的态势实则是一种力的积压与铺垫。当人们由宽敞、高大等放松的空间逐渐进入到一个狭窄、低矮、紧迫的空间中时，会逐渐增加视觉感受的空间张力。一旦空间再次变得放松时，其空间感受比直接进入其中体会到的要更加强烈，同时正是通过这样一个"抑与扬"的空间序列将原本连通成一体的空间划分而成了两个空间组团。

1.4.6　其他组景方法

① 因借法　通过视点、视线的巧妙组织，把空间之外的景物纳入到视线中，目的是丰富景观层次、扩大空间感，使空间相互渗透。借景的方法有近借、远借、仰借、俯借等。

② 障景法　通过屏障性的景物，使视线先抑制，利用空间的引导、转折再看到被遮挡的景物——欲露先藏，避免一览无余，大有"山重水复疑无路，柳暗花明又一村"之趣。

③ 诱导法　充分考虑到动感效应的一种手法，让观赏者能够先知主景所在的方位和前进的目的，使人产生期待、提高趣味。常用方法有：a. 把部分主景掩在配景之后，主景可望而不可即，形成一种追求、期待的游赏感受；b. 用连续、渐变的景观形成带有导向性的景观序列，将人引入主景。

④ 框景法　将主要景物纳入到景框中，景框为前景，主景周围的部分配景被遮蔽，使人的视线集中在主景上，这种手法使景观层次清晰、丰富。景窗、景门、柱廊、屋檐等都能作为景框，起到框景的作用。

⑤ 衬托法　利用图底关系，利用背景突出主要景物，采用衬托时要加大对比度，强调色彩、质感、明暗、体量等的反差；同时，也要强化主景的边缘、天际线，使轮廓更清晰，主景更突出。

本章小结：

城市景观具有精神层面的美学功能，这是其主要的特征属性之一。本章主要以形式美法则和三大构成理论在城市景观中的主要内容及具体应用为基础，结合审美心理学中的视觉思维艺术理论，归纳总结出城市景观设计中的造景基本原则和常用组景方法。

课后习题：

1. 形式美法则的主要内容有哪几个方面？
2. "三大构成"是指哪三个方面的构成理论？
3. 格式塔心理学的主要理论是什么？
4. 阿恩海姆的主要美学观点是什么？
5. 基于视知觉特性的造景原则有哪些？
6. 列举城市景观的常用组景方法。

第2章

城市居住区景观设计

本章导引：

教学内容	课程拓展	育人成效
居住用地的分类及规划	社会公平	培养学生从不同的角度来思考国家从政策、法规层面对城市建设的合理引导与控制,理论结合实际地理解社会公平是社会主义的本质特征
住宅建筑的日照间距控制	人文关怀	通过对我国居住建筑一系列相关规范的具体学习,理解我国在设计法规层面的要求,树立以人为本、人文关怀的设计理念
居住区的常见类型	家国情怀	通过对常见住宅建筑类型的了解,结合日常居住生活环境,使学生热爱自己的家,热爱自己的家乡,热爱自己的祖国
当前居住区景观设计热点与设计范例	人文关怀、社会公平	通过对我国居住区景观相关规范以及政策热点的具体学习,理解我国在保障老年人、残疾人等弱势群体方面的规定,将以人文为本、社会公平的理念贯穿设计始终

　　根据我国现行的《城市用地分类与规划建设用地标准》（GB 50137—2011），在城市建设用地中为市民提供居住、购物、休闲、游憩等日常功能，对景观品质要求较高的城市用地分别为居住用地（residential，代码 R）、商业服务业设施用地（commercial and business，代码 B）以及绿地与广场用地（green space and square，代码 G）。其中，居住用地占城市建设用地的 25.0% ～ 40.0%，是用地结构中占比最大的类别。

2.1　居住用地的分类及规划

2.1.1　居住用地的包含范围

　　在城市居住用地 R 中，共包含三个中类，分别为：一类居住用地 R1——公用设施、交通设施和公共服务设施齐全、布局完整、环境良好的低层住区用地；二类居住用地 R2——公用设施、交通设施和公共服务设施较齐全、布局较完整、环境良好的多、中、高层住区用地；三类居住用地 R3——公用设施、交通设施不齐全，公共服务设施较欠缺，环境较差，需要加以改造的简陋住区用地，包括危房、棚户区、临时住宅等用地。具体包含范围如表 2-1-1 所示。

　　从表 2-1-1 中可以看出，居住用地的三个分类除了与配套的公共设施及服务设施有密切关系外，其与住宅建筑的层数也有较大相关性，在后文中将根据住宅建筑的层数对城市居住区进行分类，并以此对不同类型的住区景观特点加以分析。

2.1.2　居住区的规模等级

　　于 2018 年 12 月 1 日开始实施的《城市居住区规划设计标准》（GB 50180—2018）中规

表 2-1-1　城市居住用地分类和代码

类别代码			类别名称	范围
大类	中类	小类		
R			居住用地	住宅和相应服务设施的用地
	R1		一类居住用地	公用设施、交通设施和公共服务设施齐全、布局完整、环境良好的低层住区用地
		R11	住宅用地	住宅建筑用地、住区内城市支路以下的道路、停车场及其社区附属绿地
		R12	服务设施用地	住区主要公共设施和服务设施用地,包括幼托、文化体育设施、商业金融、社区卫生服务站、公用设施等用地,不包括中小学用地
	R2		二类居住用地	公用设施、交通设施和公共服务设施较齐全、布局较完整、环境良好的多、中、高层住区用地
		R21	住宅用地	住宅建筑用地、住区内城市支路以下的道路、停车场及其社区附属绿地
		R22	服务设施用地	住区主要公共设施和服务设施用地,包括幼托、文化体育设施、商业金融、社区卫生服务站、公用设施等用地,不包括中小学用地
	R3		三类居住用地	公用设施、交通设施不齐全,公共服务设施较欠缺,环境较差,需要加以改造的简陋住区用地,包括危房、棚户区、临时住宅等用地
		R31	住宅用地	住宅建筑用地、住区内城市支路以下的道路、停车场及其社区附属绿地
		R32	服务设施用地	住区主要公共设施和服务设施用地,包括幼托、文化体育设施、商业金融、社区卫生服务站、公用设施等用地,不包括中小学用地

定城市居住区按用地及人口规模共分为三圈一坊四个等级,分别为:

① 十五分钟生活圈居住区(15-min pedestrian-scale neighborhood)　步行距离 800～1000m,以居民步行十五分钟可满足其物质与生活文化需求为原则划分的居住区范围;一般由城市干路或用地边界线所围合,居住人口规模为 50000～100000 人(17000～32000 套住宅),配套设施完善的地区。

② 十分钟生活圈居住区(10-min pedestrian-scale neighborhood)　步行距离 500m,以居民步行十分钟可满足其基本物质与生活文化需求为原则划分的居住区范围;一般由城市干路、支路或用地边界线所围合,居住人口规模为 15000～25000 人(5000～8000 套住宅),配套设施齐全的地区。

③ 五分钟生活圈居住区(5-min pedestrian-scale neighborhood)　步行距离 300m,以居民步行五分钟可满足其基本生活需求为原则划分的居住区范围;一般由支路及上级城市道路或用地边界线所围合,居住人口规模为 5000～12000 人(1500～4000 套住宅),配建社区服务设施的地区。

④ 居住街坊(neighborhood block)　由支路等城市道路或用地边界线围合的住宅用地,是住宅建筑组合形成的居住基本单元;居住人口规模在 1000～3000 人(300～1000 套住宅),并配建有便民服务设施。

"生活圈"是根据城市居民的出行能力、设施需求频率及其服务半径、服务水平的不同,划分出的不同的居民日常生活空间,并据此进行公共服务、公共资源(包括公共绿地等）的配置。"生活圈"通常不是一个具有明确空间边界的概念，圈内的用地功能是混合的，里面包括与居住功能并不直接相关的其他城市功能。但"生活圈居住区"是指一定空间范围内，由城市道路或用地边界线所围合，住宅建筑相对集中的居住功能区域；通常根据居住人口规模、行政管理分区等情况可以划定明确的居住空间边界，界内与居住功能不直接相关或是服务范围远大于本居住区的各类设施用地不计入居住区用地。十五分钟生活圈居住区的用地面积规模约为 $130\sim200\mathrm{hm}^2$，十分钟生活圈居住区的用地面积规模约为 $32\sim50\mathrm{hm}^2$，五分钟生活圈居住区的用地面积规模约为 $8\sim18\mathrm{hm}^2$。采用"生活圈居住区"的概念，既有利于落实或对接国家有关基本公共服务到基层的政策、措施及设施项目的建设，也可以用来评估旧区各项居住区配套设施及公共绿地的配套情况，如校核其服务半径或覆盖情况，并作为旧区改建时"填缺补漏"、逐步完善的依据。

"居住街坊"尺度为 $150\sim250\mathrm{m}$，是由支路等城市道路或用地边界线所围合的住宅用地，用地规模约 $2\sim4\mathrm{hm}^2$，是居住的基本生活单元。围合居住街坊的道路皆应为城市道路，开放支路网系统，不可封闭管理，这是"小街区、密路网"发展要求的具体体现。

生活圈居住区范围内通常会涉及不计入居住区用地的其他用地，主要包括企事业单位用地、城市快速路和高速路、防护绿带用地、城市级公园绿地、城市广场用地、城市级公共服务设施及市政设施用地等，这些不是直接为本居住区生活服务的各项用地，都不应计入居住区用地，其用地范围划定规则可参照图2-1-1和图2-1-2。

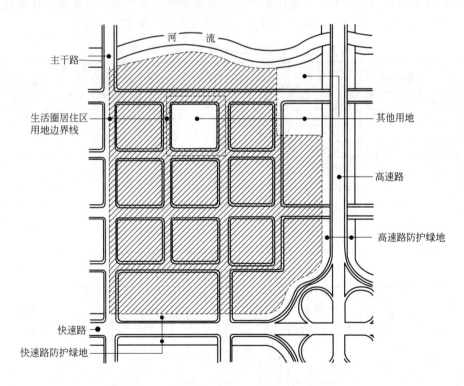

图2-1-1　生活圈居住区用地范围划定规则示意图

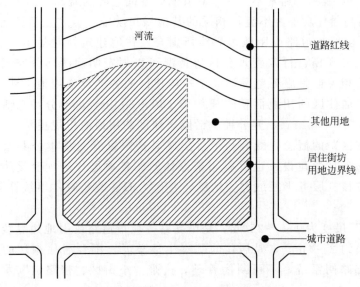

河流
道路红线
其他用地
居住街坊
用地边界线
城市道路

图 2-1-2　居住街坊范围划定规则示意图

2.2　居住用地的主要规划指标

　　与居住区景观密切相关的控制指标主要包括建筑密度、容积率、绿地率、住宅建筑高度等。表 2-2-1～表 2-2-3 分别为各级生活圈居住区的用地构成及控制指标。

表 2-2-1　十五分钟生活圈居住区用地控制指标

建筑气候区划	住宅建筑平均层数类别	人均居住区用地面积/(m²/人)	居住区用地容积率	居住区用地构成/%				
				住宅用地	配套设施用地	公共绿地	城市道路用地	合计
Ⅰ、Ⅶ	多层Ⅰ类 (4～6层)	40～54	0.8～1.0	58～61	12～16	7～11	15～20	100
Ⅱ、Ⅵ		38～51	0.8～1.0					
Ⅲ、Ⅳ、Ⅴ		37～48	0.9～1.1					
Ⅰ、Ⅶ	多层Ⅱ类 (7～9层)	35～42	1.0～1.1	52～58	13～20	9～13	15～20	100
Ⅱ、Ⅵ		33～41	1.0～1.2					
Ⅲ、Ⅳ、Ⅴ		31～39	1.1～1.3					
Ⅰ、Ⅶ	高层Ⅰ类 (10～18层)	28～38	1.1～1.4	48～52	16～23	11～16	15～20	100
Ⅱ、Ⅵ		27～36	1.2～1.4					
Ⅲ、Ⅳ、Ⅴ		26～34	1.2～1.5					

表 2-2-2　十分钟生活圈居住区用地控制指标

建筑气候区划	住宅建筑平均层数类别	人均居住区用地面积/(m²/人)	居住区用地容积率	居住区用地构成/%				
				住宅用地	配套设施用地	公共绿地	城市道路用地	合计
Ⅰ、Ⅶ	低层 (1～3层)	49～51	0.8～0.9	71～73	5～8	4～5	15～20	100
Ⅱ、Ⅵ		45～51	0.8～0.9					
Ⅲ、Ⅳ、Ⅴ		42～51	0.8～0.9					
Ⅰ、Ⅶ	多层Ⅰ类 (4～6层)	35～47	0.8～1.1	68～70	8～9	4～6	15～20	100
Ⅱ、Ⅵ		33～44	0.9～1.1					
Ⅲ、Ⅳ、Ⅴ		32～41	0.9～1.2					

建筑气候区划	住宅建筑平均层数类别	人均居住区用地面积/(m²/人)	居住区用地容积率	居住区用地构成/%				
				住宅用地	配套设施用地	公共绿地	城市道路用地	合计
Ⅰ、Ⅶ	多层Ⅱ类 （7～9层）	30～35	1.1～1.2	64～67	9～12	6～8	15～20	100
Ⅱ、Ⅵ		28～33	1.2～1.3					
Ⅲ、Ⅳ、Ⅴ		26～32	1.2～1.4					
Ⅰ、Ⅶ	高层Ⅰ类 （10～18层）	23～31	1.2～1.6	60～64	12～14	7～10	15～20	100
Ⅱ、Ⅵ		22～28	1.3～1.7					
Ⅲ、Ⅳ、Ⅴ		21～27	1.4～1.8					

表 2-2-3　五分钟生活圈居住区用地控制指标

建筑气候区划	住宅建筑平均层数类别	人均居住区用地面积/(m²/人)	居住区用地容积率	居住区用地构成/%				
				住宅用地	配套设施用地	公共绿地	城市道路用地	合计
Ⅰ、Ⅶ	低层 （1～3层）	46～47	0.7～0.8	76～77	3～4	2～3	15～20	100
Ⅱ、Ⅵ		43～47	0.8～0.9					
Ⅲ、Ⅳ、Ⅴ		39～47	0.8～0.9					
Ⅰ、Ⅶ	多层Ⅰ类 （4～6层）	32～43	0.8～1.1	74～76	4～5	2～3	15～20	100
Ⅱ、Ⅵ		31～40	0.9～1.1					
Ⅲ、Ⅳ、Ⅴ		29～37	1.0～1.2					

居住区用地容积率是生活圈内住宅建筑及其配套设施地上建筑面积之和与居住区用地总面积的比值。从表 2-2-1～表 2-2-3 可以看出，三个等级的生活圈居住用地包括住宅用地、配套设施用地、公共绿地以及城市道路四类用地。

表 2-2-4 中，住宅用地容积率是居住街坊内住宅建筑及其便民服务设施地上建筑面积之和与住宅用地总面积的比值；建筑密度是居住街坊内住宅建筑及其便民服务设施建筑基底面积占该居住街坊用地面积的百分比（％）；绿地率是居住街坊内绿地面积之和占该居住街坊用地面积的百分比（％）。

表 2-2-4　居住街坊用地与建筑控制指标

建筑气候区划	住宅建筑平均层数类别	住宅用地容积率	建筑密度最大值/%	绿地率最小值/%	住宅建筑高度控制最大值/m	人均住宅用地面积最大值/(m²/人)
Ⅰ、Ⅶ	低层（1～3层）	1.0	35	30	18	36
	多层Ⅰ类（4～6层）	1.1～1.4	28	30	27	32
	多层Ⅱ类（7～9层）	1.5～1.7	25	30	36	22
	高层Ⅰ类（10～18层）	1.8～2.4	20	35	54	19
	高层Ⅱ类（19～26层）	2.5～2.8	20	35	80	13
Ⅱ、Ⅵ	低层（1～3层）	1.0～1.1	40	28	18	36
	多层Ⅰ类（4～6层）	1.2～1.5	30	30	27	30
	多层Ⅱ类（7～9层）	1.6～1.9	28	30	36	21
	高层Ⅰ类（10～18层）	2.0～2.6	20	35	54	17
	高层Ⅱ类（19～26层）	2.7～2.9	20	35	80	13
Ⅲ、Ⅳ、Ⅴ	低层（1～3层）	1.0～1.2	43	25	18	36
	多层Ⅰ类（4～6层）	1.3～1.6	32	30	27	27
	多层Ⅱ类（7～9层）	1.7～2.1	30	30	36	20
	高层Ⅰ类（10～18层）	2.2～2.8	22	35	54	16
	高层Ⅱ类（19～26层）	2.9～3.1	22	35	80	12

对于各级生活圈居住区和居住街坊的规划及建筑设计控制指标如表 2-2-5 所示。

表 2-2-5 居住区综合技术指标 （▲为必列指标）

项目			计量单位	数值	所占比例/%	人均面积指标/(m²/人)
各级生活圈居住区指标	居住区用地	总用地面积	hm²	▲	100	▲
		其中 住宅用地	hm²	▲	▲	▲
		其中 配套设施用地	hm²	▲	▲	▲
		其中 公共绿地	hm²	▲	▲	▲
		其中 城市道路用地	hm²	▲	▲	—
	居住总人口		人	▲	—	—
	居住总套(户)数		套	▲	—	—
	住宅建筑总面积		万平方米	▲	—	—
居住街坊指标	用地面积		hm²	▲	—	▲
	容积率		—	▲	—	—
	地上建筑面积	总建筑面积	万平方米	▲	100	—
		其中 住宅建筑	万平方米	▲	▲	—
		其中 便民服务设施	万平方米	▲	▲	—
	地下总建筑面积		万平方米	▲	—	—
	绿地率		%	▲	—	—
	集中绿地面积		m²	▲	—	▲
	住宅套(户)数		套	▲	—	—
	住宅套均面积		m²/套	▲	—	—
	居住人数		人	▲	—	—
	住宅建筑密度		%	▲	—	—
	住宅建筑平均层数		层	▲	—	—
	住宅建筑高度控制最大值		m	▲	—	—
	停车位	总停车位	辆	▲	—	—
		其中 地上停车位	辆	▲	—	—
		其中 地下停车位	辆	▲	—	—
	地面停车位		辆	▲	—	—

由表中控制指标的差异可以看出，确如前文所述，居住街坊由城市道路或用地边界线所围合，用地规模相对较小，是居住的基本生活单元。

2.3 住宅建筑的日照间距控制

2.3.1 日照标准

建筑内部环境获得充足的日照是保证居室卫生、改善居室小气候、提高舒适度等居住环境质量的重要因素。在建筑设计中，为了保证室内环境的卫生条件，必须确定一个衡量日照效果的最低限度的指标作为设计的依据，这个指标就是日照标准，也可以释义为向阳房间在规定日获得的日照量（日照量包括日照时间和日照质量两个指标）。日照标准是根据建筑物所处的气候区、城市规模和建筑物的使用性质确定的，在规定的日照标准日（冬至日或大寒日）的有效日照时间范围内，以有日照要求楼层的窗台面为计算起点的建筑外窗获得的日照时间。在城市规划中住宅的日照标准，是根据各地区的气候条件和居住卫生要求确定的向阳房间在规定日内获得的日照量，是编制居住区规划时确定房屋间距的主要依据。

根据《城市居住区规划设计标准》中规定，我国七个一级气候区（图 2-3-1）住宅建筑的间距应符合住宅建筑日照标准的规定（表 2-3-1），其中Ⅰ、Ⅱ、Ⅲ气候区中常住人口在50 万以上的城市，其住宅建筑日照标准不应低于大寒日日照时数 2h，即应满足受遮挡住宅的居室在大寒日的有效日照不低于两小时，居室是指卧室、起居室。

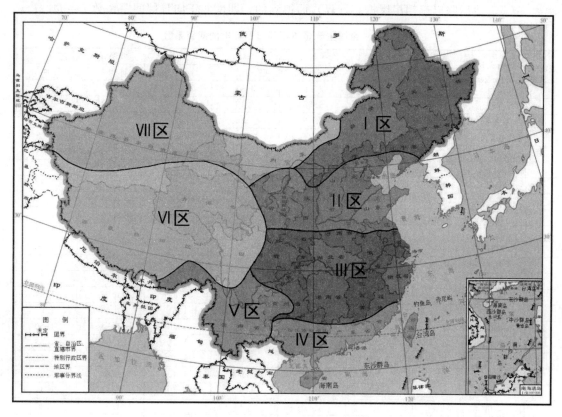

图 2-3-1　中国建筑气候区划图

图中Ⅰ区～Ⅶ区分别为我国建筑气候区划的 7 个一级气候区，其具体的平均温度、相对湿度、
年降水量等区划指标可参见《建筑气候区划标准》GB 50178—1993 中的相应规定

表 2-3-1　住宅建筑日照标准

建筑气候区划	Ⅰ、Ⅱ、Ⅲ、Ⅶ气候区		Ⅳ气候区		Ⅴ、Ⅵ气候区
城区常住人口/万人	≥50	<50	≥50	<50	无限定
日照标准日	大寒日			冬至日	
日照时数/h	≥2		≥3	≥1	
有效日照时间带（当地真太阳时）	8～16 时			9～15 时	
计算起点	底层窗台面				

注：底层窗台面是指距室内地坪 0.9m 高的外墙位置。

2.3.2　日照间距系数

　　住宅建筑正面间距可参考表 2-3-2 全国主要城市不同日照标准的间距系数来确定日照间距，不同方位的日照间距系数控制可采用表 2-3-3 不同方位日照间距折减系数进行换算。"不同方位的日照间距折减"指以日照时间为标准，按不同方位布置的住宅折算成不同日照间距。表 2-3-2、表 2-3-3 通常应用于条式平行布置的新建住宅建筑，作为推荐指标仅供规划设计人员参考，对于精确的日照间距和复杂的建筑布置形式须另作测算。

　　一般来说，一栋住宅与相邻建筑之间会存在日照互相遮挡的问题，如果要使得北侧建筑具有良好的日照卫生环境，那么它就必须与南侧建筑之间保持一定的距离，即日照间距，计算日照间距系数的大小，主要是根据日照标准日，以日照时间为基础，计算相邻房屋之间的距离（D），然后除以遮挡房屋檐高（H）而得到的，即南北正向日照间距系数 $L=D/H$。

表 2-3-2　全国主要城市不同日照标准的间距系数

序号	城市名称	纬度（北纬）	冬至日			大寒日		
			正午影长率	日照 1h	正午影长率	日照 1h	日照 2h	日照 3h
1	漠河	53°00′	4.14	3.88	3.33	3.11	3.21	3.33
2	齐齐哈尔	47°20′	2.86	2.68	2.43	2.27	2.32	2.43
3	哈尔滨	45°45′	2.63	2.46	2.25	2.10	2.15	2.24
4	长春	43°54′	2.39	2.24	2.07	1.93	1.97	2.06
5	乌鲁木齐	43°47′	2.38	2.22	2.06	1.92	1.96	2.04
6	多伦	42°12′	2.21	2.06	1.92	1.79	1.83	1.91
7	沈阳	41°46′	2.16	2.02	1.88	1.76	1.80	1.87
8	呼和浩特	40°49′	2.07	1.93	1.81	1.69	1.73	1.80
9	大同	40°00′	2.00	1.87	1.75	1.63	1.67	1.74
10	北京	39°57′	1.99	1.86	1.75	1.63	1.67	1.74
11	喀什	39°32′	1.96	1.83	1.72	1.60	1.61	1.71
12	天津	39°06′	1.92	1.80	1.69	1.58	1.61	1.68
13	保定	38°53′	1.91	1.78	1.67	1.56	1.60	1.66
14	银川	38°29′	1.87	1.75	1.65	1.54	1.58	1.64
15	石家庄	38°04′	1.84	1.72	1.62	1.51	1.55	1.61
16	太原	37°55′	1.83	1.71	1.61	1.50	1.54	1.60
17	济南	36°41′	1.74	1.62	1.54	1.44	1.47	1.53
18	西宁	36°35′	1.73	1.62	1.53	1.43	1.47	1.52
19	青岛	36°04′	1.70	1.58	1.50	1.40	1.44	1.50
20	兰州	36°03′	1.70	1.58	1.50	1.40	1.44	1.49
21	郑州	34°40′	1.61	1.50	1.43	1.33	1.36	1.42
22	徐州	34°19′	1.58	1.48	1.41	1.31	1.35	1.40
23	西安	34°18′	1.58	1.48	1.41	1.31	1.35	1.40
24	蚌埠	32°57′	1.50	1.40	1.34	1.25	1.28	1.34
25	南京	32°04′	1.45	1.36	1.30	1.21	1.24	1.30
26	合肥	31°51′	1.44	1.35	1.29	1.20	1.23	1.29
27	上海	31°12′	1.41	1.32	1.26	1.17	1.21	1.26
28	成都	30°40′	1.38	1.29	1.23	1.15	1.18	1.24
29	武汉	30°38′	1.38	1.29	1.23	1.15	1.18	1.24
30	杭州	30°19′	1.36	1.27	1.22	1.14	1.17	1.22
31	拉萨	29°42′	1.33	1.25	1.19	1.11	1.15	1.20
32	重庆	29°34′	1.33	1.24	1.19	1.11	1.14	1.19
33	南昌	28°40′	1.28	1.20	1.15	1.07	1.11	1.16
34	长沙	28°12′	1.26	1.18	1.13	1.06	1.09	1.14
35	贵阳	26°35′	1.19	1.11	1.07	1.00	1.03	1.08
36	福州	26°05′	1.17	1.10	1.05	0.98	1.01	1.07
37	桂林	25°18′	1.14	1.07	1.02	0.96	0.99	1.04
38	昆明	25°02′	1.13	1.06	1.01	0.95	0.98	1.03
39	厦门	24°27′	1.11	1.03	0.99	0.93	0.94	1.01
40	广州	23°08′	1.06	0.99	0.95	0.89	0.92	0.97
41	南宁	22°49′	1.04	0.98	0.94	0.88	0.91	0.96
42	湛江	21°02′	0.98	0.92	0.88	0.83	0.86	0.91
43	海口	20°00′	0.95	0.89	0.85	0.80	0.83	0.88

注：1. 本表按沿纬向平行布置的六层条式住宅（楼高 18.18m，首层窗台距室外地面 1.35m）计算；2. 表中数据为 20 世纪 90 年代初调查数据。

表 2-3-3 中的日照间距系数为理论数值，在实际的规划设计中，考虑到各个城市的纬度、地理特点以及城市人口密度、土地开发强度等具体因素的影响，具体数值的确定由当地城市规划部门统一进行地方性规定，尤其是严寒地区的大城市，使用的日照间距系数会在一定程度上略小于表中数值。

表 2-3-3　不同方位日照间距折减换算系数

方位	0°~15°(含)	15°~30°(含)	30°~45°(含)	45°~60°(含)	>60°
折减系数值	1.00L	0.90L	0.80L	0.90L	0.95L

注：1. 表中方位为正南向（0°）偏东、偏西的方位角；2. L 为当地正南向住宅的标准日照间距（m）；3. 本表指标仅适用于无其他日照遮挡的平行布置的条式住宅建筑。

2.4　居住区的常见类型

从表 2-1-1 中对三类居住用地表述可知，居住区的分类及其相应的景观空间特点与住宅建筑层数（高度）有着较为密切的关系。本小节首先根据现行国家规范《建筑设计防火规范》（GB 50016—2014）对住宅建筑加以分类，然后根据其层数对应的建筑高度明确不同类型的居住区景观的户外空间特点。

2.4.1　住宅建筑的类型

我国目前执行的《建筑设计防火规范》（GB 50016—2014），合并了原有的《建筑设计防火规范》（GB 50016—2006）和《高层民用建筑设计防火规范》（GB 50045—1995），调整了两项标准间不协调的要求，将住宅建筑统一按照建筑高度进行分类以及其他七项与建筑防火相关的要求，并在 2018 年对部分条文进行了局部修订、替换并实施。

根据《建筑设计防火规范》GB 50016—2014（2018 年版）中的相关规定，住宅是以建筑高度进行分类的（详见表 2-4-1）。

表 2-4-1　民用建筑的分类

名称	高层民用建筑		单、多层民用建筑
	一类	二类	
住宅建筑	建筑高度大于 54m 的住宅建筑（包括设置商业服务网点的住宅建筑）	建筑高度大于 27m，但不大于 54m 的住宅建筑（包括设置商业服务网点的住宅建筑）	建筑高度不大于 27m 的住宅建筑（包括设置商业服务网点的住宅建筑）
公共建筑	1. 建筑高度大于 50m 的公共建筑； 2. 建筑高度 24m 以上部分任一楼层建筑面积大于 1000m² 的商店、展览、电信、邮政、财贸金融建筑和其他多种功能组合的建筑； 3. 医疗建筑、重要公共建筑、独立建造的老年人照料设施； 4. 省级及以上的广播电视和防灾指挥调度建筑、网局级和省级电力调度建筑； 5. 藏书超过 100 万册的图书馆、书库	除一类高层公共建筑外的其他高层公共建筑	1. 建筑高度大于 24m 的单层公共建筑； 2. 建筑高度不大于 24m 的其他公共建筑

由表 2-4-1 可知，对于住宅建筑，以 27m 作为区分多层和高层住宅建筑的标准；对于高层住宅建筑，以 54m 划分为一类和二类，根据住宅的常见层高，27m 和 54m 分别对应的建筑层数是 9 层和 18 层。根据《民用建筑设计统一标准》（GB 50352—2019）中的相关条文，

不超过 27m 的住宅建筑中，1～3 层为低层，4～9 层为多层，10 层及以上为高层住宅建筑。结合表 2-4-1 的内容，以住宅建筑的高度为主要依据，居住区可以分为低层住区、多层住区和高层住区。

低层住区中住宅建筑为 1～3 层，常见的平面组合方式上主要有 3 种类型，分为独立式住宅、双拼式住宅和联排式住宅。近年来随着低层住区的开发热潮，新的低层住宅类型也不断涌现，基于当前的发展现状，开发商以所谓的类独栋、平墅以及合院等类型为卖点，其实在平面组合特点上也基本归属于上述三类。

多层住区中目前最常见的住宅类型是 6 层左右的单元式住宅，每个单元有一部楼梯间，每层 2～3 套住宅，整栋楼由若干个单元联排拼成。另外较为常见的是叠拼住宅，一般是以 4～5 层居多的高档住宅，下层住户拥有地面花园，上层住户没有独立院落，取而代之的是屋顶花园，与单元式多层住宅相比，其建筑外立面造型更富于变化。对于 4～5 层叠拼住宅，因其公共楼梯层数仅至 3 层（3 层以上高度实际为户内高度），故此有许多相关研究将其纳入广义的低层住宅范围，但从其建筑高度以及建筑体量所需要的户外宅间尺度来看，4～5 层叠拼住宅的外环境特点更接近常见的以 6 层为主的多层住宅。由于与住宅建筑相关设计规范的要求日趋严格，目前 8～9 层的多层住宅已较为少见。

2.4.2　户外空间尺度特点

对于住区的建筑与户外空间的关系及其所带来的景观特点，用建筑密度和容积率两个常见指标进行表述更为直观且准确。例如多数低层住区是比较典型的低容积高建筑密度特征，即指低层住区一般容积率较低（1.0～1.1 左右）而建筑密度较高（30％左右）；而多数高层住区则是比较典型的高容积低密度，即指高层住区一般容积率相对较高（2.0 以上）而建筑密度相对较低（20％左右）；多层住区则介于两者之间，容积率和建筑密度更大程度上取决于所在城市日照标准的具体要求情况。

2.4.2.1　低层住区景观空间特点

低层住区中由于住宅建筑最大高度仅为 10m 左右，其相邻两排住宅所需的日照间距也较小，因此行列式布局为主的住宅户外空间多为私家庭院和入户道路所占据，建筑分布较为密集。由于低层住区中建筑用地和必要的步行及车行道路用地所占比重较高，绿化用地又是以大量较小尺度的私家庭院为主，因此住区内集中绿地相对较少，以户为单位的私家庭院设计是低层住区景观中非常重要的部分（图 2-4-1、图 2-4-2）。

图 2-4-1　低层住宅外环境

图 2-4-2　低层住区整体鸟瞰

私家庭院是一个既封闭又开放的空间，住户将自身的领域感、归属感以及个人喜好全部倾注其中，使人在忙碌的社会生活中感受大自然，是城市中的居民在工作之余放飞心灵的居所。在进行庭院景观设计时，既要注重增强户外体验，给户主提供种植作物、修剪树木、除草浇水等自主参与活动的空间以及后续过程对庭院进行二次设计的可能性，又要保证各庭院景观的整体性和统一性。由于私家庭院为家庭单独使用，住户各自喜好不同，且有很强的个人支配性，因此在进行设计时要注意与居住区整体风格、建筑样式以及绿地景观相协调，保持一定程度上的区内统一。

2.4.2.2 多层住区景观空间特点

多层住宅是我国 20 世纪 90 年代以前数量最多的新增住宅模式，以多个单元相连的条式平面形态为主，平行的行列式布局最为常见，也有"U"和"L"形的半围合形式。自新的住宅建筑设计规范实施以来，出于人性化考虑，不配备电梯的多层住宅以六层为上限（也有少量顶层为六带七复式住宅），因此高于六层的多层住宅相对数量较少。在满足相关住宅规范的条件下为实现较高土地利用率，大部分多层建筑以行列式的布局方式为主，配有少量的半围合式和其他类型。行列式住宅的最大优势是户型南北通透，各功能空间尺度适宜、居室环境舒适度高；尤其在现阶段，每单元一梯两户的小板式住宅是最为常见的多层住宅类型。

与高层住宅相比，多层住宅对日照标准的要求和执行相对更为严格，根据其所在城市的气候区划等综合因素，参照表 2-3-2 和表 2-3-3 中的规定，由各城市的城乡规划局自行制定地方标准。例如，以南京、上海、杭州、合肥等为代表城市的长三角地区满足大寒日两小时的日照间距系数为 1.1～1.3，而以哈尔滨、长春、沈阳、大连等为代表城市的东三省地区满足规范要求的日照间距系数为 1.5～1.8，因此多层住区的户外宅间距离以及空间尺度主要取决于当地城市的日照标准要求。

当住宅建筑层数相同时，多层住宅的宅间距离基本相等，又由于大多采用平行式的一字型布局（图 2-4-3），使得多层住宅的宅间尺度较为接近，从空间比例关系上缺乏变化而显得较为单一（图 2-4-4、图 2-4-5），其景观设计应在统一中有变化，但更需注意各宅间景观的功能、形式、空间以及视觉上的联系，避免出现各自为政、支离破碎的情况。

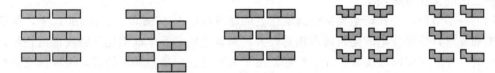

图 2-4-3　多层住宅常见布局形式

图 2-4-4　多层住宅外环境

图 2-4-5　多层住区整体鸟瞰

2.4.2.3 高层住区景观空间特点

改革开放以后，随着我国经济水平的高速发展，高层住宅在以深圳为代表的大型城市中率先大量涌现，发展至20世纪90年代，已在全国范围内开始广泛建设。发展初期，建筑层数一般以十几层较为常见，即我们通常所说的"小高层"，随着房地产业的迅猛发展和城市土地利用强度的大幅提升，50~100m的高层住宅开始逐渐占据商品住宅市场的主流。高层住宅的平面布局按交通路线形式主要分为点式、通廊式和单元式三大类，体现在建筑外部体量上，则主要为塔式高层住宅和板式高层住宅（图2-4-6、图2-4-7）。与多层单元式住宅一样，单元式板式高层住宅户型南北通透，各功能空间尺度适宜、居室环境舒适度高，因此目前高层住区中此类住宅总量最大。

图 2-4-6　塔式高层住宅

图 2-4-7　板式高层住宅

高层住宅能提供较大的建筑总量，单位面积上集聚的人数规模大于低层、多层住宅，是以住户单元立体组叠方式形成的空间集约化住区形态。大多数高层住宅居民由于远离地面生活，他们的交往空间与低层和多层住宅中的水平方向组织方式不同，是一种复杂的、立体的、多层次的交往空间环境。

如上一小节所述，我国绝大部分高层住宅的建筑高度在27m以上、100m以下，基于日照标准的要求，高层住宅的建筑间距相对较大，是典型的容积率高但建筑密度低的特征，因此其宅间户外景观空间尺度大、完整性好。由于大部分住户所在楼层较高，与地面交通联系相对不便利，由居室俯瞰地面景观，呈现出典型的高视点景观特征（图2-4-8）。另外，高层住宅通常会利用宅间距离足够大的优势设置地下停车库，便于跟住宅地下室直接联通，方便住户日常出入的车行交通，因此地下停车库顶部景观的合理设计和高效利用是非常必要的；但是由于地下停车库顶部的防水等构造要求以及覆土层厚度的限制，其顶部室外景观亦具有一定的局限性。同时，建筑高度的原因，高层住宅的火灾扑救难度较大，因此对消防道路、救援场地等设施要求更为严格。

由于高层住宅自身的庞大体量，容易产生较大的阴影空间，住区内的通风和采光条件也会受到较大影响，户外景观空间的压迫感和封闭感较强。另外，基于高视点景观的视觉效果，开发商为了吸引消费者，在景观空间上较为注重视觉设计而忽视了日常的功能需求。尤其是在拥有较好的采光和通风条件的大尺度户外空间，在设计上过于注重形式化，利用水池、花坛以及采用大面积的非必要性硬质铺装进行平面构图，缺乏适合居民日常休闲活动的场所，因此造成空间的浪费。绿化植被上也多采用灌木、草丛等低矮植物，其实用功能及综合生态效益不高。

图 2-4-8　高层住区高视点景观

上述因素都是需要在高层住区景观设计中给予考虑的。

2.4.2.4　混合型住区景观特点

混合型住区是一个相对的概念,大体包括三个方面:①建筑形态的混合,包含低层、多层、高层等至少两种类型的住宅建筑(图 2-4-9～图 2-4-11);②使用功能的混合,居住区以居住功能为主,同时还包含一定数量的商业、娱乐等其他功能(图 2-4-12);③社会阶层的混合,不同年龄、种族、职业、收入水平、生活方式的居民混合居住,有助于创造和谐的社会。从住区景观设计的层面,本小节主要讨论前两种混合式住区景观。

图 2-4-9　多层高层住宅混合型住区　　　　　图 2-4-10　低层高层住宅混合型住区

不同类型住宅的混合不仅适应了多层次的消费群体,同时也有助于形成丰富的建筑外部景观,避免了空间形态的单一化,这对于用地规模较大的居住区尤为重要。不同功能的建筑的混合更易形成浓郁的生活氛围,同时方便人们的购物、娱乐、休闲等生活要求,这也是新城市主义的核心理论之一,目前较为多见的沿城市道路布局的高层住宅裙房或多层住宅的底层,使用功能主要为商业用房或配套服务设施用房。

混合型住区尤其是功能混合型住区,很多时候对于不同功能,它们既相互依赖又互相排斥,其外环境的空间组织与流线设计直接关系到使用是否方便合理,外环境的品质和氛围也直接影响其商业部分的经营与居住环境的舒适与安全。进行景观规划设计时,需要充分认识到矛盾所在,同时保证商业空间的公共性与居住空间的私密性,使相互冲突的功能空间融会贯通,能够起到相互补充、相互促进的作用。

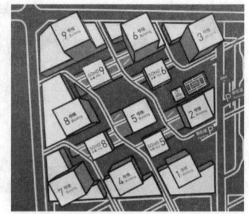

图 2-4-11　多种类型住宅混合型住区　　　　　　图 2-4-12　功能混合型住区

相对于建筑形态混合型住区，功能混合型住区涉及更多样化的功能布局、用地安排以及交通组织方式，某种程度上具有开放式住区的特点，将在 2.5.2 小节中进行更详细的分析与介绍。

2.5　居住区景观设计要点

居住区用地的日照、气温、风等气候条件，地形、地貌、地物等自然条件，用地周边的交通、设施等外部条件，以及地方习俗等文化条件，都影响着居住区的建筑布局和环境塑造。因而，居住区应通过不同的规划手法和处理方式，将居住区内的住宅建筑、配套设施、道路、绿地景观等规划内容进行全面、系统的组织、安排，使其成为有机整体，为居民创造舒适宜居的居住环境，体现地域特征、民族特色和时代风貌。

在居住区景观设计中，通常必须遵照国家规范与标准、地方规定与条例、上位规划控制以及甲方的定位与市场的需求；同时在长期的日常生活中，居民的使用和参与也会促进居住区景观的不断完善。总体来说，住区景观具有以下几个方面的特点。

① 具有一定的独立性和完整性。居住区外环境就像是一个大家共同使用的庭院空间，与外界环境相比，具有相对的私密性，可以给予居民一种使用上的安全感受，同时又设施齐全，可以满足居民的日常生活的多种需求，因此具有一定独立性和完整性的空间特点。

② 具有一定的艺术性。居住区外环境充分融合了当地的地方民俗以及社会人文因素，并通过景观各组成要素充分地表达，以具有美感的姿态给居民提供一个舒适、自然的生活环境。

③ 具有一定的社会性。居住区户外空间的组成不仅包括它的自然属性，还因为人的参与而有了一定的人工属性和社会属性，各种不同文化层次、不同职业类型、不同性格特点的人聚集到一起，共同组成了居住区外环境的使用群体。

④ 具有一定的适应性。居住区户外空间质量的高低取决于各类环境设施和空间布局，合理的空间布局规划以及环境设施提供才能符合居民的使用需求和日常行为活动轨迹，给居民生活带来便利，在使用中不断适应、不断完善。

2.5.1　主要设计内容

从景观规划及设计的方案制订层面，居住区景观主要包括建筑风貌控制和公共空间营造两个方面。

居住区建筑风貌应遵循的基本原则是：建筑设计形式多样，建筑布局层次丰富，与城市整体风貌相协调，与相邻居住区和周边建筑空间形态相协调与相融合。对于建筑设计，应以地区及城市的全局视角来审视建筑设计的相关要素，有效控制高度、体量、材质、色彩的使用，并与其所在区域环境相协调；对于建筑布局，应结合用地特点，加强群体空间设计，延续城市肌理，呼应城市界面，形成整体有序、局部错落、层次丰富的空间形态，进而形成符合当地地域特征、文化特色和时代风貌的空间和景观环境。

作为居住区内塑造景观环境的重要内容，公共空间是供人们日常生活和社会活动的公用城市空间，一般包括庭院、街道、广场、公园等。公共空间在美化居住环境、引导设施布局、组织公共交往等方面有着重要作用。《中共中央国务院关于进一步加强城市规划建设管理工作的若干意见》中也明确要求"合理规划建设广场、公园、步行道等公共活动空间，方便居民文体活动，促进居民交流"。因而，居住区应通过空间布局，合理组织建筑、道路、绿地等要素，塑造宜人的公共空间，并形成公共空间系统。对于居住区内部的公共空间系统，应在空间要素组织和整合的基础上，从微观到宏观尺度与城市级的公共空间进行衔接，形成由点、线、面等不同尺度和层次构成的城市公共空间系统。对于居住区而言，其公共空间系统应与各级公共设施进行衔接，将公共空间和公共设施统筹安排，既方便居民使用公共设施，又增添居住区公共空间的活力。

2.5.1.1 道路规划要求

居住区道路是城市道路交通系统的组成部分，也是承载城市生活的主要公共空间。居住区内道路的规划设计应遵循安全便捷、尺度适宜、公交优先、步行友好的基本原则，应采取"小街区、密路网"的交通组织方式，路网密度不应小于 $8km/km^2$；城市道路间距不应超过 300m，宜为 150～250m，并应与居住街坊的布局相结合。

居住区内各级城市道路应突出居住使用功能特征与要求，并应符合下列规定：①两侧集中布局了配套设施的道路，应形成尺度宜人的生活性街道，道路两侧建筑退线距离，应与街道尺度相协调；②支路的红线宽度，宜为 14～20m；③道路断面形式应满足适宜步行及自行车骑行的要求，人行道宽度不应小于 2.5m；④支路应采取交通稳静化措施，适当控制机动车行驶速度。

城市支路应采取交通稳静化措施降低机动车车速、减少机动车流量，以改善道路周边居民的生活环境，同时保障行人和非机动车交通使用者的安全。交通稳静化措施包括减速丘、路段瓶颈化、小交叉口转弯半径、路面铺装、视觉障碍等道路设计和管理措施。在行人与机动车混行的路段，机动车车速不应超过 10km/h；机动车与非机动车混行路段，车速不应超过 25km/h。

居住街坊内附属道路的规划设计应满足消防、救护、搬家等车辆的通达要求，并应符合下列规定：①主要附属道路至少应有两个车行出入口连接城市道路，其路面宽度不应小于 4.0m，其他附属道路的路面宽度不宜小于 2.5m；②人行出入口间距不宜超过 200m；③最小纵坡不应小于 0.3%，最大纵坡应符合表 2-5-1 的规定，机动车与非机动车混行的道路，其纵坡宜按照或分段按照非机动车道要求进行设计。

表 2-5-1 附属道路最大纵坡控制指标

道路类别及其控制内容	一般地区/%	积雪或冰冻地区/%
机动车道	8.0	6.0
非机动车道	3.0	2.0
步行道	8.0	4.0

对居住区道路最大纵坡的控制是为了保证车辆的安全行驶，以及步行和非机动车出行的安全和便利。在表 2-5-1 中，机动车的最大纵坡值 8% 是附属道路允许的最大数值，如地形允许，要尽量采用更平缓的纵坡。设计道路最小纵坡是为了满足路面排水的要求，附属道路不应小于 0.3%。

居住区道路边缘至建筑物、构筑物的最小距离，应符合表 2-5-2 的规定。

表 2-5-2　居住区道路边缘至建筑物、构筑物最小距离

与建、构筑物关系		城市道路/m	附属道路/m
建筑物面向道路	无出入口	3.0	2.0
	有出入口	5.0	2.5
建筑物山墙面向道路		2.0	1.5
围墙面向道路		1.5	1.5

表 2-5-2 中，道路边缘对于城市道路是指道路红线；附属道路分两种情况，道路断面设有人行道时，指人行道的外边线，道路断面未设人行道时，指路面边线。

道路边缘至建筑物、构筑物之间应保持一定距离，主要是考虑在建筑底层开窗开门和行人出入时不影响道路的通行及行人的安全，以防楼上掉下物品伤人，同时应有利于设置地下管线、地面绿化及减少对底层住户的视线干扰等因素。对于面向城市道路开设了出入口的住宅建筑应保持相对较宽的间距，从而使居民进出建筑物时可以有个缓冲地段，并可在门口临时停放车辆，以保障道路的正常交通。

2.5.1.2　停车场（库）设置要求

停车场（库）属于静态交通设施，其设置的合理性与道路网的规划具有同样重要的意义。居住区相对集中设置且人流较多的配套设施应配建停车场（库），配建机动车数量较多时，应尽量减少地面停车，宜采用地下停车、停车楼或机械式停车设施，节约集约利用土地。停车位控制指标不宜低于表 2-5-3 的规定。

表 2-5-3　配建停车场（库）的停车位控制指标（个/100m²，以建筑面积计）

名称	非机动车	机动车
商场	≥7.5	≥0.45
菜市场	≥7.5	≥0.30
街道综合服务中心	≥7.5	≥0.45
社区卫生服务中心(社区医院)	≥1.5	≥0.45

配套设置的居民机动车和非机动车停车场（库）主要应符合下列规定：①机动车停车应根据当地机动化发展水平、居住区所处区位、用地及公共交通条件综合确定，并应符合所在地城市规划的有关规定；②地上停车位应优先考虑设置多层停车库或机械式停车设施，地面停车位数量不宜超过住宅总套数的 10%；③机动车停车场（库）应设置无障碍机动车位，并应为老年人、残疾人专用车等新型交通工具和辅助工具留有必要的发展余地；④非机动车停车场（库）应设置在方便居民使用的位置；⑤居住街坊应配置临时停车位，在居住街坊出入口外应安排访客临时车位，为访客、出租车和公共自行车等提供停放位置，维持居住区内部的安全及安宁。

当前我国城市的机动化发展水平和居民机动车拥有量相差较大，居住区停车场（库）的设置应因地制宜，评估当地机动化发展水平和居民机动车拥有量，满足居民停车需求，避免因居住区停车位不足导致车辆停放占用市政道路。具体指标应结合其所处区位、用地条件和周边公共交通条件综合确定。如城市郊区用地条件往往较中心区宽松，可配建更多停车场

（库）；城市中心区的轨道站点周围，可以结合城市规划相关要求，适度减少停车配置。对地面停车率进行控制的目的是保护居住环境，使用多层停车库和机械式停车设施，可以有效节省机动车停车占地面积，充分利用空间。

当居住区内设置地下停车库时，地下车库出入口与基地内主要道路垂直时，出入口起坡点与主要道路边缘应保持不小于5.5m的安全距离；地下车库出入口与基地内主要道路平行时，应经不小于5.5m长的缓冲车道汇入基地道路。缓冲段长度取5.5m是按照至少1辆小型汽车的安全等候距离考虑的，以保证基地内道路通行安全。当基地内地下车库出入口相邻城市道路时，与城市道路之间不应小于7.5m。

2.5.1.3 公共绿地与居住环境

公共绿地是为各级生活圈居住区配建的公园绿地及街头小广场。对应城市用地分类G类用地（绿地与广场用地）中的公园绿地（G1）及广场用地（G3），不包括城市级的大型公园绿地及广场用地，也不包括居住街坊内的绿地。

考虑到经济性和地域性原则，植物配置应选用适宜当地条件和适于本地生长的植物种类，以易存活、耐旱力强、寿命较长的乡土树种为主。同时，考虑到保障居民的安全健康，应选择病虫害少、无针刺、无落果、无飞絮、无毒、无花粉污染、不易导致过敏的植物种类，不应选择对居民室外活动安全和健康产生不良影响的植物。绿化应采用乔木、灌木和草坪地被植物相结合的多种植物配置形式，并以乔木为主，群落多样性与特色树种相结合，提高绿地的空间利用率，增加绿量，达到有效降低热岛强度的作用。注重落叶树与常绿树的结合和交互使用，满足夏季遮阳和冬季采光的需求。同时也使生态效益与景观效益相结合，为居民提供良好的景观环境和居住环境。居住区用地的绿化可有效改善居住环境，可结合配套设施的建设充分利用可绿化的屋顶平台及建筑外墙进行绿化。此外，居住区规划建设可结合气候条件采用垂直绿化、退台绿化、底层架空绿化等多种立体绿化形式，增加绿量，同时应加强地面绿化与立体绿化的有机结合，形成富有层次的绿化体系，进而更好地发挥生态效用，降低热岛强度。

居住街坊内宅旁绿地和集中绿地的计算规则如下：①通常满足当地植树绿化覆土要求，方便居民出入的地下或半地下建筑的屋顶绿地应计入绿地，其面积计算方法应符合所在城市绿地管理的有关规定，但不应包括其他屋顶、晒台的人工绿地。②当宅旁绿地边界与城市道路临接时，应算至道路红线；当与居住街坊附属道路临接时，应算至路面边缘；当与建筑物临接时，应算至距房屋墙脚1.0m处；当与围墙、院墙临接时，应算至墙脚。因为根据《建筑地面设计规范》（GB 50037—2013）的规定，建筑四周应设置散水，散水的宽度宜为600～1000mm，因此，宅旁绿地计算至距建筑物墙脚1.0m处。③当集中绿地与城市道路临接时，应算至道路红线；当与居住街坊附属道路临接时，应算至距路面边缘1.0m处；当与建筑物临接时，应算至距房屋墙脚1.5m处。居住街坊集中绿地是方便居民户外活动的空间，为保障安全，其边界距建筑和道路应保持一定距离，故此集中绿地比其他宅旁绿地的计算规则更为严格，距建筑物墙脚不应小于1.5m，距街坊内的道路路边不少于1.0m。居住街坊内宅旁绿地及集中绿地的计算规则可参照图2-5-1。

在居住环境营造设计中，应考虑以下几个方面：

① 建筑的适度围合可形成庭院空间（如L型和U型建筑两翼之间的围合区），应注意控制其空间尺度（如建筑的D/H宽高比等），形成具有一定围合感、尺度宜人的居住庭院空间，避免产生天井式等负面空间效果。

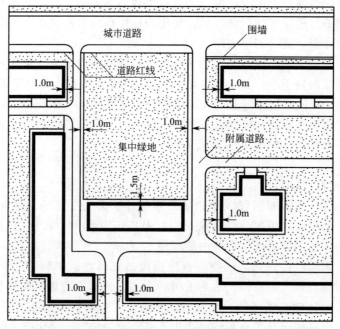

图 2-5-1 居住街坊内宅旁绿地及集中绿地的计算规则示意图

② 作为公共空间的重要组成部分，宜人而有活力的街道空间有利于增添居住区活力、方便居民生活、促进居民交往。通过街道的线性空间，可沿街布置商业服务业、便民服务等居住区配套设施，并将重要的公共空间和配套设施进行连接。在街道空间的塑造上，应优化临街界面，对临街建筑宽度、体量、贴线率等指标进行控制，优化铺地、树木、照明设计，形成界面连续、尺度宜人、富有活力的街道空间。

③ 各级居住区公园绿地应构成便于居民使用的小游园和小广场，作为居民集中开展各种户外活动的公共空间，并宜动静分区设置。动区供居民开展丰富多彩的健身和文化活动，宜设置在居住区边缘地带或住宅楼栋的山墙侧边。静区供居民进行低强度、较安静的社交和休息活动，宜设置在居住区内靠近住宅楼栋的位置，并和动区保持一定距离。通过动静分区，各场地之间互不干扰，塑造和谐的交往空间，居民既有足够的活动空间，又有安静的休闲环境。在空间塑造上，小游园和小广场宜通过建筑布局、绿化种植等进行空间限定，形成具有围合感、界面丰富、边界清晰连续的空间环境。

④ 景观小品是居住环境中的点睛之笔，通常体量较小，兼具功能性和艺术性于一体，对生活环境起点缀作用。居住区内的景观小品一般包括雕塑、大门、壁画、亭台、楼阁等建筑小品，座椅、邮箱、垃圾桶、健身游戏设施等生活设施小品，路灯、防护栏、道路标志等道路设施小品。景观小品设计应选择适宜的材料，并应综合考虑居住区的空间形态和尺度以及住宅建筑的风格和色彩。景观小品布局应综合考虑居住区内的公共空间和建筑布局，并考虑老年人和儿童的户外活动需求，进行精心设计，体现人文关怀。

⑤ 居住区绿地内的步行道路、休闲休息场所等公共活动空间，应符合无障碍设计要求，并与居住区的无障碍系统相衔接。步行道经过车道以及与不同标高的步行道相连接时应设路缘坡道；坡道坡度不宜大于 2.5%，当大于 2.5% 时，变坡点应予以提示，并宜在坡度较大处设扶手。关于无障碍设施，无论在外部公共空间还是建筑内部空间及外环境中，都是一项非常重要且必要的内容，在各个层面的设计中均应给予充分的重视。

2.5.1.4 消防车道及救援场地

沿建筑物设置环形消防车道或沿建筑物的两个长边设置消防车道，有利于在不同风向条件下快速调整灭火救援场地和实施灭火。但对于高层住宅建筑，当条件受限时，可沿建筑的一个长边设置消防车道，但该长边所在建筑立面应为消防车登高操作面。消防车道应符合下列要求（图2-5-2）：①车道的净宽度和净空高度均不应小于4.0m；②转弯半径应满足消防车转弯的要求；③消防车道与建筑之间不应设置妨碍消防车操作的树木、架空管线等障碍物；④消防车道靠建筑外墙一侧的边缘距离建筑外墙不宜小于5m；⑤消防车道的坡度不宜大于8%。

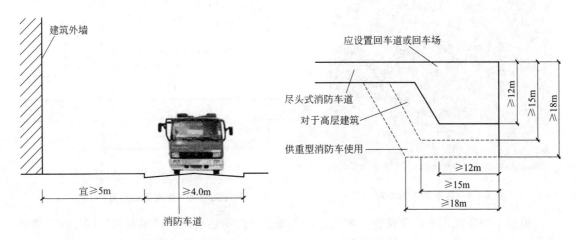

图2-5-2 消防车道与建筑物的距离　　　　　图2-5-3 消防回车场

消防车道的路面、救援操作场地等应能承受重型消防车的压力；消防车道可利用城市道路等其他道路，但该道路应满足消防车通行、转弯和停靠的要求。环形消防车道至少应有两处与其他车道连通。尽头式消防车道应设置回车道或回车场（图2-5-3），回车场的面积不应小于12m×12m；对于高层建筑，不宜小于15m×15m；供重型消防车使用时，不宜小于18m×18m。目前，我国普通消防车的转弯半径为9m，登高车的转弯半径为12m，一些特种车辆的转弯半径为16～20m。12m×12m的回车场，是根据一般消防车的最小转弯半径而确定的，对于重型消防车的回车场则还要根据实际情况增大。如，有些重型消防车和特种消防车，由于车身长度和最小转弯半径已有12m左右，就需设置更大面积的回车场才能满足使用要求。图2-5-4为不同平面形式的回车场，在设计中应结合消防车的类型来具体确定符合回车要求的转弯半径，图2-5-5为圆形回车场与景观设计结合的实例。

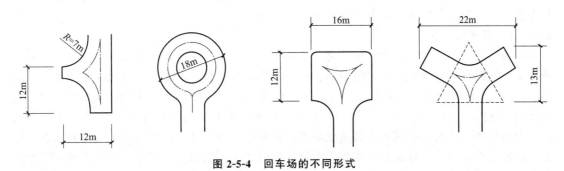

图2-5-4 回车场的不同形式

高层建筑应至少沿一个长边或周边长度的1/4且不小于一个长边长度的底边连续布置消

防车登高操作场地，该范围内的裙房进深不应大于4m（图2-5-6）。建筑高度不大于50m的建筑，连续布置消防车登高操作场地确有困难时，可间隔布置，但间隔距离不宜大于30m，且消防车登高操作场地的总长度仍应符合上述规定。

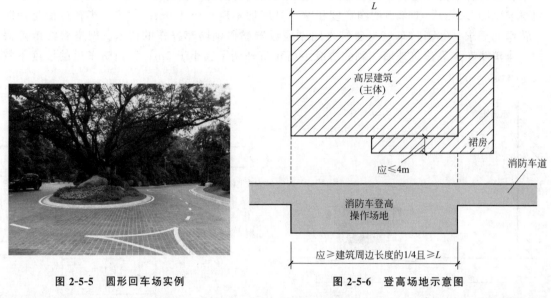

图2-5-5　圆形回车场实例　　　　　　图2-5-6　登高场地示意图

消防车登高操作场地应符合下列规定：①场地与厂房、仓库、民用建筑之间不应设置妨碍消防车操作的树木、架空管线等障碍物和车库出入口；②场地的长度和宽度分别不应小于15m和10m，对于建筑高度大于50m的建筑，场地的长度和宽度分别不应小于20m和10m；③场地及其下面的建筑结构、管道和暗沟等，应能承受重型消防车的压力；④场地应与消防车道连通，场地靠建筑外墙一侧的边缘距离建筑外墙不宜小于5m，且不应大于10m，场地的坡度不宜大于3%。

2.5.2　当前设计热点与设计范例

居住用地是城市建设用地中占比最大的用地类型，因此住宅建筑是对城市风貌影响较大的建筑类型。居住区规划建设应符合所在地城市设计的要求，塑造特色、优化形态、集约用地。没有城市设计指引的建设项目应运用城市设计的方法，研究并有效控制居住区的公共空间系统、绿地景观系统以及建筑高度、体量、风格、色彩等，创造宜居生活空间，提升城市环境质量。基于我国城市居住区开发、建设及更新的现状和未来趋势，当前居住区景观设计与更新方面的理论与实践主要集中在以下几个方面。

2.5.2.1　开放式住区

封闭社区的概念在美国学者布莱克利和斯奈德的著作《城堡美国：美国的隔离社区》中被提及，他们定义封闭社区为"用围墙、栅栏包围起来实现公共空间私有化并限制进入的居住小区"，多用物理边界，如大门、围墙、栅栏等防卫措施来围合，表面上起到安防严密、划分内外空间、维护住区私密的作用。在我国住宅商品化、房地产迎来"黄金十年"的时代，为满足业主的安全心理、占有领域需求，边界设立门禁系统，内部土地、公共景观、绿化、设施具有排他性，各成独立体系，大量的封闭住区形成城市孤岛。"开放式街区"理念由法国当代著名建筑师克里斯蒂安·德·鲍赞巴克提出，他认为街区为城市设计基本单元组成成分，而开放式住区则是在"开放街区"理念下进行规划设计的新住区模式，尺度相对居住区较小，临街面多，开放程度高，无门禁边界，由道路围合，建筑住宅、交通、街道、商业、文化等多功能有效融合，组织成一个有利居民出行、生活的舒适空间。

我国从 20 世纪 50 年代末到现在建设了无数的居住区、居住小区，尽管面貌千差万别，但基本上是遵循现代主义"功能分区"和"邻里单位"的理论建立起来的。经过几十年的实践，在取得令人瞩目成就的同时也暴露出来了诸多问题。

自改革开放以来，我国城市居住区建设在现代主义规划理论和居住区规划理论的影响下，在近三十年的时间里一直是以封闭"住宅小区"的居住模式为主，不同程度地阻碍了城市的道路交通、公共交往以及邻里关系的良性运行。2014 年《绿色住区标准》在官方的角度定义了开放住区；2015 年 10 月党的十八届五中全会提出了"创新、协调、绿色、开放、共享"的发展理念；2016 年第一季度，国务院印发的《中共中央国务院关于进一步加强城市规划建设管理工作的若干意见》指出了"优化街区路网结构"这一概念，要求新建住宅要推广街区制，对封闭住宅小区的规划审批进行限制，即原则上不再建设封闭住宅小区。已建住区和单位大院要逐步对外开放、打破封闭，实现住区内部道路的公共化的目标，逐步解决交通路网布局问题，进一步促进土地节约利用。从前文《城市居住区规划设计标准》（GB 50180—2018）中规定城市居住区的三圈一坊模式也可以看出国家致力于打造开放式住区模式的需求与决心。

我国传统的聚居模式由唐宋的"里坊"发展到近代的四合院、里弄，"传统型社区"模式逐渐成熟。中华人民共和国成立以来，我国现代住区的规划模式历经了曲折的变化发展过程。为适应城市化进程的高速推进，在现代主义规划理论和居住区规划理论的影响下，受居住区规划、小区规划、居住组团等现代主义思潮的影响，我国城市住区逐渐失去了中国传统村落和中国古典园林庭院的特性。1980 年以后，"居住小区"的概念和模式开始在我国正式形成。随着改革开放的不断推进，到 20 世纪 90 年代中期，全国城市范围内的"住宅小区"试点建设在政府的指导干预下大力践行。住宅和住区环境建设步入到快速发展的时期，同时，其质量也在不断地提高。可以说，全国各地的城市都迈入了住宅小区建设高潮的行列。这一时期，有了小区商品化发展的模式，由最初的多层、小高层逐渐发展到高层居住区模式。虽然住区发展水平和住区环境质量都在快速提升，但都是在住宅小区的封闭构架内的发展，并没有试图打破封闭壁垒，封闭的"居住小区"作为标准模式和经典模式一直沿用。当"纯步行社区""全封闭小区"等所谓"新"概念被引入的时候，它理所当然地成了商家的卖点，也迅速地被我国居民广泛接受。用地规模日趋庞大的封闭式住区利用围墙使社会公共资源私有化，例如封闭大面积的运动场地、封闭社会交往空间、封闭道路体系，使原本属于大众的公共空间私有化。同时，封闭式住区也削弱了社区和城市的活力，隔离了城市多种功能的相互作用，降低了城市的经济效率，加剧了城市空间的割裂，减少了人们社会交往的机会，造成了传统生活模式的消失，邻里网络的瓦解。

虽然开放式住区在我国尚未形成系统全面的理论体系，但不同类型的设计实践已展开了多层面的有益探索。

① 以功能为引导的开放式住区建设——上海创智天地创智坊　其位于上海市杨浦区的江湾，四周由商业与科技新城组成。区位条件优越，基础设施完善，成功打造了工作、生活、娱乐集一体的综合建筑群。作为新打造的一个具有浓厚文艺氛围的生活、工作及休闲的综合配套住区，以商业、居住、办公室及以"居家办公"为理念的 SOHO 商住两用房，提供更多适合年轻人工作、学习和生活方式的多种功能设施，针对使用人群的特殊性，加强打造教育产业和混合功能的居住社区。

② 以道路为引导的开放式住区建设——武汉万科城市花园　其位于武汉东湖新技术开发区东南，其开放住区模式的主导理念为"五分钟的邻里关系"，具体描述为邻里院落间的路程永远在 5min 之内，在建立开放式住区的同时营造一个具有良性互动的城市居住生活氛围。武汉万科城市花园的交通系统，将原地块中的两条城市道路完整保留，并将这两条城市道路延伸到整个住区建设规划中，自然地引入公共交通至住区内部，完成城市与住区的和谐接洽，原来住区内延伸后的天虹路为"都市核心路"，沿该条核心路布置了商业、幼儿园、公交站点等公共服务设施，实现了城市交通系统和住区的结合，社区配套逐渐完善，使居住公共空间富有活力，打造出极富生活感的居住环境。

③ 以景观为引导的开放式住区建设——北京三里屯 SOHO　其位于北京市朝阳区工体北路，三里屯商业区内的核心地段。该项目是一个具有商业、办公以及居住功能的新兴综合社区，项目内共 5 个购物中心、9 座写字楼和公寓楼建筑，由蜿蜒的溪水和广场将其联系贯穿，打造了一个富有流动性、有机的外环境空间的商住社区，利用建筑的围合，形成了一种"大峡谷"的自然意境感受，在峡谷中设置了中央下沉式广场，配合溪水的引导，具有极强的峡谷感。广场为商家和人群提供了活动休闲的区域，周围的走廊与其形成多层次的互动，并且又能分散交通压力，将建筑的硬朗化解去除，形成一个城市中的禅意空间。整个项目强调与城市环境的融合，考虑到后期的维护和保养，在材料上没有选用流行的反光材料，而是充分地发挥了质朴材料的本质，顺应自然环境的变化，让外环境更像是自然与文化的缩影。在景观营造中，虽是人工的手法、现代的科技、简洁的线条，但是组合起来却显得灵动有活力。以溪水动线贯穿整个场地，追求水在山谷中流动的意境，虚实结合，有效地协调了建筑与外环境的关系，将交通分散在立体系统中，形成建筑与外环境相互渗透的景观格局。

开放式住区是城市发展到一定阶段的社会产物，目的是唤起城市居民对城市街区、开放空间、街道空间的关注度；另一方面，新时代的住区应与城市的互动增加，尊重整个城市的大环境，延续文脉，和周边环境协调，有效处理住区与城市之间的边界空间。

2.5.2.2 既有住区景观更新

西方发达国家的城市住区环境景观更新改造的理论与方法大都是伴随着城市发展的脚步而变化的，基本可以划分为三个时期，即大规模建造：新建与改造并举、重点对既有住区进行改造。目前我国对既有住区的改造越来越重视，未来住区景观的重点也将侧重在住区景观的渐进式更新与改造。

纵观西方城市住区更新运动发展的历史进程，表现出以下几方面的趋向：①更新政策的重点从注重单纯物质环境改善的大规模清理贫民窟，转向环境综合整治与邻里活力恢复的社区邻里更新，进而致力于实现社区物质、经济、社会及自然环境持续改善的社区综合复兴；②更新方式从大规模拆旧建新转向小规模、谨慎渐进式改善，强调更新是一个连续不断的过程；③更新主体从自上而下的政府主导，到强调市场主导的公私双向合作，公、私、社区形成三向伙伴关系，致力于多目标综合性社区更新转变。我国的城市化进程较西方发达国家起步得更晚，既有住区更新是一个异常复杂、艰难的过程，西方发达国家住区更新理念和政策的演变可以为我国当前的既有住区更新带来许多有益的启示。

在以往的住区景观规划与设计中，更多地表现出的是一种自上而下的理性规划、精英式规划，出于政府决策层面、开发商定位层面以及设计师理性构思层面的部分设计理念与设计手法，难免主观成分较多，使用中存在潜在的问题。从上一版本的城市居住区规划设计规范可以看出居住区规划虽然在原则上应包括物质与非物质层面两个组成部分，但从实际编制内容，物质层面的规划基本是以建筑的布局为主，是居住区规划的核心，关注的焦点是人的普遍行为及其活动的场所,而非人群间的互动,特别是绿化等景观设计更只是小区定位后的依附物;更为关键的是,设计师始终将居住区中的成员作为客观规划对象之一,而非具有主观能动性的居住区发展参与者,这点在大量的工程实践中表现得更为明显。

"住区更新"指的是对出现"整体性陈旧"、公共服务设施配置和居住环境无法满足居民现实生活需求的住区进行住宅翻新、区域改造、环境重塑等活动,提升居住环境和质量使之匹配居民生活需求的一项活动。它的定义包含了建筑改造、公共服务设施布局优化、环境提升、交通组织优化等多个方面的工作内容。

吴良镛院士曾诠释了"更新"的三种工作方式的含义。这三种工作方式的强度有所不同:"改造"指的是对现状较大程度的改变,去掉或新建部分内容以满足现在的使用需要;"整治"则是在保留现有基本建筑环境的基础上,对局部进行调整;"保护"则是对现有的格局进行维护和修复。

回顾我国既有住区改造的历史,无论是以大规模拆旧建新为特征的旧城居住区改造,还是近些年来更为谨慎、温和的"平改坡综合改造""旧楼区功能提升"等,以及节能改造等专项改造工程,其着眼点还都在于物质环境的改造,这些"见物不见人"的改造方式可以取得短期效果,却不能解决制约住区发展的根本问题。这说明既有住区更新不仅应关注住区物质环境更新,还应关注住区社会环境更新的问题,在通过物质环境改造使之更适合人的需要的同时,必须强调住区发展中产生的种种社会问题的解决,尤其要强调人在住区中的主体性地位,充分考虑"人"的因素对住区发展的作用,以便引导住区的持续、协调发展。换句话说,既有住区更新不仅要关注住区物质环境的持续改善,处理好人与环境的关系,更需处理好人与人之间的关系,或不同群体之间的关系问题,关注住区社会环境的和谐发展。既有住区更新是一个双向互动的社会-空间过程,而不是简单的物质环境更新。

城市既有住区景观环境改造的目标包括以下几个方面:①从城市规划发展角度,通过整体的景观空间环境改造让既有住区做到与时俱进,适应城市快速发展;②从住区发展角度,通过改善住区景观环境、完善住区基础服务功能、提高住区居民的参与性及促进邻里关系来激活住区的活力;③从人文延续角度,维持与延续场所的人文特色,包括场所内的人与场所内一切有意义的事物,是一种可持续的发展观;④从居民生活角度,创造良好的户外活动空间,引导住区居民增强相互交流与提高住区活动的参与度,提升居民社区感;⑤从成本控制角度,低成本不等于低质量,控制成本改造的主旨是低维护,在住区改造中利用当地特有的既有材料和植物,使后期的维护变得方便,不仅减少了经济的投入,而且降低了维护方面的投入,同时也响应了当下所倡导的节约型社会,符合绿色发展的新趋势。从上述目标出发,既有住区景观改造主要内容如表2-5-4所述。

表2-5-4 既有住区景观改造内容

改造部位	改造方法	改造特征
规划布局调整	住宅区合并与拆分	与城市规划相结合
住宅群体组合	化整为零	优化群体组合、改善环境、促进交往
	化零为整	
道路系统改造	道路、停车设施完善	综合解决交通、停车问题
公共配套设施改造	公共配套设施指标调整	增设老年设施、无障碍设施
公共空间综合治理	绿化、设施调整	增加绿化、活动场地,满足各类需求

① 在道路交通方面 首先,对原有场地空间进行梳理,重新划分停车空间,进行片区化集中停车或建立立体停车位及半地下停车位等。其次,停车与活动空间运用植物阻隔,有效地限制乱停车现象。再次,重新规划路边停车,对于特殊路段实行单侧停车,降低路牙高

度便于车辆停靠等。最后，优化道路环境，可通过景观种植限制乱停乱放。

②在公共配套设施方面　在现有居住空间内增加公共活动用房、老年活动室、社区管理中心等，同时增加居民文化娱乐活动服务设施，丰富居民日常生活方式。

③在公共空间方面　空间划分要避免生硬分割，要灵活运用景观植物自然过渡。可划分不同的邻里交往空间形式，丰富空间层次感，促进居民彼此了解，增加居民之间的情感交流。另外，在改造提升的基础上保持最小的环境损坏；充分挖掘住区历史特色文化，营造文化社区氛围；设计不同功能空间，通过景观设计手法营造不同的景观空间；以绿色生态理念原则引入新技术，如加入雨水收集循环利用系统，用于日常树木的灌溉等。

存量时期，既有住区微型的、渐进式的更新方式成为城市公共空间更新的重要议题。老旧社区呈现居民群体相互分离的现象；政府自上而下的规划方式，导致与民众的实际需求脱轨，社区缺少地域特征，居民缺少凝聚力和主体意识，以及多元化的利益主体不平等多种问题。居民作为社区微更新的主体和参与者，是一种创新的治理方式。在进行住区公共空间环境的改造时，以社区居民为主体，政府、社会管理组织机构、企业等多元主体参加，经过共同讨论、公众参与等方法，逐步进行自下而上的社区空间的微更新。这种方式除了促使社区空间发生了实质性的改变外，更促进了人际关系的改变，增强了社区的凝聚力，进而形成一种独特的社区文化。下面简单介绍一下3个改造更新案例。

（1）北京史家胡同微花园改造案例

北京史家胡同微花园改造是非常有代表性的住区环境微更新案例（图2-5-7）。社区的居民可以通过各式各样的园艺活动参与社区花园改造，进一步加强社区的归属感和凝聚力。此外，社区居民高度参与的社区花园可以增强社区的特色，实现社区公共空间的生命力的长久持续。

图2-5-7　史家胡同15号改造前后对比

（2）上海市爱民弄室外公共空间微更新案例

上海市宁波路587弄原名慈安里，是20世纪初上海的一位犹太裔房地产大亨在1931年建造的，砖木结构，由三排石库门里弄住宅和周边一圈底层为沿街商铺的里弄住宅组成。爱民弄巷弄内承载了太多的功能而显得杂乱不堪，所有的设施都功能单一，不同的功能主体不但占据了过多的巷弄空间，也干扰了各自的使用，并且各类设施都有不同程度的破损。针对里弄的改造从修复或替换老旧破损的各个设施出发，通过对 12 个节点的重新设计，以点带面，从而达到改善整个里弄环境的目标（图 2-5-8～图 2-5-11）。

图 2-5-8　爱民弄入口改造前后对比

图 2-5-9　爱民弄步道改造前后对比

图 2-5-10　爱民弄花坛改造前后对比

图 2-5-11 爱民弄建筑背立面墙体改造前后对比

爱民弄室外公共空间微更新主要是根据居民需求调整了公共活动空间的位置，对公共设施进行精细化微调整，同时进行了适老化改造。从改造前后的对比图可以看出，爱民弄的公共空间质量有了大幅改善。但是由于原有条件所限，仍然存在公共设施、植物配置、户外座椅等配备不够，且细节处理不够完善，存在使用上不合理、尺度上不适宜的问题；场地的"归属感"和"公共性"没有体现出来，还不能够给居民很好的使用体验。

（3）广州市恩宁路永庆片区微改造案例

广州恩宁路永庆片区在改造前整体情况非常复杂混乱，建筑良莠不齐，业态单一，用地局促，公共空间只有街道没有生活区域，因此永庆片区的改造目标是建造一个能平衡传统风貌和当代社区精神的多元化产物。设计者将所有近六十栋建筑单体编号排列，逐栋考察，对它在街区的位置、建筑风貌、立面完整性、结构状况等统一评分，最后给出"原样修复""立面改造""结构重做""拆除重建""完全新建"等不同的处理建议。永庆片区遵循循序渐进地活化提升的策略，对建筑单体进行了改造，同时改变产业业态分布，创造了室外公共空间（图 2-5-12～图 2-5-14）。但是由于微改造过程被大众过于关注，在改造完成一段时间之后，缺少足够的活力和原动力，并且对社区持续发展以及居民后续的环保节能和心理认同的分析存在不足。

在既有住区的景观更新中，应遵从"多拆除、少建造"的原则，增加设施设备的多功能复合性，既有利于维护原有空间肌理，又能为公共活动留出空间，同时更应以公众参与、触媒方式等激发社区活力，以不影响居民日常生活、不破坏原有城市肌理和风貌为更新前提，关注不同利益相关方在具体情境下的不同需求。

2.5.2.3 住区适老化设计

国家统计局的数据显示，2021 年我国 60 岁及以上人口 26736 万人，占全国人口的 18.9%，其中 65 岁及以上人口 20056 万人，占全国人口的 14.2%。按照国际通行划分标准，当一个国家或地区 65 岁及以上人口占比超过 7% 时，意味着进入老龄化；达到 14%，为深度老龄化；超过 20%，则进入超老龄化社会。按照这个标准，2021 年，我国已经进入到深度老龄化社会。

居家养老一直是我国主要的养老方式，近年来一些学者开始将既有住区更新与老年人居家养老居住问题联系起来，探讨适老性改造的必要性及改造原则。有的学者提出了适老性改造的两条原则——因人制宜与逐步进行，此方面的研究主要集中在适老性改造的方法与手

图 2-5-12　永庆片区改造前后对比 1

图 2-5-13　永庆片区改造前后对比 2

段。也有一些学者提出养老居住设施"生活形式'家庭化'、设施建设'社区化'"的新方向，探讨了以住宅空间为基础，以社区发展为平台，以满足亲情化养老需求为目标，构建"社区化"城市养老居住设施的方法与途径，其中改造既有住宅，充分利用已有设施是很重要的一个方面。

图 2-5-14　永庆片区改造前后对比 3

　　因老年人身体的一系列变化，使他们对环境的适应能力会出现不同程度的衰退，生理上所产生的变化对老年人的心理造成很大的影响，他们需要一个舒适的、与生理和心理变化相适应的生活环境。户外活动空间是老年人在住区中参加活动的主要场所，其适老化就是适应老年人在生理、心理及行为上所产生的变化情况。

　　西方发达国家相对于中国更早进入老龄化社会，对住区适老性的理论研究与建设实践开展历史也更为悠久。日本作为亚洲发达国家的代表，也较早地步入了老龄化社会，日本对住区适老性建设的研究较为完善，政府先后颁布《老年人服务法》《福祉性街区规划建设手册》《老年人住宅一般设计标准》等规范，针对住区适老性设计提出系统性的指导。国外的住区适老化更新工作通常会采用不同的策略：一是对住区的公共服务设施进行整合，创建多个住区居民活动的场所，为老年人提供多种从事社区劳动和参与社区生活的契机；二是针对住区设施使用频率较高的老年人和儿童，建立老年人医疗介护和育儿服务机构；三是提升住区的居住环境，增设绿地和户外活动空间，营造完善的步行系统，提高居民出行和户外活动的便捷性。例如日本千叶县境内的丰四季台住区，占地约 33hm^2，居民超过 4600 户，始建于 20 世纪 60 年代。住区主要功能为居住，同时包含与之配套的公共服务、商业服务、绿地等功能。由于居民入住时年龄大都为中年，至 2014 年住区内各个居住街坊老龄化率均高于 30％，且明显高于日本全国住区老龄化的平均水平。丰四季台住区的适老化改造工作采取分期施工、分区施工的方法，一方面尽量减少因为改建施工给居民带来的干扰，另一方面，不同期完工的住宅也能保证年轻人的持续入住，形成合理的年龄结构。整合公共服务设施布局、提升住宅和公共服务设施的适老化和无障碍水平是丰四季台住区更新工作的主要关注点。住区的第一期改造取得了较好的成果，适老性有了较大程度的提升。首先，景观廊道和步行系统的结合建设优化了住区居民的出行便捷性，结合景观系统设置若干活动场地，为居民户外活动提供了更多选择；其次，设立多个养老介护和育儿设施，综合提升公共服务设施的服务水平；最后，通过改建而成的租赁住宅和育儿住宅吸引更多的青年和育儿家庭入住，优化住区年龄构成。

　　目前，国内相关研究主要集中在适老性设计理论、老年人行为研究和住区适老性改造几个方面：①适老性设计理论方面，基于对老年人行为的研究和生理状况的分析，提出适老性环境设计的适老性、健康性、安全性、便捷性、丰富性等原则；②老年人行为研究方面，用活动圈和活动领域的概念对老年人活动特征进行划分，对老年人的活动模式和日常出行特征现状进行调查研究，提出相应的设计方法；③住区适老性改造方面，针对老旧住区老年人活动的空间需求进行研究，进而从养老设施配置、室外空间设计、文化娱乐设施适老化设计等角度提出住区适老性改造策略。

针对目前我国住区景观适老化更新的现状，应结合以下几方面的理论根据住区面临的不同问题提出有效的更新策略。

① 场所依赖理论　场所依赖理论是解释人与空间之间关系这种客观现象的理论工具，它从场所依靠和场所认同两个方面构建了一种人与场地之间的关系。场所依赖是指人在经历过一个场所后，会对这个场所能够满足个人需求而产生功能依赖以及认同感、归属感等情感依赖。住区内老年人由于在住区中长时间居住生活，对住区产生强烈的场所依赖，认同感和归属感强烈。因此，对住区公共空间更新时，应考虑老年人对熟知环境的场所依赖感，在保留场所认同的基础上对空间进行更新，满足老年人的情感需求和功能需求。针对老年人使用特点及情感需求特点构建适合老年人的活动场所，提升公共空间场所认同感，增强场所依赖感。

② "嵌入式"理论　"嵌入式"理论是卡尔·波兰尼在分析经济与社会关系时提出的关于两者关系的概念。社区居家养老模式理论将"嵌入式"理论运用到养老模式中，在居家养老的基础上，依托社区空间将养老资源嵌入到社区内，利用既有空间将其改造为养老服务设施空间，完善住区养老功能。"嵌入式"的形式集合了机构养老、居家养老和社区养老三者的优势，让老年人在熟悉的住区环境继续生活的同时可以获取所需养老资源，能够满足老年人的生理和心理需求。"嵌入式"社区养老模式在既有住区的适老化改造方面运用较多，有利于弥补城市住区养老功能的不足，对既有住区的更新适宜性较强。该模式主要利用住区空间进行改造或者新建，其中以改造类型居多，主要利用住区内一些闲置空间或者利用率不高的公共空间，如会所、办公用房等，我国在上海、北京等大城市进行实践的结果较好。

③ 生活圈理论　对不同地区利用生活圈进行划分，用于解决城市资源过度集中产生的城市问题，优化资源配置和协调发展。我国学者对生活圈的研究最早集中在城市层面，近年来研究尺度逐渐缩小，逐渐集中到住区层面并提出社区生活圈规划原则。社区生活圈（图2-5-15）既是存在于物质空间中的设施圈、环境圈，也是存在于人们感知空间中的邻里圈、社交圈，是一个复杂的社会空间概念，老城区和新建区区位环境和社会空间形态差异较大，社区生活圈规划应该有不同策略。根据本章2.1.2小节中居住区分级的规模等级，将住区划分为十五分钟生活圈、十分钟生活圈、五分钟生活圈以及居住街坊四个级别。各级生活圈由于规模的差异性，公共服务设施具有递进性，由各级生活圈共同构成城市社区生活圈，合理化分配和优化公共资源。五分钟生活圈是居民开展邻里交往、进行公共活动的主要场所，最能体现人的实际需求，也是老年人户外活动频率最高的空间范围，对住区五分钟生活圈公共空间进行更深入有针对性的研究与实践是住区适老化更新工作的重点。

住区适老化改造是基于人口老龄化的社会背景，但是传统模式的居家养老存在很大的局限性，养老结构正在突破传统家庭模式，形成家庭、社区、机构并存的局面。综合康养社区，也叫作综合养老社区或是CCRC（持续照料退休社区），集居家、社区、机构养老于一体，由专业的养老服务公司整合医疗、健身、娱乐、文化、餐饮各种资源于一体并提供一站式全程服务。社区型养老产业的发展将会使得康养社区逐渐成为老年人日常生活的重要空间环境，也将成为为老年人提供社会养老的重要载体。

（1）日本神户快乐活力之城适老化设计案例

日本神户快乐活力之城（Happy Active Town）共建造了 483 个单元，其中包括 98 个护理单元，配备护理室、社区诊所和药店。充分利用北侧的罗克山和南侧的神户港的美景，打造了一个塔楼式的高端养老社区。项目的总体景观设计沿用了传统的景观

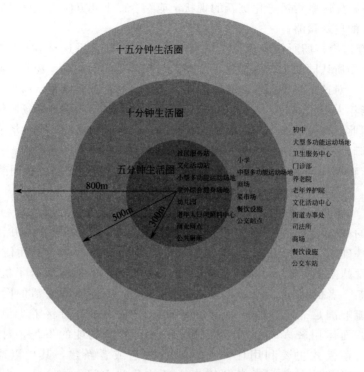

图 2-5-15　各级主要公共服务设施配置要求

理论"因地制宜"和"以小见大"——融合城市、山脉与海洋的地域特色，并利用当地的丰富资源，在小尺度的场地里再现当地的辽阔的自然景观。具体设计中，建筑沿用地边界围合布局，以打造中心庭院；设置了贯穿地块的室内连廊连接活动空间与公寓楼；屋顶花园遍布于高层塔楼和低层护理大楼的各个空间，提供了更多可用的开放空间，各种各样的小屋顶花园丰富了整体景观，为建筑上层的其他公共空间提供了景观视野（图 2-5-16～图 2-5-18）。

（2）泰国"金福林幸福小镇"适老化设计案例

"金福林幸福小镇（Jin Wellbeing County）"是泰国首个面向高级综合用途的项目，包括住宅、商业单位和医院多种设施。为满足老年人的各项需求，该计划制定了 3 个重要设计原则——"可持续自然""身体健康"和"社区意识"。通过打造以"静修""联结"和"创造"等概念设计的多样化活动，来增强居民全方位的生活体验。通过景观设计手法打造了"峡谷森林"中的社区。"多代人生活社区"是项目的核心理念之一，使用独立生活、家庭生活和辅助生活相结合的方式，通过各种活动树立社区精神。为达到"联结"的目标，空间规划中设计了各种"聚会的空间"，鼓励多活动种类的互动。"通用设计"是项目中另一个优先考虑的设计要求，因此景观中采用"全坡道通行"模式，并配备扶手上下，无多余的过渡台阶。这种设计不仅保证了老年人和残障人士的安全通行，还达到了救护车通行要求。沿着小路每隔 30～50m 就设置了座位，老人可随时驻足休息；地面使用粗糙材质，有效减少了行人打滑的风险，并为夜间使用提供了足够的照明空间。疗愈花园是整个健康概念设计中的一大亮点，使用者的视觉、听觉、味觉、嗅觉和触觉能在花园植物的芬芳疗愈中得到锻炼，最终达到整体健康（图 2-5-19～图 2-5-24）。

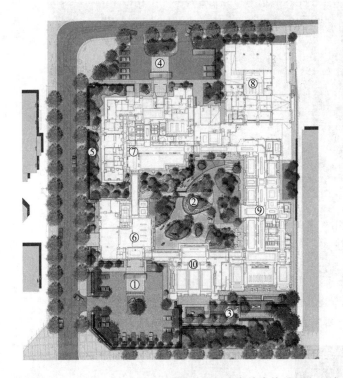

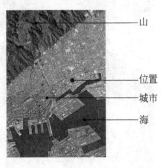

山

位置
城市
海

图例
1—入口庭院;
2—中庭主花园;
3—南花园;
4—北庭院;
5—西花园;
6—入口大堂;
7—公寓塔楼;
8—1~5层为立体停车场,6层为康复中心;
9—护理楼;
10—活动大厅、俱乐部、茶室、教堂

图 2-5-16　日本神户快乐活力之城总体规划

图 2-5-17　中心花园

图 2-5-18　南花园

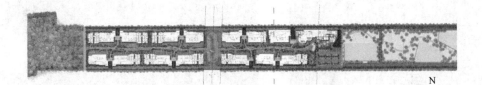

N

图 2-5-19　泰国 Jin Wellbeing County 总平面图

图 2-5-20　泰国 Jin Wellbeing County 局部鸟瞰

图 2-5-21　屋顶花园

图 2-5-22　游泳池

图 2-5-23　植物配置

图 2-5-24　疗愈花园

（3）成都锦塘养老社区适老化设计案例

成都锦塘养老社区位于成都平原温江区万春镇，是全龄养老社区。结合独立养老—互助养老—护理养老三个不同阶段，针对老年群体的行为模式特征以及身心需求，在空间里植入五感花园（感官刺激花园）、园艺疗愈园（园艺体验、芳香种植园）、五行药理花园、康养健身花园、康复花园（失智老人疗愈园），以及利用屋顶空间打造的都市农业体验疗愈园。在交通流线设计上，主次分明和差异化设计利于老人分辨与记忆路线，全区无障碍设计满足老人出行安全。园区所有通道宽度至少1.5m，可以保障轮椅老人无障碍进入区域。根据老年群体的身心需求，在设计细则上充分遵照适老化无障碍、安全性、易于识别、易于控制和选择、易于到达、易于交往等原则进行道路、安全、标识、桌椅、绿化体系的设计考虑。植物以安全性、特色性、功能性为主，引入四季香花植物，保证四时景观，利用植物的静心配置，给人以舒适的视觉和嗅觉体验。一条无障碍风雨连廊贯穿公寓两侧，实现了园区无障碍通行；长廊也可作艺术展廊，展示老人们的艺术作品，并且利用连廊的灰空间设置了一处包含舞台区与户外观看区的剧场空间，老人们可在此进行茶艺、戏剧观演及活动交流（图2-5-25～图2-5-29）。

图 2-5-25　成都锦瑭养老社区总平面图

图 2-5-26　无障碍连廊

图 2-5-27　樱花剧场

图 2-5-28 竹园　　　　　　　　　　　　图 2-5-29 亲子互动乐园

　　国外目前对于康养社区养老环境设计的研究已经相对完善，并具有大量的研究成果和实践范例。研究中涵盖了老年人心理学、景观心理学、环境行为学、室内设计和建筑学等，多学科交叉共融。但我国目前针对老年社区景观在规划设计层面仍未形成体系，还处于理论和实践相结合的探索阶段，国内目前的尝试也是依托于地产或者保险公司打造的养老项目进行适老性的环境和设施打造，更像是住区景观设计的适老化变形。

　　随着社会的进步，人们思维方式的转变，全龄养老概念将会逐渐接替老龄养老而展现在大众面前，我国的居住养老模式也会随之不断地完善而更加适合本土居民。在老龄化日趋加剧的背景下，未来会涌现更多景观新概念、新想法、新措施、新设计推进我国住区模式日趋多元化、人性化。

本章小结：

　　近年来，虽然我国新建住宅总量的增速大大放缓，但关于居住区景观设计以及既有住区的景观更新实践，一直数量非常庞大。各种风格样式、各种基于不同需求的居住区景观规划设计实例以及相关理论研究大量涌现在线上线下的各类资源资料中，故本章内容不侧重分析与介绍各类实践案例，而是从工程实践的角度更为全面深入地解读国家相关设计标准和规范，以便读者能便捷地掌握居住区景观设计的最新相关要求。值得特别注意的是，近年来我国各类设计规范与标准处于不断更新的过程中，本教材在编撰过程中均参考当前实施的最新版本，但在出版印刷之后，必然会出现相关国标的进一步更新与迭代，请读者以最新版本内容为准。

课后习题：

1. 城市居住区的规模等级是怎样划分的？
2. 城市居住区的"三圈一坊"具体指什么？
3. 住宅建筑的日照间距如何控制？
4. 居住区景观设计的主要内容包括哪些？
5. "三圈"中的公共绿地属于哪类城市用地？
6. 我国的开放式住区具体有哪些要求？

第3章

城市商业景观设计

本章导引：

教学内容	课程拓展	育人成效
不同类型商业区的景观特性	文化互鉴	通过中外优秀设计项目的对比，积极进行文化的交流互鉴，使学生更深刻地了解城市商业景观设计的地域性与时代性的表达
商业景观地域文化特征的表达	文化自信	通过学习中国传统文化要素，使学生坚定民族的就是世界的，树立文化自信心，建立发扬、传承民族文化的自觉性
景观元素设计要点	工匠精神、职业道德	引导学生了解城市商业环境中各景观元素的主要作用；在具体设计中要发扬严谨细致的工匠精神和职业道德，给使用者营造一个安全舒适的商业环境
商业景观实例解析	文化互鉴、文化自信	通过中外城市商业景观实例的分析与对比，引导学生了解设计中既要懂得欣赏、借鉴国外优秀案例的设计手法，积极进行文化的交流互鉴，又应在设计中突出本土文化内涵，树立文化自信

随着城市化进程的不断推进，商业活动对城市经济的影响越来越大。城市中商业建筑的数量快速增加，商业用地开发强度也越来越高。如果以城市用地分类界定，广义的城市商业景观是指城市中的 B1 类用地（商业用地）的总称。本书中的商业景观则主要指城市中单体或群体商业建筑的外部空间景观，它是一种介于建筑与城市景观环境之间的过渡空间，而非独立存在的室外空间，主要包括各类商业建筑单体外环境、商业综合体、商业街区、商业园区等以商业功能为主的景观。这类景观功能一般较为综合，通常以商业功能为主，另外辅以休闲、游憩、餐饮、娱乐等功能。

作为连接商业建筑与城市自然空间的主要空间形态，商业建筑外环境一方面与建筑内部环境的经营活动具有紧密的联系，另一方面又与建筑外的城市自然环境融为一体，是城市公共空间景观环境的重要组成部分。反观我国当今商业建筑外环境景观的设计现状，已经在一定程度上出现了一系列的同质化问题，难以在城市中形成较为明显的商业辨识度。商业景观形态是对社会、市场、文化、审美等的综合诠释。

3.1 现代城市商业区的发展过程

城市历史学家指出，城市起源最初的动力除了城市行政与军事功能外，城市的商业功能也不容忽视。"城市"一词中，"城"体现了城市的军事与行政属性，而"市"则反映出商业作为城市基本功能的历史根源。在以往相当长时间里，由于城市"生产性"处于主导地位，因此工业建设得到极大重视，决策者与设计师也多将"商业中心"等同于传统形式的线性购物街道。当前的消费社会语境中，城市经济功能中的"消费性"成为了城市经济发展的支柱。从全球层面看，经济全球化影响下，城市商业空间成为全球经济与本土经济连接的结合点。

西方商业空间聚合形态的发展大致可以分为三个阶段。20世纪50年代前的城市商业形态以商业街为主，由于交易需要，传统商业活动围绕"主街"（main street）展开，商店布置于街道两侧，通常选址于最平坦的土地上，形态往往是紧凑而密集的一组相互关联的带状。20世纪50~80年代，狭小的商业街涌现出交通的问题。城市汽车数量的增加对其产生了"颠覆性"影响，引发了步行道与汽车流线的问题，因此，步行街商业景观形态成为应对策略。商业步行街封闭了中心街部分，为步行者营造了更多的设置有太阳伞、座椅、景观小品等设施的休憩空间，满足了步行购物者的需求。同期，由于城市郊区化进程的加快，郊区大型购物中心（shopping mall）也得到发展，其形态多为缺乏变化的方盒子，配以简单的几何形景观绿植。20世纪80年代至今，以极具丰富体验性景观的现代综合性购物中心（retail and entertainment destination）为主，现代的交通设施更利于综合性购物中心的建设与发展，多样化与混合化的功能满足了人们"一站式"的服务需求，它也成为当代城市更新主要内容之一。伴随着城市交通的发展，人们聚集活跃于此。当前，在全球范围内涌现出大量前卫思想和时代观念引导下的商业景观作品，体现出人们全新的审美标准、行为心理和价值追求。

3.2 不同类型商业区的景观特性

当代商业空间超越了纯粹理性计算的经济交易场地性质，成为人们消遣娱乐、社交聚会、体验城市生活的聚集地。根据商业空间聚集形态的类型，城市商业景观可划分为商业街和购物中心，具体来说，根据商业建筑的数量以及分布方式，一般可以分为以下几种类型：

① 单体商业建筑外环境，一般指独立的大型综合性商场或是商业综合体外环境。

② 群体商业建筑围合而成的用地规模较大的外环境空间，根据商业建筑的相对位置关系，大体可以分为商业街和商业广场两大类：商业街是典型的线性空间形态，以商业步行街的形式较为常见，可以是单独的一条街道，也可以由多条街道组成商业街区；商业广场大多是由商业建筑围合而成的点状空间形态，可以是较为规则的矩形等单一几何形体，也可以是不规则或是组合在一起的较为复杂的几何形体。当然，商业街和商业广场两种空间形态组合出现的形式在城市商业区中也很常见。

3.2.1 商业街（区）

商业街属于城市街道的一部分，一方面属于城市重要公共活动空间，另一方面从更加深层的意义上看，它作为公共空间承载、传承，反映了城市的特色文化与精神特质。因此，商业街不仅拥有交通、经济、活动等显性属性，还具有生态、文化等隐性属性。

商业街区是我国快速城市化背景下城市建设的一个热点和重点，它满足了人们日常生活的购物、娱乐、休憩等商业职能，作为城市生活的重要平台，它所呈现的民俗文化和传统习俗更是整个城市发展记忆的缩影。因此，城市商业街不仅是展示城市文化的视口，更是研究城市文化发展的聚焦点。城市商业街区作为公共活动空间的重要载体，展现出不同形态的城市景观和城市文化，是整个城市的社会文化氛围的缩影，城市商业街区的规划和建设是完善城市公共职能、塑造城市完整形象的重要手段。

3.2.1.1 基本概念

商业街（commercial street）一般是指为了满足商业需求，由以盈利为目的的建筑组成的街道；狭义上的商业街可以定义为"按一定结构比例规律排列，由众多商店、餐饮店、服务店共同组成商业繁华街道，是一种多功能、多业种、多业态的商业集合体"。商业街区通常是指一个或者几个街区按照一定的商业组合形式聚集起来，形成具有一定规模和商业效应的街区。

我国的商业街早在宋代仁宗年间，就已经出现了雏形。北宋商品经济的繁荣打破了"坊"与"市"之间的界限，许多权贵侵占街面扩大宅屋，临街设店。这就是最早形成的线型商品聚集地，是商业街最初的原始形态。

改革开放后，商业活动中植入了新的经营理念，对商业环境的建设也愈加重视，我国大城市建设步行商业街从 20 世纪 90 年开始兴起。1999 年，上海辟出南京东路作为步行街，北京将王府井大街改造为步行街，天津将滨江道也改建成步行商业街。通过改造，传统商业街区的商业价值、文化价值、旅游价值都得到了极大的提升，这些具有传统特色的商业中心重新焕发了活力。这些传统商业街的复兴在不同程度上适应了人们价值观念的变化，塑造了有特色的城市景观，在当时受到大众的普遍欢迎，但是这一时期商业街环境更新的方法和措施仍然较为单一。经过漫长的发展历程，今天的商业街区建设更加重视对人的关怀和关注，这是传统街道生活在现代城市生活中的回归。现代商业街区的建设体现出了注重历史文化传统、地域风格和现代城市文明的要义，代表了现代城市文化发展的方向。

3.2.1.2 空间形态

商业街区的平面形态可以分为线型、面状和网格状三种基本形态。其中线型又可分为直线型、折线型、曲线型和复合线型等形式。面状实际是在宽度方向上放大了的线型空间，而网格状则是多条线型空间或线型空间与面状空间的组合区域。

线状街道在平面布局上呈直线、曲线或者折线状，商业建筑沿街道两侧线状排列，店面略有凹凸，街道空间形态整体较为规整，局部呈现出一定的不规则状。线状商业街可以作一定的变形，形成多样化的空间单元模式。考虑到人们生理与心理因素的影响，每段商业街道的步行长度一般以 150～350m 为宜。英国著名购物中心研究专家 Nadine Beddington 也指出步行道的高潮点或停顿点，如广场的节点之间的最大距离为 200m，持物客人需要休息的停顿距离为 200～350m。节点的合理布局与设计能使空间序列性、节奏感得到充分的展示与体现。线状商业街区的主要受众是步行和慢速交通人群，其尺度的设定应重点考虑这类人群的视觉和心理感受。如人眼在 20～25m 视距范围内可看清建筑立面，并能够给行人以合适的环境亲切度及穿行的舒适度。图 3-2-1～图 3-2-4 为国内几条知名商业街的空间比例关系及建筑沿街形态。

图 3-2-1　南京路步行街鸟瞰

图 3-2-2　南京路步行街建筑界面

图 3-2-3　哈尔滨中央大街　　　　　　　　　　　　　　图 3-2-4　沈阳中街

网格状的商业街区一般由主街和辅街共同构成。主街即指主要街路，空间尺度相对较大，功能也更加综合和复杂。辅街即指辅助街路，它的存在是以主街为前提，因此辅街与其所服务的中心区或者主要街路是成组出现的，辅街既是连接外围区域与其所服务中心区的纽带，也承担并优化了主街的一些功能与结构，让整体街区的优势发挥到最大。

商业街区的空间形态取决于建筑形态及其与周边环境的围合。单体建筑形成的商业街外环境常见形式有紧贴红线、底层后退、裙房出挑、临街设廊、底层架空、退让广场等；多栋商业建筑之间通过围合可形成开敞型、半开敞型和封闭型等空间类型。

日本学者芦原义信曾以空间的三项尺度及其比例关系来描述街道空间限定与划分标准，即街道宽度（D）、街道两侧建筑物的高度（H）和临街商店的面宽（W）。当 $D/W \leqslant 1$ 时，空间具有一定节奏和动感。$D/W \approx 0.6$ 时，易产生热闹气氛和强烈的节奏感。当 $D/H < 1$，$D/W \approx 1$ 时，容易形成韵律美。当 $D/H < 1$ 时，两侧建筑产生压迫，形成封闭感。当 $D/H \geqslant 2$ 时，空间过于分离，产生空旷感。当 $1 < D/H < 2$ 时，空间尺度平衡，最紧凑合理。芦原义信认为的街道宽度与两侧商业建筑物的高度最佳的比例应为 1.5～2.0。当然，商业街中的空间感受不仅受到空间比例关系的影响，跟空间的绝对尺度也有直接的关系，当两者都不佳时，还可通过沿街建筑的立面材料、材质、色彩以及商业街空间内的各种景观元素进行一定程度的调整。

3.2.1.3　景观构成

商业街景观由街道路面、设施及周围环境构成。人们可见的铺装、绿植、雕塑装置、小品设施、沿街建筑等共同构成了商业街景观的设计要素。商业街景观由于动态走向较为确定，因此更具有时空的连续性。基于商业街景观与城市空间的开敞关系，作为"视线走廊"的步行街景观更重视与城市空间的融合性。

从围合空间的角度来理解商业街空间，一般其空间环境的景观元素主要包括：①底界面要素，包括各类道路和场地的铺装、绿地、水面等；②竖向界面要素，主要指沿街建筑、围墙、行道树、连廊、绿篱、景墙等；③顶界面要素，包括高大的乔木、亭子、张拉膜结构、太阳伞等。

存在于各实体界面构筑的空间之中的是大量的景观小品设施，它们具有不同功能和形态，如同室内环境之中的家具，因此也称城市家具，如提供休息、娱乐、信息的座椅、花架和标志系统等。此外还有提供卫生、通信、照明、管理、无障碍等各类服务设施与景观小品。

商业街作为路面、设施、建筑立面及周围环境构成的组合体，它与城市风貌紧密相关。商业街景观是烘托商业街消费氛围的重要元素。商业街景观设计通过新材料、新形式、新技术等的引入，营造一种新奇的时尚购物体验，以商业景观符号表达标新立异的时尚性。秘鲁的利马市 Invasion Verde 商业街景观项目将绚丽色彩的几何图形置于旧轮胎上，融合流动的异形绿化土坡，营造了活泼、时尚、新奇的商业景观（图 3-2-5）。

图 3-2-5　秘鲁 Invasion Verde 商业街

英国伦敦牛津街附近（Oxford Circus to Orchard Street）是以提升商业街购物体验为目的的商业景观项目。这条景观改造后的商业步行街充斥着多种虚拟视觉符号的组合，几何形态符号配合灯光效果，营造出奇幻的意境。地面的铺装同样以解构的色块组合，为人们带来沉浸式体验感（图 3-2-6）。

图 3-2-6　Oxford Circus to Orchard Street 商业街

3.2.1.4　交通方式

从城市街道的角度，商业街承担了必要的交通功能——无论是步行还是车行交通，均为城市交通体系的一部分。商业街区按交通方式可以分为全封闭式、穿梭式、半封闭式和全开放式四种类型。

① 全封闭式　这种街区通常是线性或块状街区，长度通常在 1km 以内。商业街只允许行人进入，禁止机动车驶入。全封闭式也包括那些长度很长的步行街被机动车交通截断后，被分成独立几段的情况。

② 穿梭式　当商业街区的长度比较长或者面积比较大时，完全封闭的步行交通不足以满足不同类型人群的使用需求，这时出现了在步行街两端来回穿梭的公共交通车辆，这些车通常为电车或者电瓶车等环保车辆，不允许其他机动车辆进入。

③ 半封闭式　半封闭式商业街区会在街道上划出专门供机动车行驶的路线，这条路线可以与步行道在同一个平面上，用不同的铺装材料加以区分，也可以在两个不同高程的平面上。车行道的线路可以设计成曲线，以满足一些专门的观光电车的通行。半封闭式街道可以在平时禁止车辆通行，作为完全步行的商业街，必要时能作为消防通道使用，也可以在夜间无人时作为两侧商店的进货通道。

④ 全开放式　这种商业街区承载着重要的交通和运输功能，有着完整的机动车道、非机动车道和人行道。有的街道会在周末、节假日或者每天特别的时段禁止机动车通行，形成

临时的步行商业街空间。

　　车行与人行两种交通具有截然不同的场地要求与观赏要求,商业街交通类型的不同会直接影响地界面上软质景观的可设计范围。在车行商业街中,车行速度快,对景观的标志性要求更高,对一些细节常常忽略。而在步行商业街中,人们可以慢慢享受并领略周边的环境风貌,对景观设计的细节和参与性要求更高。

3.2.2　商业综合体外环境

3.2.2.1　基本概念

　　商业综合体这一概念产生于城市综合体,属于城市建筑综合体中的一类。"多个使用功能不同的空间组合而成的建筑,又称建筑综合体,分为单体式(单幢建筑)和组群式(多幢建筑)两种类型。单体式是指各层之间或一层内各房间使用功能不同,组成一个既有分工又有联系的综合体;组群式是指在总体设计上、功能上、艺术风格上组成一个完整的建筑群,各个建筑物之间有机协调,互为补充,成为统一的综合体。"城市建筑综合体起源于20世纪中期在欧美使用的"混合使用中心"(mixed-use center),是伴随着城市各项功能的综合化、规模大型化以及空间与流线组织复合化而顺应形成的一种全新的地产形式,功能通常包含办公、酒店、会议、购物中心、公寓等。由此,我们可将商业综合体理解为:由三种以上的城市功能空间组合而成,并以商业功能为主,各功能间相互依存、相互裨益,从而形成一个多功能、复合化、高效率的城市空间区域(图3-2-7、图3-2-8)。

　　图 3-2-7　上海汇港广场

　　图 3-2-8　深圳太子广场

　　商业综合体外环境以建筑作为中心来定义环境,泛指那些环绕在商业综合体外部的空间、环境状况以及条件,它既附属于商业综合体本身,又作为城市公共空间具有单独存在的意义。在外环境中,人们可以进行购物、休息、交流以及其他一系列城市活动,不仅是重要的城市交通组织枢纽,也是构成城市景观的核心区域,从而为人们提供一个舒适的、进行各项社会活动的城市公共空间。商业综合体外环境还起到了一定的过渡作用,是商业综合体建筑与周边城市空间之间的过渡空间,具有一定的特殊性,其既具有一定程度的私密性,又具有一定程度的开放性,单与商业综合体建筑内部空间相比较,其外环境具有开放性、模糊性、复合性等特点。

3.2.2.2　主要功能

　　(1)商业功能

　　商业综合体外环境空间最主要的功能是为各类商业活动的开展提供场所,是商业行为的物质载体,同时外环境辅助商业综合体建筑构成一个内外兼具的商业空间,共同吸引消费者参与商业活动以增加消费概率。因此一个优秀的商业综合体外环境空间应该是能够创造商业价值，为商业空间带来盈利的。随着现代社会的快速发展，人们对于商业消费场所有了更高层次的需求，其不仅仅是简单的交易场所，有琳琅满目的商品供应，更需要有各类丰富新奇的商业活动来满足消费者的精神需求。尤其随着体验式消费模式的产生，商业环境的营造更注重消费者的参与、体验和感受，商业内外环境设计从经济效益和消费者的需求考虑，越来越关注对商业主题体验氛围的营造，更多将重点放在空间环境设计上，构筑出一种充满趣味、惊喜、难忘与欢愉的体验历程与商业氛围，塑造令人流连忘返的商业空间。

（2）交通功能

商业综合体是高度集约化和立体化的建筑代表，选址往往在高密度的城市中心区域，同时其多功能的、高度集合的特征也导致了其周边环境的交通强度非常大，单体建筑形式的商业综合体外环境除商业功能外，还承担作为行人步行的场所、地上停车场空间等功能。行人进入商业综合体外环境主要有以下几种情况：①仅仅是步行经由商业空间，目的地不在此处；②因为商业综合体一般都选址在人流密集、交通发达的地段，很多公共交通工具的站点都设置在人来人往的商业外环境空间，所以很多商业综合体外环境成为公共交通的换乘空间，需要具有承担大量等候乘客以及疏导换乘人流的空间功能；③进入商业综合体内部进行消费的人群。因此，良好的商业综合体外环境空间的设计要能很好地组织场地内部的人车分流，具有与城市交通系统接洽得当的交通功能。

（3）景观功能

现代商业综合体建筑在建筑外观造型上都有别出心裁的设计，一些优秀的建筑设计甚至成为了城市的地标性景观，所以商业综合体外环境也应该具备必要的景观价值，与建筑相协调搭配，共同形成具有城市特色的商业景观，优化城市风貌，为城市景观建设添砖加瓦。因此，应充分挖掘城市特色，利用好气候特征以及人文资源，打造具有地域特色的商业景观，融入更多的城市文化元素。以景观设计为手段，布置丰富的人工景观及自然景观元素，给予人们内心最大的舒适感官感受，商业外环境空间正是这样一个绝佳载体，在景观营造的基础上提高公众的参与积极性，从而提高外环境空间使用率，进而增加城市整体的景观活力。

（4）场所功能

葡萄牙建筑师阿尔瓦罗·西扎提倡建筑应与场地融为一体，营造一种带有地域色彩的场所；英国建筑师西蒙·昂温在《解析建筑》一书中也指出："建筑正是人们与外部场所互动关系的产物，其具有场所的标识性，场所才是建筑的含义。"

对于商业综合体外环境空间而言，很重要的一点就是将其营造成为一个具有认同感与归属感的场所。归属感与认同感是指人们有更倾向于寻找安全的、具有庇护性的、熟悉的、更容易适应接受的环境的心理需求。人们长期生活的环境中的一草一木，以及因地方水土特征而形成的长久的生活习惯都是归属感与认同感产生的根源，因此在营造商业综合体外环境时，应充分考虑到城市本土的人文风俗，从而提升居民的归属感和认同感，在商业综合体外环境空间中找到"家的客厅"的感觉；同时为人们提供一个能够进行交往、休闲、娱乐等各种城市活动的、具有人性活力的商业综合体外环境场所空间，为社会文化的传播、交流创造条件，提供载体。

3.2.2.3　基本特性

（1）模糊性

商业综合体外环境作为联系建筑内部和城市公共空间的过渡空间，在功能与使用范围方面呈现出边界模糊化：三者并不是独立存在，而是一种相互依存、相互融合、相互渗透的状态。这样的关系使三个空间在衔接时不会过于突然与生硬，三个空间既具有一定的共性又具有自己本身的个性，在两两衔接的边界区域能够同时感受另外两个空间。建筑外部景观的存在使整个商业综合体空间能够更好地融入城市空间，紧密联系。

（2）兼容性

以往商业综合体外环境空间趋向以商业功能为主，设计的根本目的是方便进行商业活动、促进经营，然而土地资源的紧张、城市绿地系统的不完善、商业综合体的集约化以及外环境在城市公共空间日益显著的开放空间属性等因素，使外环境开始肩负起多种社会公共职能，这些基本功能通常在同一空间内相互交融，因而大众对外环境的空间感受也绝不是非此即彼。商业综合体外环境不仅仅是商业空间的一部分，更是城市公共空间的重要组成。在高密度人口的城市中心，大规模的室外环境必然会成为承担多种城市活动的中转空间，以顺利辅助快节奏、多变化的城市运转。因此其空间景观的营造不能仅关注其外环境区域内部的空间构成以及各个景观要素的布置，更要考虑与城市空间、与综合体建筑的整体结合，通过彼此功能性质上的差异性与共通性的协调平衡来增加外环境功能的兼容性，从而获得理想化的多重效益。

（3）开放性

商业综合体外环境空间较为开阔，从空间形成特点上来说，外环境周围较少存在封闭和限定性的空间因素；另一方面从社会角度来看，它是面向大众的、允许任何人介入的，能够吸引、容纳民众在其中活动，为多数民众服务，能够给人们创造一个广泛的环境空间去思考体验并加以拓展延伸的空间，因此商业综合体外环境属于城市的开放空间，具有一定的娱乐价值、景观价值等，可以协调城市环境，为居民提供游憩场所，使城市环境更有活力，更具有包容性。

博多运河城（图3-2-9）是日本最成功的大型商业中心之一，其将城市河流引入综合体外环境中，在河流中心节点的位置上设置了一个半开放式表演场地，在曲线优美、五光十色的建筑群中央，约180m长的运河缓缓流淌，同时还有富有视觉冲击力的喷泉表演，动、静水景相得益彰。水边的舞台上，每天都举行现场演出及各种活动，商业空间充溢着活力与祥和，这里是人们能愉快聚会或休闲的场所。

图 3-2-9　博多运河城

（4）体验性

随着生活水平的不断提高，人们的消费观念不断变化，也更加注重在消费过程中的精神体验与感受，因而体验式消费模式应运而生。人们在商业空间中的目的不再是单纯地进行消费行为，而是更希望在各式各样、丰富的商业主题场景设计中，寻求到身临其境般的感受，产生对场景的归属感和场所感。一个引人入胜的商业外环境能够激发人们对场所的更深层次的情感融入，与场所进行互动。

日本大阪市的难波公园通过溪水、山石、植物、岩洞、山间的阳光等众多的景观体验要素塑造出了一个看起来如同空中花园一样的完美城市综合体，人们可以在这样一个自然化、戏剧化的空间欣赏各色景观，徜徉在空中花园中尽享体验式购物的乐趣。难波公园形成了独特的空间序列，它不像一般的购物中心那样，将人们压缩集聚到封闭的空间内，迫人消费，而是以开放的体验化空间吸引人们主动游玩、主动消费，这种体验手法的空间再造，为商业综合体外环境的设计提供了全新的思路（图3-2-10）。

图 3-2-10   日本难波公园

（5）识别性

每个城市都有其特定的地域特征、历史背景、人的活动以及社会文化特征，这些特征汇聚在一起，便是这座城市与其他城市相比拥有着独一无二的价值的体现。正如伊利尔·沙里宁所言："让我看看你的城市，我就能说出这个城市的居民在文化上追求的是什么。"而商业外环境作为展示城市形象的重要场所之一，它不仅需要承担进行城市各项活动的作用，更是城市精神活动的载体。具有识别性的和本地特色的商业综合体外环境不仅能够提升本地居民的归属感与荣誉感，同时还能够让外地游客有耳目一新的感觉。这种识别性来自于商业综合体外环境对城市的地方特色的展现，包括生活风貌、政治状况和风俗习惯。所以，在进行商业综合体外环境设计时要充分挖掘城市的地域特色，注重设计的文化内涵，设计出符合该城市、该文化环境下的商业综合体外环境景观。

3.2.2.4　空间构成

商业综合体外环境作为商业综合体建筑与城市环境之间的过渡空间，不仅具有城市空间的属性，更是商业综合体建筑内部空间的有效外延。一方面，它与其周边的道路及其他城市建筑共同构成城市环境，是城市空间环境的有机组成部分，是城市主要的公共场所，具有浓厚的城市的人文气息；另一方面，它是城市商业综合体建筑的外环境空间，是体现商业建筑风貌，开展商业活动的重要平台。单体式商业综合体建筑的外环境大致可划分为三种类型的空间，即入口广场空间、线性交通空间以及其他过渡空间。

（1）入口广场空间

入口广场空间是商业综合体建筑出入口与城市空间之间的过渡区域，是消费者在进行商业综合体建筑室内与室外空间转换时的必经之地，是整个商业外环境中聚集人气的关键点，在整体环境中占据核心地位。良好的入口空间设计，能增强商业氛围，从而激发消费者的购物意愿，实现经济利益。依据入口广场空间与城市道路的位置关系，可以将入口广场分为以下两类。

① 街角式入口广场 这一类入口广场位于城市道路交叉形成的转角区域，此时的入口广场空间人员流动性与景观展示性更强。由于该位置处于城市道路交叉路口，面临多个行进方向，会聚集大量停驻等候的行人，因此便成为组织城市交通的空间，承担过渡与缓冲的作用；同时，由于面向多个方向，所以自然而然成为城市景观的视觉焦点，更有机会展示其景观形象，具有更多的商业价值和景观价值。

② 沿街式入口广场 这一类广场空间紧邻人行道并和街道相接，建筑退让形成的一片区域是较为常见的一种广场类型。沿街式入口广场的优势是与城市人行空间联系较紧密，更容易将人流引入广场空间，且空间内部城市交通空间和商业空间较易分开，换言之，其动态流线和静态空间相互干扰少，不会交叉；空间布局较为明朗，更加顺应整体的城市空间肌理。但相较于街角式入口广场，其空间封闭感较强，缺乏一定的开放性，景观视线较为单一。

（2）线性交通空间

线性交通空间是单体商业综合体建筑控制线与城市道路红线之间的空间，其长宽比没有形成广场的空间尺度，但可以容纳行人的通过，从而呈现为人行道的形态，这样的空间对于城市来说承担着作为临街人行道路的功能，对于商业综合体来说也具有一定的商业功能与交通功能。

与城市空间中其他普通人行街道不同的是，商业综合体外环境中的人行路空间不仅能够承担基本的行人交通及导向作用，而且还为商业综合体沿街商铺吸引了大量的人流，营造了良好的商业氛围。入口广场空间是城市商业综合体外环境的一个重要展示界面，是商业活动的集中区域，而此类线性交通空间则是广场空间向外的延伸与扩展，丰富了外环境空间类型。商业综合体外环境中的线性交通空间与城市公共空间中的人行街道构成完整的城市步行系统，城市商业综合体的形象以及特色通过这个窗口得到了更充分的体现，也为城市整体环境品质的提升起到了重要的作用。

（3）其他过渡空间

其他过渡空间的空间形态介于广场空间与线性空间之间，且具有这两种空间的功能与性质，一般位于商业综合体建筑周边区域，起到过渡连接作用。虽然它不如广场空间具有较为开敞的空间场地从而聚集大量人群，承担进行多种城市活动的作用，也不如线性空间具有延续性，但是这些数量较多的过渡空间使建筑外环境更为完整，起到了对外环境功能与空间上的补足与缓冲的作用，更具灵活性。

根据商业综合体单体建筑在外环境空间中所处的位置，可将外环境空间大体分为以下几种组成方式：中心式、三边围合式、双边围合式和单边相邻式（图3-2-11）。

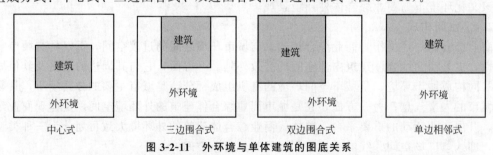

图 3-2-11 外环境与单体建筑的图底关系

3.3 主要设计内容

商业景观是城市公共空间的重要构成部分，它不仅改善了市民的物质生活，更是从心灵上以及精神上给市民提供了健康、舒适、自由、愉快、开放的一个空间形态，是城市文化的基本元素与重要表达。它展现了城市特色，反映了城市的综合精神面貌和文化内涵，是城市生活品质的集中体现。有学者曾运用深度访谈和层次分析法构建了城市商业外环境的评价指标体系，核心评价指标分别为商业要素、景观要素、交通要素和辅助设施要素。其中除了商业要素与核心店铺、业态功能以及营销活动密切相关外，其余三大类要素的主要内容均体现在当前城市商业景观的综合设计内容当中。

3.3.1 地域文化特征的表达

文化属性，即商业空间的文化认知感，它通过人们的行为活动与心理认知所体现，典型的是当地的文化属性，也就是商业空间的地域文化特征。

从全球化浸透下当代商业景观的状况来看，由于受全球化开放体系的影响，商业景观与社会、历史、文化、场地的稳定关系被打破，城市间的界限呈现出含混的状态，本土化特征也逐渐消融，当代商业景观为了能提供时代消费场域而发生各种价值转向，出现了大量追随西方设计形态表达的商业景观实践，博人眼球的视觉冲击背后呈现出内涵和地域性的缺失。中国当代商业景观设计语言的核心危机是一种身份认同危机，设计者们应该实现本土化语境思考和民族文化自信，让中华文明在全球化语境下发声，营造一种生态、经济、历史、文化和谐共生的活态理想城市购物空间和商业景观营造。商业景观形态的背后是与社会价值、审美价值和物质价值的深度关联性，其演变也映射出不同时期社会形态的变迁。对西方设计表达的学习在于由表及里地挖掘形态背后的深层支撑，避免本土化的文化内涵仅仅流于设计形态表面，而无法根植于全球化语境之中，从全球化的机遇中广泛地吸纳与创新，从而促进我国具有本土文化特色的当代商业景观的发展。异质文化的共生成为一种全球化与本土化的对话与合作，是一种创造性的新态势。当代商业景观迫切地需要在全球化与本土化双向的抉择中寻求顺应时代，且根植我国的创造性设计思路与方法，用设计实现中华文化的精神传承。图 3-3-1 和图 3-3-2 所示为上海泰康路的传统里弄更新为田子坊文化产业园的景观效果。

图 3-3-1　田子坊文化产业园（1）　　　　　　图 3-3-2　田子坊文化产业园（2）
　　　　——海派弄堂景观更新

3.3.2 富有吸引力的商业氛围营造

在商业环境尤其是商业街中存在着大量的牌匾及林林总总的广告标志物，包括独立设置的和依附于建筑物设置的，由于其本身追求醒目的效果，往往容易破坏道路和建筑风格的整体性，被视为景观环境不和谐的主要因素之一。通常对广告标志物主要采取以下方法进行控制：①尽量减少室外广告标志物的数量；②附着于建筑的，应限定其与建筑物外表面的比例，控制广告板、牌的面积；③控制悬挑出建筑物外墙广告标志物的突出距离与高度，尽量减少设置高空广告标志物；④对于历史保护街区等特殊环境中的广告标志物，其材质和色彩应与外环境相匹配。然而这些控制措施往往也意味着对商业氛围和场所精神的削弱，其中的平衡与尺度是需要管理者和设计者们进一步探索和反思的。尤其对于宽度较为局促的步行商业街，由于地面空间有限，因此沿街店面在视觉层面的适当丰富对于整体景观效果来说是非常必要的（图 3-3-3、图 3-3-4）。

图 3-3-3　店面广告设施　　　　　　　　　图 3-3-4　整体商业氛围

另外，有研究证实，"行走、休憩、观赏"在商业环境中发生的所有行为方式中占有最高频率（图 3-3-5）。吸引力不佳的商业环境中往往只会发生一些购物、行走等必要性活动。较好的高质量景观空间中往往会发生高频的交流、小坐等自发性的活动且持续时间也较长，同时由于被动的视听交互的影响，在一种连锁反应之下社会性活动也增加。

社会性活动是一种多人参与的群体性活动，它的发生以自发性活动与必要性活动的高频率发生为前提。当自发性活动集中，参与人逐渐增多时，人们就会聚集并产生交互，从自我的个人行为选择加入到群体的社会性行为中。例如在商业空间中组织主题活动，会吸引大量聚集围观、参与活动的人群，同时大量的人群在活动周边进行了被动的视觉和听觉互动，形成积极的商业气氛（图 3-3-6）。而社会性行为的缺失，也必然减少商业环境的吸引力，降低自发活动的频率且产生恶性循环。

图 3-3-5　临街的休憩空间

图 3-3-6　哈尔滨中央大街啤酒节主题活动

3.3.3　交通流线组织

商业外环境交通规划设计的一项重要内容就是进行人行流线、车行流线组织以及停车场空间的布置。因此，在进行外环境交通规划设计前，应对外环境周围的城市道路交通进行充分的调查，并结合商业综合体建筑出入口及地下停车场出入口的位置，寻找影响交通流线的因素，对外环境空间内部的动态交通空间即人行空间与车行空间，以及静态交通空间即地上停车场空间的规划布置进行有根据的预判，从而在进行外环境空间布局时，能够合理安排交通流线，提出适合外环境实际情况的交通规划设计方案，改进外环境空间的交通问题。

大量集中的人流、车流是交通组织的难点，因此，正确地分离人车流线，避免相互交叉干扰，是外部交通组织的关键。将人行空间与车行空间明确分开，比如在人行空间通过设置高差、台阶等只有步行才能进入的方式，使车辆难以进入人行空间，实现人车分流，这样的方式也解决了冬季雨雪天气地面标识被掩盖的问题。一般行人主要是通过步行以及乘坐公共交通工具到达，因此人行区域要靠近公交站、地铁口、过街天桥等人流量较大的地方。一些商业综合体外环境面积有限，难以实现车行与人行的完全分开，那就要保证避免主要人行路线与车行路线的交叉重合，一种方式是通过路障与高差将两者分隔开，购物车流（包括公交、出租车）、后勤车流（货车、垃圾车）应有各自独立的出入口，直接由市政道路驶入，也可以用分时段限制通行的方法，如规定后勤车流只能在非商业营业时间允许通行。

以功能复合、资源集聚为特征的城市商业区需要解决在集约的空间中安排大量的停车位的矛盾。商业外环境空间应秉持"以人为主"的设计原则，所以停车位的布置要保证人的活动空间不受到干扰，其次也要保证商业景观不受影响，因此应该尽量保证商业外环境空间的完整通畅，在进行地上停车场的设计时，首先要进行适当的遮挡处理，既不可过于封闭，影响外环境空间的开放性，又要能够规避视线，减少停车场对外环境景观效果的影响。比如设置绿化隔离设施来遮挡视线，选择一些耐寒性、抗性强的常绿植物，这样不仅可以提高外环境的绿化率，增强外环境的生态性，还能保证寒冷地区冬季停车场的观赏性。如果外环境面积有限，无法通过设置绿化隔离或是其他景观小品进行空间分割，可以通过创造高差的方式将两者在竖向上分割开来，在停车区域与人的活动空间之间设置一定的高差，进行人车分区；同时，商业综合体配备停车功能时要根据所处区域周边居民出行方式、行车状况综合分析，合理地预测停车位数量，以适应未来的发展。

3.4 景观元素设计要点

在景观设计实践中，我们一般认为"景观"是"人与自然的共同作品"，但实际上要确切定义这个名词是有一定难度的。本书中对"景观"的解释是从建筑学及风景园林学中的概念延伸来的，它区别于地理学和生态学中的"景观"概念。

3.4.1 软质景观

软质景观的概念是相对于铺地、道路等硬质景观元素所提出的，一般的软质景观大多指的是植物、水景等具有生态属性的景观元素。软质景观本身由于材质与建筑等硬质材料的区别，在生态属性上具有较大的差别。在当前城市商业景观的研究及实践中，软质景观还包括了植物之外的灯光、色彩等非硬化的要素；当然，植物与水景仍然是软质景观中最为重要的一部分，它涉及景观构造、生态优化、美化空间等多方面的作用。商业空间的多样性与综合性对软质景观的组合提出了更多更为复杂的要求。

3.4.1.1 植物

植物景观具有丰富的色彩和优美的形态，是软质景观的典型要素，是城市环境美化不可或缺的重要元素，更是商业外环境中重要的景观要素之一，图3-4-1、图3-4-2分别为有无绿化的不同景观效果。首先，植物景观不仅具有基本的生态作用，还具有一定的观赏作用，不同种类的植物通过合理搭配，形成多样的景观效果，同时植物拥有季相变化，随着四季变换能够营造出动态变幻的四时之景，为人们带来不同的感官体验。此外，植物拥有突出的空间营造能力，通过将植物进行疏密有致的围合、高低错落的排布，可以进一步划分商业外环境的空间结构，增强景观的层次感，满足不同功能商业空间的需求。合理应用乡土植物，利用植物在不同季节的季相表现，采取适宜的种植方式，充分发挥植物景观的生态价值与观赏价值，也是一种地方性特色的表达方式，可以使植物成为展现地域文化以及商业景观特色的物质载体。

图 3-4-1　有绿化的商业街区

图 3-4-2　商业街的无绿化部分

从文化提升的层面来看，植物是有文化寓意与精神内涵的，特别是在具有深厚传统文化的中华大地上，从古代开始便非常注重植物的蕴意以及内涵，在文化精神层面能增加商业空间的整体地域文化氛围，强调地域特色，如梅兰竹菊分别代表不同气质内涵。在这方面，我国的传统历史文化商业街区更能突出其特色。

植物景观的配置方式是绿化设计的关键，合理的植物配置方式不仅能够增强商业景观的识别性，也能够突出城市景观的地域性。设计中应充分利用自然地形条件和地方规定的绿化要求，根据商业建筑及其外环境的空间布局，设置具有特色的绿化形式，合理构筑生态的植物群落系统，并与城市其他绿化系统相协调。商业外环境空间中植物的配置方式有很多种，可以设置灵活的可移动式的花钵、花盆等，既能够增加外环境的绿量，又可以在人流量密集或是气候条件不佳时移动至室内，便于管理和维护。

城市商业用地中，其建筑功能高度复合化，用地紧凑，外环境中的绿色空间多呈现规模小型化、空间布局多元化等特点。与其他城市用地相比，商业服务业设施用地中的绿化率明显偏低，尤其处于高密度建成区的商业景观，为了充分满足密集的人行交通功能需求、安全疏散场地设置以及必要的车行交通空间，可用于绿化的地面空间极其有限，因此这类空间环境中，提升绿视率更具有实际意义。绿视率是指在人的视野中绿色所占的百分比，绿视率在25%～35%时，人感觉有较多绿化；绿视率达到35%以上时，人会感觉绿化景观效果很好。一般情况下，良好的植物景观就意味着较高的绿视率。

提高绿视率的方法，一是充分活化碎片空间，如场地内的边缘空间、建筑周边的不规则畸零地块空间或剩余空间等；另一方面是合理组织立体绿化，如商业裙楼外立面、下沉或抬升广场的竖向界面、建筑屋顶以及天桥等空中廊道，均可通过采用袋苗、攀缘植物和蔓生植物等设计立体绿化，充分利用好商业建筑（群）中的复合空间，一定程度上提升空间环境质量；另外，注重细部装饰的层次化种植，可以营造出错落有致、色彩斑斓、精致的植物景观效果，将地被、草本、灌木、小乔木以及水生植物等进行合理搭配和运用，再结合商业主题和功能配合灯光设计，可沿绿地周边或在绿地内设置造型独特的景观灯，或采用树枝悬挂灯饰等方式，丰富不同营业时间段的观感效果，提升其绿化景观体验的丰富性（图3-4-3、图3-4-4）。

图 3-4-3　植物搭配的层次感　　　　　　　　　图 3-4-4　屋顶绿化细部

3.4.1.2 水景

水景是城市商业区最具活力和生机的自然景观要素之一。人们天生具有亲水性心理，以水为主体的景观能够营造出清新自然的亲切感受。商业空间中的水体，是重要的软质景观组成部分，是画龙点睛的核心要素，其功能主要体现在活跃气氛、增加景观动感、调节微小气候等几个方面。

水景根据其状态特征可分为静态和动态两种。静态的水面能够营造出平和大气的氛围，适用于开阔的入口广场部位或是相对较为私密的空间，如镜水面、水池等；动态水景常常用于活动较多、人流量较大的重要区域，常用的处理方式主要有流水、喷泉、跌水等。在商业空间中水体缓缓跌落流动，发出似有若无的水流声能够缓解人们的紧张与疲惫，营造舒适安逸的休憩环境；喷涌而出的水花能够调动人们的情绪，再配合音乐节奏与灯光色彩变幻，共同展现商业环境的魅力。形态各异的水景赋予了不同的空间感受，为商业空间注入了活力与生机。

根据几何形态，水景可分为点状、线状、面状、体状。点状水景布置位置灵活且占用面积较小，对人行交通流线影响小；线状水景具有连贯性，似带似网，联系或分割各个景观节点，围绕建筑、花池周边，增强趣味性，与铺装相比，更轻柔，更有活力；面状水景具有倒映景观、扩展视野的作用，可以结合铺装采用薄水设计方法，或是营造成为垂直方向的水帘及水幕等透明、流动的状态质感，增加单体建筑外环境空间的层次感；体状水景是指水与景观小品结合，水流依附于景观小品表面由其顶部流淌至下端，这样的结合方式使小品具有了动态感，与周围环境产生互动，更具景观活力（图 3-4-5、图 3-4-6）。

图 3-4-5　杭州市以水景为主的南宋御街　　　　图 3-4-6　杭州南宋御街水景细部

在大多数寒地城市，由于结冰期长，水体设施面临着冬季冻胀、后期难以维护等诸多问题，使得商业外环境空间对于水体景观的设计如履薄冰、难以施展，如果仅仅考虑流动状态下的水景造型，势必会受到气候环境的制约。寒地水体景观的塑造应以适应气候变化为根本原则，根据不同季节气候条件，塑造相适应的水体景观。流动状态和非流动状态、有水状态和无水状态均是水体景观设计需要着重考虑的景观设计因素。在寒地城市的冬季，可以布置体量适宜的冰雪小品，以起到吸引消费者视线、强调重要景观节点的作用，充分发挥冰雪景观的作用，结合常绿植物、景观照明及其他景观小品填补寒地城市冬季景观的不足。

3.4.1.3 照明

对于现代商业空间来说，夜间的灯光照明是软质景观必不可少的一部分，也是非常重要的一部分。在夜间，灯光是人们感受商业环境、参与商业购物以及娱乐休闲生活的必要因素，因此灯光照明的首要作用，便是成为人在夜间与其他景观沟通交流的媒介物。灯光照明的另外一个作用，是通过明暗表现加强灯光所照射内容的重要性以及空间私密感。在商业环境中的不同建筑物、不同节点空间中，照明的亮度不同所需要展示的重点也不同。除此之外，夜间的景观照明营造出商业空间丰富的色彩，店面五彩缤纷的照明，建筑物、植物景观照明的灯光，音乐喷泉旁多彩的光线颜色都提供了丰富的休闲环境与放松的商业氛围。

一般来说，夜间采用暖色调的灯光照明，能提高心理舒适度和安全感。对于需要突出的照明对象，应考虑加强细部照明以增加其层次性与丰富性，周边的环境或物体要适当降低亮度，突出照明的主体，保持明暗对比。对于商业娱乐性的空间场所可以增加一些色彩丰富的灯光，突出活跃繁华的商业气氛，增加景观的视觉丰富度，可以配合商业活动的主题适当增加音乐灯光秀等烘托氛围。

3.4.2 铺装

铺装是在人们对景观空间进行塑造时，为了满足功能与美观需求而对地面进行人工处理或铺筑的各种形式的非生物性的硬质表面。铺装是城市商业区人工景观要素的重要组成部分，不仅能够界定空间场所的领域范围，其形式、图案也具有塑造商业空间意境的功能。同时，铺装是人们在商业外环境中能够接触到的最充分、最直接的景观要素，在整个地面的平面维度上占据大部分面积，直接影响消费者对外环境空间品质的直观印象以及外环境的整体风格。因此，铺装不仅仅是一种景观表达手段、一种组成景观的物质形态，还是一种典型的文化景观和艺术形式。商业景观中的铺装设计要求亲切、舒适，或有现代感，或有历史感，并且必须具有良好的导向性（图3-4-7、图3-4-8）。

图 3-4-7　商业街的铺装与设施

图 3-4-8　下沉商业广场的铺装与水景

3.4.2.1　样式

　　首先铺装的图案形式给消费者以明示或暗示，引导消费者的行动方向，暗示消费者行进的速度和节奏，比如位于出入口处的地面铺装图案形式可以采用部分向中心辐射或者发散的形式，使其具有一定的空间导向性，引导人们出入建筑内部以及整个商业环境。同时，铺装图案所采用的图形走势应该与建筑线条以及空间内部景观小品线条相协调，比如可以提取建筑外表面的图案线条形式，稍做改动修饰后应用到地面铺装上；或是提取树池花坛轮廓的线条，将线条扩散变形后在树池花坛周边局部采用。当出现台阶时，铺装图案也要有所提示，避免行人跌倒。铺装图案整体可以采用围合建筑的形式，体现建筑与外环境的关系，强调建筑在整个空间的主导地位。地面铺装的图案在一定程度上会激发出人们对于所处空间的领域感，因此也可以通过地面标识在特殊时期限定人与人之间的距离，这样的做法不仅强化了人们对于安全社交距离的重视，而且形色各异的地面符号也为商业外环境增添了一份趣味性。

　　有地域特色的铺装样式能表现和加强户外空间的场所感，加深人们对整个场所的认知，也能在很大程度上反映商业空间的文化特色。可以在商业铺地图案设计中通过元素复刻、符号化应用、艺术化抽象等方式提取铺装的图案形式，融入具有地域性特色的符号、图案、色彩等，或运用地方材料使得一些历史文脉延续，或是在铺装的整体设计中隐喻更深层的含义。设计中需要注意的是，图案形式不可过于复杂，否则会导致整个场地在整体视觉上沟壑纵横、杂乱不堪；大面积使用时应采用较为简单的图案，局部需要强调的区域可适当复杂，进行重点设计。

3.4.2.2　材料

　　在铺装材料材质的选择上首先要考虑到季节气候等特殊情况，地面铺装应选择防滑、透水的材料。不同材质的铺装材料会使脚底对路面产生不同的触感，给人们带来不同的心理感受，一定程度上也会影响人们的行进速度与运动状态，比如在出入口人流较大处应采用较为坚硬材质的铺装，给人们快速通行不做停留的心理暗示，而在休息空间可适当采用一些柔软或者凹凸不平有按摩效果的铺装材料，使人们放慢脚步，驻足停留，产生舒服、放松的心理感受。车行流线上选用表面较为粗糙的铺装材料，目的是保证使用者的安全，秉持人行优先、安全第一的设计理念，让机动车自然地降低车速，保障步行的安全性和舒适性。

3.4.2.3　色彩

　　选择色彩时应从人的心理需求的角度出发，首先应使用同类或近似的铺装色调将建筑的外立面与外部空间进行过渡与融合，形成整体感和独特的商业特色，给空间注入活力和艺术感。同图案样式一样，铺装的色彩同样可以用来营造商业空间的不同氛围，每一种色彩都有相应的可表现的风格意境以及设计者想传达给消费者的感受。一般来说，铺装作为商业空间的底面，会倾向于选择包容性较强、个性特色较弱的灰色调来奠定商业外环境的总体基调，在此基础上，适当地使用其他色彩会为空间注入鲜明的风格特色，比如儿童活动区域局部可以采用明艳活泼的色调，休憩交流空间采用偏暖色来体现亲近、舒适的风格。

3.4.3　小品设施

　　景观设施包括休息设施、安全设施、服务设施、照明设施和信息设施等。休息设施，主要是指休闲空间内的桌、椅子、凳、遮阳物等，是城市商业区景观不可缺少的组成要素。安全设施指将人车流线分开组织的栏杆、冬季防滑设施和一些其他的避免人们受到意外伤害的保护设施；服务设施，主要包括垃圾箱等临时提供便捷服务的一些基础设施；照明设施，是保证夜间出行安全的设施，也是外环境中营造夜间商业氛围的重要景观设施；无障碍设施，是为残障人士和能力丧失者提供服务的设施；信息设施，能够帮助人们迅速掌握所处环境的情况，主要包括以传达场地信息为主的标识导向，以及起到商业宣传作用的广告设施，其中标识导向设施包括商场内外空间的识别性导视图、引导行人及车辆交通的路牌，以及为提示人们注意安全、防火防灾的规定性标志等。

3.4.3.1 休息设施

座椅、凳子是基本的座位形式，在商业环境中为人们创造舒适安逸的小坐环境，不仅是出于人性化设计的考虑，为消费者提供休息放松的空间，同时也可以为周边居民提供交流活动的空间，延长了人们的户外逗留时间，提升城市公共空间景观活力。

商业建筑外部空间由于人流量大，使用面积有限，设置大面积的座位有一定的困难，因此需要合理设计座椅的形式。扬·盖尔（Jan Gehl）在其著作《交往与空间》中提到了"坐席景观"概念，即将座椅的布置与城市景观结合，例如既作为景观点又作为纪念雕塑的宽大台阶，带有宽敞梯级基座的喷泉，或者其他同时用于一个以上目的的大型空间小品。"坐席景观"是城市空间中多功能的小品，它们可以产生更多有趣的景观形态，并且使人们能更加多样化地使用城市空间。比如在外环境面积较小时可以结合花坛边缘、景墙、雕塑基座、路灯等景观小品进行设计，也可以结合场地高差设计设置台阶，在举办商业活动时作为看台使用。

在造型、材质、色彩上要注意与周边环境搭配协调，尤其是在与其他景观小品结合时。位置上，应遵循"边界效应"理论，结合人们私密性、领域感和安全性的需求，满足人们"看与被看"的安全心理需求，或独立，或成组，或背对街道，或面向街道设置等等，根据不同空间人们行为心理的不同来选择相应的座椅形式。据调查结果显示，背后有所倚靠、边缘位置、凹空间、具有良好视野处的座椅往往是最受欢迎的。同时也要考虑到包括日照、风向等气候条件对于座椅位置选择的影响，如避免选择位于阳光曝晒的地方，或位于冬季风口处等位置。在商业外环境中，因为消费者在建筑内部已经完成购买任务，多数人群在此处停留的目的是休息、交流、欣赏周边景观，因此对于座椅位置的设置可以相对松散分布，使消费者无论处于外环境的任何位置都会有休息座椅，比如每隔一百米便可以设置一定数量的休息座椅。同时可以通过座椅设施的摆放方式来控制社交距离，避免大规模的人群聚集，可以通过距离与数量的限定来分散人群，通过设施的尺度来限定使用设施的人数。

3.4.3.2 景观雕塑

尺度亲切怡人的雕塑不会占据过多空间，人们轻而易举地便可以看到雕塑的全貌，具有很强的娱乐性和亲和力，能够起到烘托与点缀环境以及增加环境艺术情趣的作用。如在休憩空间、儿童活动空间等景观节点设置小尺度的人物、动物雕像等，可以增强人与景观的互动，提升景观活力。对于场地规模较大、位置较为重要的外环境空间，适当尺度且具有一定主题的单体雕塑或雕塑群会使商业空间产生吸引力，同时也能成为城市公共景观的视觉焦点（图3-4-9、图3-4-10）。

3.4.3.3 临时性景观装置

临时景观装置最大的优点是即装即卸，具有一定的时效性，可以伴随不同时期的商业主题推陈出新。商业景观中，千篇一律的店铺设计以及功能相近的商品使人们很容易陷入到审美疲劳的状态下，这就要求在设计营造商业外环境景观时，兼具灵活性和多样性的特质，摆脱其固定单一的空间形态，使商业空间更具有吸引力和艺术性。临时性景观因为其特殊的表现方式与功能特点，在商业空间中扮演着越来越重要的角色，对于当代的社会经济建设活动具有一定的推进作用。

图 3-4-9 尺度亲切的雕塑　　　　　　　　　图 3-4-10 造型独特的雕塑

3.4.4 装置艺术

为了营造个性化的商业空间环境，提升线下商业的核心竞争力，艺术与商业相结合的模式逐渐成为近年来各商家的惯用手段，其中以装置艺术形式进行展示应用的作品最为常见。装置艺术作为一种时尚前沿的艺术形态，正逐渐广泛应用于商业建筑外环境。应用于城市商业建筑外环境范围中的装置艺术，从本质特征及功能出发，可以将其进一步界定为具备装置艺术表现特征的新型景观小品。

大型商业建筑、商业广场与商业步行街常处于城市中的繁华地带，对于城市公共空间景观环境的构成具有重要影响。而装置艺术所具有的结合环境瘦身打造、独特的情感体验、材料应用的多样性以及观念化的表达、与时俱进等特点，可以满足商业空间设计的多元需求，进一步美化城市商业景观环境。在我国城市化发展进程的综合背景下，装置艺术在商业建筑外环境中的应用可以起到增加商业环境的活力，提升城市综合形象与文化艺术定位的作用。

3.4.4.1 装置艺术的主要类型

一般来说，装置艺术按照展示的时效性可以分为短期性与长期性的作品。装置艺术是一种概念相对宽泛的艺术形态，其创作形式呈多元化的特点，各式各样的装置艺术作品没有统一的设计标准，有关装置艺术的分类标准也并不固定。然而由于商业建筑自身商业属性的特殊性，商业建筑外环境中应用的装置艺术作品存在较为明确的目的性与规律性。受商业建筑周围环境条件所限，作品的应用模式相对固定，根据所在户外环境中作品的展示位置、展示方式以及互动模式等因素，可将商业建筑外环境中应用的装置艺术作品分为悬挂式装置艺术、游憩式装置艺术、交互式装置艺术这三种主要类型。

（1）悬挂式装置艺术

悬挂式装置艺术作品一般固定于商业建筑周围，是一种强调以视觉体验为主要导向的装置艺术应用类型。作品总体呈现出悬浮于空中的状态，所悬挂的部分一般采用轻质材料，在空中可形成一定程度的摆动，多数情况下可随风的吹拂形成动态的变化效果。安装固定部分常使用可承受张力荷载的悬索结构，如钢丝绳、钢丝束、链条等具有良好受拉性能的线材。

悬挂的设置方式可以有效地节省地面空间，悬挂式装置作品不影响地面原有交通流线。主体悬挂物下的投影区域还可以成为人们进行各种活动的特殊空间，供人们驻足观赏、聚会交流，也可供商家举办室外展览、发布会等商业活动。可在地面或建筑立面配置定向的辅助照明，以保证悬于空中的作品在夜间环境下同样具有绚丽的视觉观赏效果。

悬挂式装置艺术可以丰富商业建筑外环境的竖向设计内容，作品的整体尺度相对较大，一般可以从作品的下方或远处进行观赏，与观众的互动模式以视觉感官互动为主。作品的综合表现在环境中较为突出醒目，配上随机的动态变化效果，在城市环境中可形成一定的辨识度，对于商业氛围的营造有较为明确的作用（图3-4-11、图3-4-12）。

图 3-4-11　悬挂式装置艺术作品《流曜》　　　　图 3-4-12　悬挂式装置艺术作品《凤舞游龙》

（2）游憩式装置艺术

游憩式装置艺术作品主要陈列于商业广场区域，是一种为结合顾客游玩与休息等休闲功能需求而打造的空间艺术装置，主要强调空间体验的参与以及复合功能的结合。这类装置作品会占用一定的地面空间，空间的塑造与行为活动的体验是这种应用类型创作的核心，通过作品的安装与布置，与广场空间结合创造出开放或半开放的全新空间，引导观者进入或在作品周围参与体验，进行某些行为活动并产生相应的情感变化（图3-4-13、图3-4-14）。

图 3-4-13　游憩式装置艺术作品《时空光晕》　　　图 3-4-14　游憩式装置艺术作品《太糊实》

复合功能的结合是这类装置作品的典型特征，游憩式装置常用的功能设置是在作品原有观赏功能的基础上增加休息、游乐、空间探索等附加功能。不同于传统的景观构筑物以及景观休憩设施，作品具有明确的艺术作品属性，而非简单的美观化艺术处理。该类装置作品结合这些具有实用性质的功能主要是为了强化作品的空间体验效果，引导顾客接近或进入到作品内，通过一定的基础行为体会作者的创作观念，借助行为活动与参与者产生互动过程，而非将实用功能作为作品的主要属性。

作品限定参与者在作品内部或作品周围一定的空间范围内进行休闲活动，对人流具有一定的聚集作用，游走与探索是这类作品较为常见的两种活动形式，具有一定的实用性与娱乐性，作品与观者的互动主要处于行为层面，是艺术性与实用性高度结合的一种应用类型。

（3）交互式装置艺术

交互式装置艺术作品强调各种媒介的前沿技术在作品中的介入，强调人与作品之间的交互关系。交互式装置作品一般可分为三个部分，包括行为捕捉的信号接收部分、电脑编程的技术处理部分以及互动效果的输出部分。

信号接收部分常见的形式主要有实体操作界面、动作捕捉技术、行为传感设备等；技术处理部分包含处理硬件与软件，互动效果的设定根据编程内容而定；输出部分主要借助影像、灯光、声音等呈现方式将参与者的交互行为转化成实体的互动效果。

参与者是交互式装置艺术作品形成交互全流程的前提，交互式装置作品中参与者的交互动作主要涉及肢体动作，如触摸、面部动作、手势、踩踏、行走与奔跑等。随着科学技术与多媒体技术等领域的不断探索，包含数字媒体技术、体感捕捉、人机交互、新型亮化等内容的现代媒介已经得到较为成熟的发展。交互式装置艺术属于装置艺术与新媒体艺术的跨界融合产物，在应用中的互动动作一般较为简单，通过可视化的互动流程让顾客体会到交互行为的趣味性（图3-4-15）。

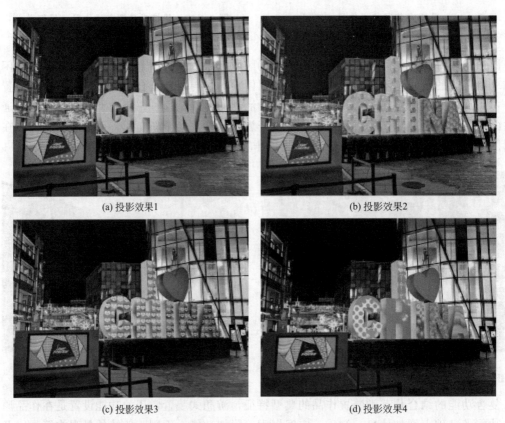

(a) 投影效果1　　　　　　　　　　　　(b) 投影效果2

(c) 投影效果3　　　　　　　　　　　　(d) 投影效果4

图 3-4-15　交互式装置艺术作品《I LOVE CHINA 互动投影装置》

3.4.4.2　装置艺术的应用特点

上述应用于商业建筑外环境中的装置艺术，主要具有以下几方面的优势。

（1）可作为环境中的视觉焦点

装置艺术凭借其独特的艺术表现力，通过合理的展示与应用可迅速成为商业建筑外环境中的视觉焦点，并成为一定空间范围内的视觉中心节点。装置艺术在视觉层面的表现内容层出不穷，无论是鲜明的色彩搭配还是多样化的材料运用，都能够传递给观众强烈的视觉刺激。各表现要素综合在一起使作品在城市环境中形成较高的辨识度，可在商业建筑外部空间环境中汇集消费者的视线，起到广泛吸引客流的作用。此外，在网络时代的便利条件作用下，商家倾向于将装置艺术作为环境中的时尚商业地标进行打造，并借助各类社交媒体平台进行宣传推广，利用"打卡"的新形式吸引广大顾客前来进行观赏与实际体验，从而起到刺激经济消费的基本商业目的。随着装置艺术作品在未来的不断更新，众多商业建筑外环境会不断涌现出新的视觉焦点，成为一段时间内城市中的新地标，为城市持续地增加艺术魅力。

（2）对行走方向具有引导作用

顾客在购物过程中，大多数过程都在行走，因此对于商家来说，利用艺术作品展示的形式对顾客行走流线形成一定的引导作用在商业经营中便显得非常重要，其中涉及作品的具体展示位置、观众在作品周围或内部的主要交通流线、作品的具体互动形式以及应用类型等内容。大多数的装置艺术作品应用于商业建筑外部入口区域附近，该区域是消费者迈进步行街或进入商业建筑内部之前的过渡空间。在商业建筑外环境的空间序列中，入口空间一般处于总体布局中的起始序列，承载着连接城市环境与商业建筑的重要作用。装置艺术在该区域的应用可以有效引导消费者走向商业建筑进行消费活动（图3-4-16）。

（3）营造个性化的休闲场所

商业建筑外环境本就是城市环境中可供人们进行休闲活动的公共空间，装置艺术通过艺术品展示介入的应用方式可以进一步划定出休闲活动的特定场所。市民及顾客可在作品内部或作品周围进行观赏、停留、休息、游乐等社会性休闲活动，更加充分地激发商业建筑外环境的空间活力。商业空间是城市中人群社交活动极为频繁的公共场所，而装置艺术作品的应用会使商业建筑外环境景观结构中的休闲功能区域更加明确；而且这种空间在商业建筑外环境中是不固定的，会随着装置艺术作品的变化或更新而改变，休闲活动的类型以及相应的活动范围也可能会随之改变，顾客围绕着装置艺术作品会不断地对环境产生全新的空间体验（图3-4-17）。

图3-4-16 引导行人行走方向的装置作品

图3-4-17 游憩式装置作品《坛城》

（4）强化环境的商业氛围

一般来说，商业建筑外环境氛围的营造主要依靠建筑亮化、植物绿化、水景设施等传统景观设计内容，许多商业区所形成的商业氛围都是类似的，不能突显商家独特的商业文化特色。装置艺术的应用为商业氛围的营造带来了全新的思路，装置艺术的独特创作模式与商业氛围强化的迫切需求相适应，可不断为商业环境营造出全新的氛围效果。如明快的色彩设计可以明确地传递给观众时尚繁华的商业氛围感受，又如一些作品会在夜间结合光影的变化，营造出绚丽梦幻的夜间商业气氛。作品的应用虽然有时只是以一个节点的形式存在，但通常能够起到以点带面的效果，对整体商业环境氛围的构建有较为明确的提升作用。

3.4.4.3　装置艺术的应用原则

结合装置艺术的实际应用情况、相关影响因素以及常见问题，主要有以下几个方面的具体应用原则。

（1）公共性原则

商业建筑外环境属于城市公共空间环境，作为展示于公共环境中的艺术作品，装置艺术作品的创作应尽量符合公共性原则。具体主要体现在公众对于创作观念的理解与激发城市公共空间活力两个方面。

作品面对的展示对象是全部社会民众，其中包含前来购物的消费者，这便需要激发公众的公共性认知。作品的创作需要尽量符合大众的审美标准，承担起社会的基础美育功能，帮助人们通过公共性的艺术作品对商业文明、城市风貌、社会生活进行认知，这涉及一定的艺术与文化教育作用。应尽量避免过于小众、不符合主流价值观的创作作品出现。

激发公共空间活力也是装置艺术公共性原则的一种体现，应广泛创作便于市民与顾客进行参与的装置艺术作品，要尽可能提升作品活动功能的易懂性，并进一步强化装置作品介入之后的公共空间休闲属性。作品通过大众化的创作，广泛地吸引更多的观众前来参与互动或进行其他休闲活动，从而使公众获得精神上的享受与满足。在理解艺术作品的过程中参与者可以得到休憩、娱乐、空间探索、互动反馈、感官刺激等多种实际感受，从而得到轻松愉悦的商业环境体验，有效提升城市公共空间的活力。

（2）协调性原则

装置艺术与商业建筑外环境以及城市环境之间应保持协调的整体关系。这种关系不单纯局限于作品的色彩、尺度、材料以及造型等设计与表现方面，更多地还要求与商业建筑环境的整体规划、商业定位、空间布局一致，同时也体现于一些具体细节内容的内在联系上。

商业建筑外环境的空间规划与营造不能缺少人的主导作用，要充分协调装置艺术作品、环境、人三者之间的联动关系，其中还涉及作品安装与维护、商业运营与管理等方面的共同配合。此外，还要注意保持作品与其他景观元素的协调关系，要注重商业建筑外环境规划的整体性与相对一致性，在作品应用与环境规划保持协调的前提下尽可能地利用装置艺术提升商业环境的可识别性。

（3）安全性原则

装置艺术应用的安全性原则主要体现在作品展示应用的过程中，需要充分满足人的基本安全需求，避免观众在作品内或作品附近进行活动或互动参与时形成安全隐患。装置艺术作品的展示应用应符合商业建筑外环境的整体防火规范，在装置作品展示区域附近应配有灭火器等紧急消防装备，并摆放于明显位置。

由于作品展示于不同空间，且根据应用类型具备不同的展示方式与互动形式，不同类型的装置作品对于安全性的要求不完全相同。如悬挂式装置注重作品悬挂物的重量限制与作品安装的稳定程度，这类作品常选用轻质材料作为悬挂物的主材；游憩式装置作品需要针对各类人群行为活动尺度与细节设计部分进行安全性考虑，如坐、攀爬等重点区域需要保证结构坚固耐用，同时避免在这些部分出现棱角设计，在高差较大处需设有必要的安全防护措施；交互式装置作品则涉及作品的户外防水性能以及参与者的用电安全等内容。此外，艺术家或设计师需要根据作品的应用类型以及不同属性，有针对性地满足相关安全标准与设计规范，使参与者能够在安全的前提下与作品形成良好的互动体验。

（4）文化性原则

随着商业文明的不断发展，人们越来越重视购物环境的文化体验，商业文化环境与城市文化的关系密不可分。商业的繁荣发展是城市文化的一张名片，商业建筑外环境的相关设计内容应当顺应所在城市的文化脉络，装置艺术在城市商业环境中的应用也应遵循文化性原则。

装置艺术属于后现代主义风格的新型艺术形式，是一种源自西方社会的现代艺术。在装置艺术的创作方面，艺术家与设计师们在接纳外来先进设计思想的同时，应当充分结合本土文化融入创作中，综合考虑装置艺术在我国的发展与应用情况，装置艺术作品的设计与应用需要处理好现代文明与当地历史文化的关系，选择性地提取并结合地域性文化元素，将形象化、符号化的设计语言运用到整体环境的规划中。

装置艺术作品应更多地作为商业文明的精神载体出现于商业环境中，在文化创作方面应当尽量体现出中国传统文化的地域性特征，发扬民族化的地方特色，创造出融合时代精神与城市文脉的优质艺术作品，彰显区域特色的同时增强消费者的文化归属感，从而避免出现创作文化内涵肤浅，与环境格格不入的艺术作品。

（5）美观性原则

装置艺术属于一种艺术表达形式，而对于美的追求是人与生俱来的一种追求。对于作品美观性的把握是装置艺术作品设计与应用的重要原则，装置艺术作品的美观性可以通过色彩、尺度、材料、造型等具体设计表现要素在作品的视觉效果中得以体现。

色彩的设计要保持视觉层面上的舒适，并与环境的色彩表现形成一定的联系；作品的尺度要与所在商业建筑体量相适应；对于材料的选用则要考虑到材料表面的肌理，以及组合表现后所呈现出的整体质感，要充分发挥各类材料的表现特性，发挥出材料的装饰潜能；造型的设计要形成一定的秩序性与结构关系，结合创作观念构成有规律的总体形态。此外要注重主题设计以及文化内涵表达方面的设计内容，从作品的综合表现方面整体提升美观性。

展示于城市公共空间环境中的装置艺术，对于营造美观的城市环境具有重要的作用，因此装置艺术作品的设计与创作要与环境保持一定的内在或外在联系，以与环境共同形成美观的环境效果。

（6）功能性原则

装置艺术在商业建筑外环境中的应用对于消费者与商家均具有一定的实际功能，相应地可体现出作品的应用效益。在制定装置艺术作品应用方案前，应遵循功能性原则，结合消费者行为需求以及商业经营目的，对于作品应用类型的选择以及具体方案的设计形成明确的功能导向。

商业建筑外环境是人们在城市环境中常用的休闲活动空间，装置艺术作品的设置首先应满足公众在商业空间的基本休闲需求。装置艺术作品可以为公众营造出有弹性的社交空间，在作品营造出的独特商业氛围中，人们可在此进行休息、游憩、停留等自发性休闲社交活动，与此同时也可供商家举办展览、发布会等商业活动。装置艺术的介入可以使商业户外空间的利用率得到有效提高。

艺术品是装置艺术作品的基本属性，艺术展示及美育功能是装置艺术应用于商业环境的典型功能属性。近年来商业中引入艺术展览、艺术活动的案例不胜枚举，都在很大程度上拉近了公众与艺术领域的距离。装置艺术与商业的结合让前沿作品借助商业平台走进公众的日常生活，可以间接提升公众的艺术审美水平。

（7）体验性原则

装置艺术强调感官与行为活动层面的互动与体验过程，是可以带给观众特殊情感体验的艺术形式。根据环境心理学理论所表述的相关内容，基于心理层面的体验来源于人在环境以及行为中的认知感受。

时代的飞速发展导致了装置艺术互动体验形式的多元化特征，装置艺术应用的体验原则主要表现于人对于作品的认知过程。感官层面的体验主要包含视觉体验与非视觉体验，在人类的感官认知中，视觉刺激所带来的感受一般强于其他非视觉刺激内容。在装置艺术作品的创作中，艺术家首先需要考虑视觉设计表现部分，通过绚丽的色彩和光影、独特的造型以及材质表现来刺激观者的视觉神经，不同寻常的环境塑造往往会对观者产生强烈的视觉冲击。非视觉体验主要是指除视觉以外的各种互动体验，主要包括听觉、触觉、味觉和嗅觉。非视觉体验一般以配合视觉体验的形式而存在，从而丰富作品的感官体验，加深观众对作品本身及其所在商业环境的印象。

行为活动层面的体验主要指参与者的各种行为动作，包含与作品相关的触碰、行走等具体行为。时间是记录行为活动体验结果的一种标准，参与者的动作靠时间的累计产生，每一次简单的操作或行为都代表时间节点下指令的发出。实际的行为认知会形成内心的情感变化，并最终影响观众对商业环境的整体印象。

（8）生态性原则

由于商业领域内的装置艺术作品需要频繁更换，作品创作与应用的生态性原则就变得更为重要。如何减轻人类过度消费所带来的生态环境负担是当前人类社会面临的重大严峻挑战，装置艺术作品的应用应当遵从可持续发展的现代生态自然观。

作品的设计要尽可能地降低生态负荷，在作品展示应用的全部过程中贯彻可持续设计理念。任何违背生态可持续性发展的创作理念都应被改良与优化，在作品付诸实现以及应用的过程中也不能对生态环境造成破坏。涉及电力系统等内容时需要考虑作品整体的节能性与环保性，运用先进的技术手段做到对能源的有效节约。

在装置艺术材料选用方面，应积极选用新型环保材料。早期的装置艺术不使用传统的艺术材料，主要集中于日常生活用品、废弃品等现成品的重新利用。但对于科学技术发达的当今社会，各种高科技的新型环保材料已逐渐成为装置艺术材料选用的主流。此外还要提倡循环使用废弃材料，并注重可再生能源的循环利用。由于装置艺术作品一般不具有收藏性，在展示结束后，大部分材料成为废弃材料，应对作品展期结束后的材料处理建立一套完善的循环使用机制，对拆卸后的各类材料进行分级分类处理，合理地对废弃材料进行降解或循环利用。

3.4.4.4 装置艺术的设计与表现方法

（1）迎合消费者需求的体验性设计

商业中应用的装置艺术作品创作应该有意识地迎合消费者在购物过程中的需求，根据对消费者行为及需求的相关分析，归纳出动态化设计、功能化设计、趣味化设计这三种具体的体验性设计方法，其最终目的都是为了能够增加作品对观众互动参与的吸引力，从而通过作品的艺术感染力让消费者在购物过程中可以切身感受到愉悦舒适的综合环境体验。

① 功能化设计　对商业建筑外环境中应用的装置艺术作品而言，商业环境中的常用活动功能需求更容易受到消费者的认可，因为和一些休闲活动相关的实用功能需求是消费者在商业环境中最为熟悉的日常化需求。装置艺术作品可以结合功能化的设计导向，更多地满足人们在商业空间中的休闲娱乐的基本活动需求，让人们能够在进行艺术作品欣赏的同时，实现在空间中的休闲放松功能。功能化设计手法可以提升装置艺术在商业环境中短时应用的实用性，形成作品在环境中美观性与实用性的统一，从而更好地促进人际交往行为在商业建筑

外环境空间的产生，同时让消费者能够在商业环境中找到一定的归属感。这种设计手法促成了游憩式装置艺术应用类型的产生，作品的参与体验是作品的核心创作目的，但融合了实用功能的设计会让不同人群的消费者在作品的参与过程中得到熟悉的共鸣效应，从而更加深刻地对作品的创作理念进行体验。

② 趣味化设计　装置艺术作品的趣味化设计更多地添加了情感层面的表现内容，作品的创作灵感可来源于人们日常生活中熟悉的某一个场景，将场景中的某一个生动的环节结合进人机互动过程中或是具体参与的行为中，从而唤起人们内心强烈的情感共鸣。具体而言，例如作品的互动或参与流程可结合一些生活中的小游戏、民俗活动等具有趣味性或体验环节的内容，还可以结合一些文化创意类的商业活动一同打造，以场景化的方式对作品的文化主题进行更加深刻的诠释。在趣味化设计的需求导向作用下，一些装置作品的互动体验设计采用多感官的形式，使得观众能够全方位地体会作品的趣味性，多重感官的体会让体验的过程更加实际，也更容易引起参与者内心的情感变化，进而引发对作品更深层次的思考。如中国香港 PMQ 购物中心的《泡夏泡夏》装置作品，观众游憩穿行于作品的阵列之中，容易联想童年时吹泡泡的趣味记忆（图 3-4-18）。

图 3-4-18　中国香港 PMQ《泡夏泡夏》装置作品

③ 动态化设计　动态与静态是日常生活中无处不在的两种基本状态，相对于静态的物体，动态的物体有时会比静态的物体多出时间的概念，会形成一种时空概念上的持续性或是永恒性。相对于静止状态的景观，动态化的景观效果相对更容易引起观众的注意，随着时间的改变，景观会呈现出不同形式与效果，观众可以在这种动态表现的效果中更加深刻地体会到作品与时间的存在。装置艺术作品可以借助动力进行动态化设计效果的表现，动力的具体来源主要分为自然动力与机械动力。如前文已经介绍的悬挂式装置艺术应用实例借助自然中的风动力形成随机飘动的动态化效果。除了自然动力以外，装置艺术也可以借助机械动力形成动态效果。这种借助机械结构而进行表现的作品多为交互类型的装置作品，利用已经提前编写并设定好的程序，根据参与者的交互指令或是系统自身所选择的随机切换指令，向机械结构传递相应的信号，机械结构开始工作并对观众展现出相应的动态表现效果。结合光影变化的手法也是装置艺术作品动态化效果表现的常用形式，如前文已述的交互式装置艺术应用实例，作品会根据参与者的动作呈现出不同颜色的光影切换效果。

（2）结合主题设计体现文化内涵

主题设计在装置艺术作品的创作过程中必不可少，是深化作品文化内涵表达的重要途径。为了解决装置艺术作品文化内涵表达不够深入的问题，促进装置艺术创作在我国本土化的未来发展趋势，可主要从以下几个方面进行作品的主题文化创作，包括传统文化主题、地域特色主题、时代生活主题。具体可根据所在城市的文化定位以及商业购物中心的总体商业定位，结合部分细节设计内容，明确装置艺术作品的创作主题。

① 传统文化主题　在全世界各民族文化碰撞交流的全球化背景下，中国传统文化的力量日益突显。但对于商业空间中应用的装置艺术作品，目前国内在这一方面的创作与表现仍显得相对薄弱。具体可将我国传统文化中的历史文化、传统民俗、节庆文化等内容进行充分发掘，提炼传统文化元素作为设计素材，结合主题将具体设计细节融入装置艺术作品的创作

中，营造出能够体现中国传统文化特色的商业主题空间。例如，风车在中国传统文化中具有吉祥轮的象征意义，将风车作为单体设计元素，并以汉字的形式将一些祝福语结合进风车的表面作为设计细节，充分表达作品在节庆期间向观众传递的美好祝愿。

② 地域特色主题 装置艺术作品的创作要注重地域性文化的表达，一方面地域特色主题的设计可以丰富作品的文化内涵，另一方面也可以增加作品与应用环境的内在联系。地域特色的概念所包含的内容是极为宽泛的，涉及所在城市的方方面面，如具有典型地域特点的建筑艺术、美食文化、地名文化、生活习俗，甚至是附近街道或社区居民生活中某种专属的地方记忆。如日本 LALAPORT 购物中心位于丰洲造船产业遗址附近，该地的商业建筑外环境设计统一延续了船舶文化主题，保留了该地域的特殊文化元素，将留存的现成品造船构件改造成可供人们进行休憩的装置作品（图 3-4-19）。对于地域性特征较为明显的城市，结合地域特色的主题作品能够比较容易引起观众的共鸣。

图 3-4-19　日本 LALAPORT 装置作品

③ 时代生活主题 随着社会信息的快捷传递与城市化进程的飞速发展，人们在现代城市生活的节奏变得越来越快，一些有关时代生活的主题逐渐成为了装置艺术作品的创作主题。结合日常生活中人们所关注的时代热点内容作为主题是装置艺术较为常用的一种创作形式，源自早期装置艺术的观念性创作手法，艺术家希望观众通过作品能对一些社会现象与问题进行反思。常见的主题包括如生态环境保护、生活方式等内容。作为一种极为贴近生活并且可以反映时代精神的主题创作方式，这类主题的选用更适合于发展较为迅速的现代都市。观众通过作品可以在快节奏的城市生活中片刻停留，体会作品主题元素与自己生活息息相关的部分，在观赏或参与的体验过程中引发广泛的社会性思考。

（3）以人为中心的设计尺度

根据外部空间设计以及人体工程学的相关内容，归纳出以人为中心的适宜的观赏尺度、恰当的活动尺度以及基本的交互尺度三种尺度设计参考标准，并分别对应于前文所述的悬挂式、游憩式、交互式三种装置艺术应用类型。作品具体尺度的设计最终应依照所在商业建筑外环境的实际场地条件而定，并根据作品创作的现实情况进行适当调整。

① 适宜的观赏尺度 悬挂式装置艺术作品的体验形式以视觉观赏形式为主，应在空间中保持适宜的观赏尺度。一般认为，人的眼睛在水平方向的合成视野为 60°的范围，在竖直方向，人的眼睛向上能看到的视觉角度大约限制在 50°～55°范围（图 3-4-20）。根据芦原义信的外部空间设计理论内容，建筑物距视点的立面高度为 H，建筑物与视点的水平距离为 D，当 $D/H=2$（仰角约为 27°）时，可以观察到建筑物的整体，此时具有较好的观赏效果；当 $D/H=1$（仰角为 45°）时，是观察建筑细部内容的最佳位置。为使悬挂式装置作品在商业建筑周围空间形成一定的可辨识度，形成较好的作品观赏效果，且对消费者在户外环境的行走过程形成一定持续性的引导作用，如图 3-4-21 所示，悬挂式装置艺术作品的长度应尽量控制在 20～50m 的范围内，作品的宽度一般结合周边建筑间距控制在 10～20m 的范围内，作品的总高度一般不高于周围建筑的高度；为保证较好的视觉观感以及地面空间活动的正常进行，作品离地高度应控制在 5～10m 的范围。

② 恰当的活动尺度 游憩式装置艺术作品中所结合的游憩功能应符合人体的基本活动尺

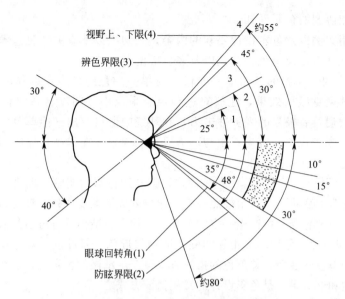

视野上、下限(4)

辨色界限(3)

眼球回转角(1)

防眩界限(2)

图 3-4-20　人在竖直方向的视野范围

图 3-4-21　悬挂式装置作品尺度设计示意图

度。以游憩式装置作品的主要活动尺度为例，为使人能够在装置作品中正常地进行互动参与或进行其他休闲活动，应满足基本的尺度标准。在休息等实用功能方面，其中对于作品中结合设计的座椅部分，在通常的情况下，座面至地面的座高380～450mm，座面前端至后端的座深400～500mm，单人座面的座宽500～600mm；对于涉及互动路径设计所需的人体通行部分，单人的基本通行空间范围一般处于520～760mm，双人通行区域的宽度宜大于1400mm。随后根据作品设计的互动路径流线以及空间容量，合理推算并确定作品的整体设计尺度。此外，如涉及特殊人群使用功能的相关设计时，如儿童游乐功能的设计，应详细参照相对应的设计规范，针对不同人群的人体尺度特点及需求，有针对性地将其结合进作品的设计中。

　　③ 基本的交互尺度　在交互式装置艺术作品的设计中，会有各种形式的多媒体技术的介入，其中不乏一些具有交互性质的媒体产品。因此在作品涉及具体的交互行为时，交互产品部分的设计应尽量保持基本的交互尺度，从而确保装置作品交互过程的完整进行。对于参与者与具体交互设备之间的尺度，应使参与者处于装置信号接收部分所需的尺度范围之内。如常见的体感捕捉技术一般需要在2～4m的范围内对人体的动作捕捉发挥作用。因此对于交互式装置艺术作品的尺度设计，作品的高度应符合人的基本视线观察高度，用于观众与作品近距离接触的信号接收部分应控制在0.5～5m的尺度范围内，技术设备及互动效果输出部分的设计尺度相对不固定，可结合作品的创作以及具体展示空间的尺度而定。但为了保证作品互动效果能够更好地及时反馈给参与的观众，交互式装置作品的各个部分应相对保持集中，不宜过于分散。

（4）与环境相协调的色彩设计

结合实际应用案例以及色彩设计要素的内容，归纳出以下有关装置艺术作品色彩选择与搭配的具体方案，其中涉及单色、双色以及多色等配色形式。

① 单色设计　对于选择的色相单一即仅进行单一颜色纯色表现的作品，为在环境中使作品呈现出最佳的视觉吸引效果，建议对这种色彩采取中等明度、高饱和度的形式进行表现。单色的纯色表现具有极强的视觉冲击力，在环境中醒目突出。但单色设计形式同时具有一定的局限性，色彩表现单一容易产生与环境脱节的现象，在作品具体应用时应依照环境的实际氛围感受而定。

② 同色系渐变设计　对于选择的色相固定，但利用色彩的明暗程度进行渐变效果表现的作品，根据颜色的明度变化，营造出按照一定规律排列成的渐变序列。渐变效果的色彩设计可以给人和谐稳定的视觉感受，可产生一定的节奏感，便于营造出静谧舒适的商业环境感受。

③ 邻近色搭配设计　色相环上相邻的颜色即为邻近色。邻近色一般存在冷色、暖色两个主要范围，相比于单色的表现，邻近色的搭配方式可产生细微的色彩变化，在丰富色彩选择的同时保持一定视觉和谐效果，是色彩设计的常用搭配方式之一。

④ 互补色搭配设计　互补色的对比搭配让作品充满活力，鲜明的对比效果可以造成强烈的视觉冲击，可给予观者非常深刻的色彩印象。但在具体搭配中应注意两种颜色的应用比例，也可配合部分邻近色彩形成过渡，以保证相对舒适的视觉感受。

⑤ 多色系搭配设计　各邻近色之间有规律的渐变搭配便形成了多色的渐变效果，当红、橙、黄、绿、青、蓝、紫七种色彩依次排列时，便形成了典型的光谱色，正如自然界中彩虹的颜色。多种颜色的综合搭配需要注意其与环境色彩的视觉关系，同样需要注意作品色彩应用的面积大小以及颜色的排布规律，避免过多色彩的集中给环境造成杂乱的视觉感受。

⑥ 作品色彩与环境相呼应　装置艺术作品的色彩设计需要有意识地与环境中的色彩形成呼应，在色彩方面增加与环境之间的联系，从而提升作品与环境的融合程度。环境色彩并不局限于建筑立面的主要色彩以及大面积硬质铺装的色彩，还包括商业建筑外环境中的其他视觉元素，如一些基础景观设施、商业主题平面装饰、建筑装饰构件等内容。装置艺术作品色彩设计的主要目的是突显作品，起到形成视觉焦点的作用，作品在达到视觉突出表现的前提下，需要利用色彩呼应的形式与整体环境保持一定的协调关系，这样才能促进装置艺术与所在环境的和谐共存。

⑦ 运用材质的自身色彩　对于材质本身具有明确色彩倾向或较强视觉表现效果的材料，建议直接应用材料自身的特殊颜色进行色彩表现，如不锈钢、黄铜等金属类材料。

（5）多样化的材料选用方式

材料是装置艺术创作中必不可少的重要表现要素，材料的选用会影响装置艺术作品的表现效果。材料一般可作为装置艺术作品表达的媒介，将艺术家的创作观念传达给观众。在当代艺术与设计领域的创作中，材料的选择与应用极为普遍，材料科学所涉及的内容也极为广泛，因此装置艺术材料的选用呈现出多样化的特点。在装置艺术作品的设计与创作过程中，可以选用的材料主要分为自然材料、人造材料、现成品材料、多媒体材料以及废旧材料。

① 天然材料　主要指未经过人为加工的天然形成材料，是与人工合成材料相对的概念。常见的天然材料有木材、竹材、石材等。

② 人造材料　指自然材料经人为加工后形成的材料以及人工合成材料，如陶瓷、玻璃、塑料、纸张、金属、纤维材料等。人造材料在未来具有非常大的发展空间，随着材料科学领域对材料的不断探索，将有更多的新型合成材料走进我们的日常生活。

③ 现成品材料 主要指来源于日常的生活用品、工艺制品、工业制品以及经过艺术再加工的实体物品等。现成品概念源自装置艺术早期的发展过程，自从马塞尔·杜尚的作品《泉》公开展出，掀起一阵艺术创作的现成品风潮之后，现成品作为装置作品的表现材料广泛地被众多艺术家从生活中带入了艺术展示空间，艺术家的主观创作观念赋予其全新的艺术价值。

④ 多媒体材料 追溯装置艺术的发展历程，早在 20 世纪 60 年代装置艺术就已经与电视、录像影像等媒体技术产生实验性的交融。媒体技术作为装置艺术的一个媒介手段，在人类进入信息化时代之后，录像、投影、传感设备、灯光、声音等多种媒体作为新型的媒体材料广泛地介入到装置艺术作品的创作中。以多媒体形式作为媒介材料的概念进一步地拓宽了装置艺术创作中对于材料应用的范围。

⑤ 废旧材料 主要是指在社会生产和消费过程中所产生的，仍旧有利用可能与价值的材料。废旧材料主要是相对于未经过生产与消费使用的全新材料而言的。装置艺术对于废旧材料的应用可以促进装置艺术创作的可持续发展，可回收再利用的废旧物品有利于生态环境的保护，也是装置艺术常用的一种材料形式。

对于装置艺术作品的材料而言，每一种材料都有其独特的材料特性以及潜在的美学属性，装置艺术对于材料的多样化选用与作品创作表达形式的多元化发展相辅相成。随着材料科学领域的不断发展，未来将会有更多全新的材料组合形式出现于装置艺术作品的表现中。

3.5 商业景观实例解析

3.5.1 北京望京小街

望京小街位于北京朝阳区望京片区临近机场高速大山桥西侧，北连望京街，南通阜荣街，全长 360 余米，宽约 40m，夹在万科时代中心和方恒购物中心之间。这条 13 年的老街，在经历近三年的重新规划与设计施工后，2020 年 8 月景观改造完工。

（1）改造前的场地问题

正如许多旧城区的城市支路一样，杂乱无章的车行道路，人性化欠缺的步行通道，丧失吸引力的商业建筑界面基本可以勾勒出小街曾经的面貌。乱停放、车行难，人行不畅，已成为望京小街多年的顽疾。大量无序停放的共享单车，破损日益严重的路面，使得基本的通行功能大打折扣，周边商业的可达性也受到了影响（图 3-5-1）。

图 3-5-1 望京小街改造前街景

（2）调研后的重新定位

通过大量的社群寻访和市场调研，基于周边居民对生活便利和休闲的需求，以及望京片区雄厚的产业基础和常住人口的背景构成，政府和投资方共同确定了望京小街的改造方向：

开放性、轻时尚、生活化、交流性的国际商业街区。一条具有活力的商业步行街，一个回应社区居民需求的线性城市空间取代了原本冰冷单调的市政道路，步行街的英文名 Wangjing Walk 也意在强调其可行走性和慢生活的调性。

（3）景观空间格局的重塑策略

对小街的空间格局进行重新梳理，并运用景观的手段"缝合"街道两侧和连接整个城市片区，相较传统的城市街道空间，40m 宽的小街更像是一个城市公共走廊，我们把它看成是一个社区与城市间转换的通道，通过模糊边界，利用现有高差区分通行空间和停留空间，建筑立面到整体多维的一体化等手段，打造一个既细腻又极具体验的纯步行公共空间（图3-5-2）。景观设计策略主要有以下四个方面：①步行街保持原 12m 车行道路宽度不变，预留应急通车需求，同时可为休闲活动及商业活动预留空间；②利用两侧人行空间和高差改造木质大看台，结合阶梯式绿化形成小街活动的观演剧场式空间；③两侧商业街增设外摆区域，拓展商家经营界面，营造活力商业氛围；④在重点空间结合科技、互动、展示等元素增强体验和记忆（图3-5-2～图3-5-7）。

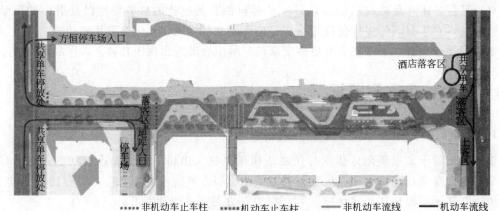

┄┄┄ 非机动车止车柱   ┄┄┄ 机动车止车柱   ─── 非机动车流线   ─── 机动车流线

图 3-5-2　望京小街规划总平面图

图 3-5-3　望京小街改造后街景

图 3-5-4　木质看台　　　　　　　　　　　　图 3-5-5　阶梯绿化

图 3-5-6　水景喷泉　　　　　　　　　　　　图 3-5-7　望京之眼

（4）艺术与商业的氛围融合

望京小街临近 798 和中央美院，片区艺术氛围浓厚，景观作为最受欢迎的公共空间，成为了展示艺术与文化的载体。小街上最抢眼的艺术装置《风舞游龙》，悬挂在空中，由轻质半镂空的 PVC 材质做成渐变色块并通过 120 根不锈钢拉伸而成，既是视觉中心也是"缝合"街区的重要介质。设计过程中与国内外艺术家进行了交流，营造多样的休闲空间，成为国际文化活动交流展示舞台，在各个主题片区设置了代表性的艺术雕塑与装置小品，通过多维度向大家展示作品，突出小街的艺术氛围（图 3-5-8、图 3-5-9）。

图 3-5-8　地面彩绘　　　　　　　　　　　　图 3-5-9　风舞游龙

对于望京这样一个大量外籍人员与本土居民共融的大型生活社区，商业空间的功能与氛围需要与每个社区居民的日常息息相关。设计过程中"烟火气"贯穿始终,有别于大排档和夜市,这里的"烟火气"应理解为一种场所的活力、商业的繁荣、公众的参与以及社区的融合。小街的烟火气的呈现是在舒适的空间里,利用朴实亲人的景观元素、璀璨夺目的艺术光芒和底蕴深厚的商业基调,调和催化而成。

（5）总结与启示

街道作为最早产生的城市公共空间,随着城市的演变而渐渐模糊了人们对其本质属性的认识,而望京小街的重新定义,让街道不再是单纯的通行空间,焕发了老旧街区的"烟火气",成为了真正属于人的空间,小街的呈现也将触发更多的城市街道焕发生机与活力。将一条逐渐衰落的市政道路转换成一个社区重要的开放空间,背后不仅仅是一个传统的设计议题,还是一个社会与经济多方共赢的愿景。小街的改造最终形成了多维治理的特色,变成一个以商业为主导,可持续性强,由企业、民众、商家和政府共同管理维护的步行街。望京小街的实践是政府引导社会资本参与城市更新和街区治理的样本,打造文化地标,提升周边地块价值,带动周边商业和产业的双升级。

3.5.2 美国伊萨卡商业步行街

（1）项目概况

伊萨卡商业内街公共空间改造是一条两个街区长度的商业步行街,是伊萨卡的社会和经济的中心。项目用地规模约 $7000m^2$,由 Sasaki Associates 对此基地进行概念性设计,包括评估现状,并提供公共空间改善建议,力求通过各种措施升级改造区内的公用设施和形象,将其设计为一个融合商业零售与社区休闲的公共空间,项目整体于 2016 夏季年竣工。初步的概念性规划以伊萨卡岛壮观的峡谷为灵感,将优美的山景引入整合到城市肌理中,建立一个充满生机与活力的商业步行街公共空间（图 3-5-10）。

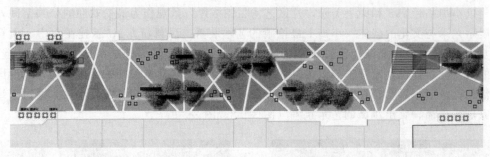

图 3-5-10 伊萨卡商业步行街平面图

（2）景观空间结构

主要商业街州街（State Street）的中央走道不仅能提供宽敞的步行空间,也能为街道两旁的商店开拓清晰的视野,有需要时更能开放为公共服务车辆使用。与州街垂直的辅街班克巷（Bank Alley）为各种即兴表演和休闲聚会提供场地。新设在其北端的特色亭阁,不仅成为整个公共空间的全新门户,还可以充当独一无二的表演舞台。

（3）景观元素设计

项目设计主题是将空间与大环境结合。与众不同的铺装样式将该地区历史性的动线形式与峡谷地质特点的线性特征相融合。娱乐设施种植区呈现出人为控制却自然的连续方式,如同从石头中裂开而生长起来。水景设计以当地起伏跌宕、群山万壑的风景为灵感,受到伊萨卡峡谷石块破裂特点的直接启发,带来有趣的视觉和听觉效果的同时,更与四季气氛相互辉映。主街州街上解说性的娱乐要素利用了区域原材料和自然系统，让儿童能够体验到他们周围环境的内在特点。这些要素与完善的表演空间和大量活动座椅结合在一起，为激发公共空间活力提供了所需的能量和生命力（图 3-5-11～图 3-5-14）。

图 3-5-11　主要商业街州街（State Street）

图 3-5-12　与州街垂直的辅街班克巷（Bank Alley）

图 3-5-13　固定座椅　　　　　　　　　　　　图 3-5-14　娱乐空间

公众参与和意见反馈是设计过程不可分割的部分。现有基地材料的再利用以及当地资源的结合体现了项目可持续的基本原则。先前喷泉废弃的花岗岩以及当地出产的刺槐木被作为整体策略的一部分，整合到更新改造后的公共空间设计中。

3.5.3　上海新天地

（1）项目背景

上海新天地商业街属于卢湾区（现黄浦区）太平桥地块，该项目分为南北两部分。原场地总体建筑年代大致在 20 世纪 20～30 年代，大部分建筑为传统的里弄形制，其中包括中国共产党"一大"会址。随着时间推移，这里的生活环境受制于建筑形式的影响，传统的建筑形式无法满足人们在当代的生活需求，随意的扩建和搭建情况十分严重。而对其进行改造较为困难，不仅因为空间改造需要满足当代的商业模式或其他相关活动对空间尺度的需求，场地的本土特征也需要得到彰显。早期的上海新天地设计方案中，曾考虑过完全对北里进行拆除再新建高层建筑，以高密度的建筑模式来缓解空间压力。但随着上海自身地域意识的提高，这一设计想法也被否决。上海自身地域性意识的重建，不仅仅是经济高速发展之后对文化空白的弥补，也是对全球化的一种自发性的反思行为。自身地域意识的出现依赖于城乡的本土历史资源，因此传统里弄的街道空间和建筑形式对场地而言，则显得异常重要。采用的设计手法主要为新旧对比设计，保留原有里弄、步行商业、院落空间的形制的同时，拆除了一些相对不重要的建筑，形成一个较为整体的环境。

（2）设计理念

上海新天地首次改变了石库门原有的居住功能，创造性地赋予其商业经营价值。新天地建筑的最大特点就是石库门建筑群，不仅营造出了浓厚的上海风貌建筑，也以此为卖点成功打造成著名的旅游观光景点。作为更新项目，新天地突出场地的历史感，大量运用石库门特色元素重现旧时代上海里弄的风光韵味。仍旧是石库门和青砖步道，红青相间的清水砖墙，厚重的乌漆大门，雕着巴洛克风格卷涡状山花的门楣，仿佛时光倒流；而跨进室内却是又一番景象，原先的户隔墙被全部打通，呈现宽敞的空间，内部设备是按照现代都市人的生活节奏、生活方式、情感习俗而设计的，引入了自动电梯、中央空调，每幢建筑物之间铺设光纤电缆形成信息网络。老年人感觉它很怀旧，青年人感觉它很时尚，外国人感觉它很中国，中国人则觉得它很洋气。从某种程度上说，确实达到了"不是简单复旧，而是更高层次回归"的目标。2016 年，上海新天地被《福布斯》评为"全球 20 大文化地标"之一。

（3）整体规划

新天地的核心空间是一条南北向长条形广场，被正中东西向的兴业路分为南里与北里两个部分：南里代表现代，北里代表传统。北里由多幢石库门老建筑组成，并结合了现代化的建筑、装潢和设备，化身成多家来自各国的高级消费场所及餐厅，充分展现新天地的国际商业元素。南里则在拆除部分旧建筑的基础上新建了一栋总建筑面积接近 7 万平方米的购物娱乐休闲中心，进驻了各有特色的商户。除了来自世界各地的餐饮场所外，更包括了年轻人喜欢光顾的时装专卖店、时尚饰品店、美食广场、电影院及上海最具规模的一站式健身中心（图 3-5-15、图 3-5-16）。

图 3-5-15　上海新天地总体模型

图 3-5-16　上海新天地不同角度鸟瞰

（4）空间特点

对于北里街道空间设计的处理方式分两类：第一类是以场地内原有的具有休闲活动功能的传统建筑为基础，并对石库门建筑私自加建部分及不适合商业活动的建筑进行拆除后形成整体的广场空间，设计手法上是通过不同尺度广场的部分重叠打破其传统的单一线性的步行商业体验，这种做法本身并不需要处理太多线性空间的问题；第二类则是石库门建筑自身所形成的单一线性的步行空间。虽然此段街道的空间尺寸较为均质，但建筑保留状况较好，艺术价值较高，且反映出石库门建筑原本的空间特征。适当的改造使得这一街巷呈现出不同于石库门另一侧主要步行商业街的相对私密的空间特征（图3-5-17～图3-5-19）。

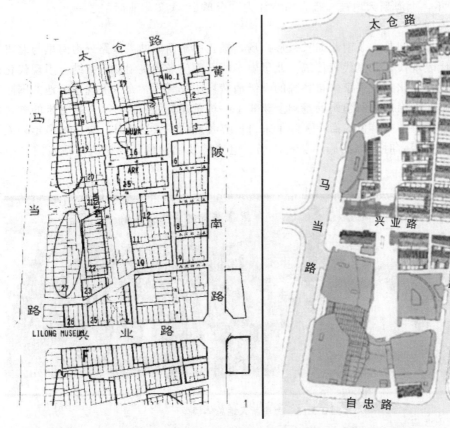

图3-5-17 上海新天地总平面图改造前后对比（左图为小区楼号）

图3-5-18 上海新天地石库门建筑

图 3-5-19　北里的街道空间

新天地商业街通过小广场和院落空间的叠加，形成一个整合后的室外空间，并通过这个整合后的空间勾连若干单体建筑，使其形成一组有机的建筑群为街道空间服务。因此与其说这是一种作为开放空间对外部城市打开的空间模式，不如说是一种内向型半开放的公共空间，把城市公共活动部分纳入到整个城市地块的设计之中。

（5）总结与启示

传统空间秩序的传承，有赖于建筑空间设计和建造过程中对于细节的把握和考虑。上海新天地项目在建筑细部和新老交接处大量使用具有现代性的材料和手法，为怀旧的环境气氛注入了时代的气息。大至建筑综合体的整片玻璃幕墙，小至街头的路灯都可以感受到现代的设计手法，而非简单地恢复或者延续旧的环境。如街道的铺地，材料使用了拆房所得的旧砖，但是与花岗岩和水泥板块相配而形成全新的构图。也正是由于打破了忠实还原历史的局限，新天地的环境艺术设计获得了其他项目难以具备的条件和自由。作为一个大型的示范性旧城中心区公共空间开发项目，新天地的设计成功地运用了地区原有的特征符号，赋予其全新的功能和空间秩序，从而塑造了古朴与现代相得益彰的新环境。

对于新天地项目而言，场地文脉中的建筑无论是技术性抑或是艺术性的建造细节都包含了设计者和建造者对于生活的理解。因此在传统建筑空间的营造过程当中，必须分析建筑细部的存在状态，以便在改造过程中，不仅再现传统建筑的局部特征，也通过当代建筑设计的手法，重新使得这些特征焕发出新的活力。该项目街道景观细部设计中使用的是本杰明·伍德制订的方案，瑞安集团以物管合同的形式进行执行，对景观和建筑改造过程及后续商业运营过程中的建筑立面设计和室内二次装修设计进行控制与引导，包括街具的摆放，家具的调整，以及特定商业对于外部环境的需求，如酒吧类业态对于室外饮酒场所的需求等几乎所有涉及的细部都有严格的商业控制，这是以资本的力量对于建筑怀旧思潮的再现。

3.5.4　成都远洋太古里

（1）项目背景

成都远洋太古里位于成都市锦江区商业零售核心地段，与春熙路购物商圈接壤，交通便利，可达性高。项目毗邻大慈寺，占地面积约 7 万平方米，建筑层数为 2～4 层，是一个融合文化遗产、创意时尚都市生活和可持续发展的街区式购物中心，也是有着丰富的文化、历史内涵的开放式、低密度的城市公共开放空间。该项目于 2014 年竣工，通过商业街区的景观更新，打造城市中心新地标，形成快慢生活相结合的体验式消费集聚地；与春熙路商业步行街相辅相成，为周围的金融办公区、住宅区、商务行政区和流动游客提供优质的商业、文化、休闲、游憩服务，形成最具人性化的城市商业景观。

（2）设计理念

项目所处的成都大慈寺片区历史文化氛围浓郁，因为其场地规模、所处位置、历史渊源，具有极大的潜力和可能发展成为成都独具魅力的城市商业中心。它跳脱了单一都市建筑的思维，而是从都市更新和公共空间创建的角度，落实更具开放性、包容性、公共性和聚落特质的都市计划，整合性地思考集约城市、营商模式、多元化混合发展、公共与共享参与空间、慢活社区、文化遗产的保育和活化利用、创意街区这些因素。项目的设计策略概括来说，即开放街区、新旧融合、快慢呼应、文化传承、空间共享、永续都市。把公众生活的空间、文化历史的资产、公园般的环境，升华为街巷的氛围并转化为活跃地区商业经济的机遇，对可持续发展的都市更具有启示意义。

该项目以大慈寺历史文化街区的现存架构为基础，"以现代诠释传统"的设计理念，将成都的文化精神注入建筑群落之中，城市的色彩与质感，成都闲适与包容的地域特色都在房屋、街巷、广场的组合景观中呈现。针对项目当中的六座古建筑，在遵循古建筑原本比例的基础上，采用国际最新的保护复原体系，融入更多文化创意以及对建筑保育的新理解，根据它们各自不同的建筑风格最大限度保留和延续它们的历史和文化价值。川西民居质朴素雅而又开敞自由的建筑风格、沿承至今的古老街巷、老成都的市井风貌与人文韵味得以保留重现（图 3-5-20）。

图 3-5-20　成都远洋太古里总体鸟瞰

（3）空间形态

太古里街区的地上部分是围绕大慈寺展开的，开放式街区形态，拥有街、巷、里等三种结构系统，道路错综复杂，给人感觉丰富有趣。太古里采用了开放"里"的模式系统，摆脱了传统的购物模式，街区的"快里"部分是由三条精彩纷呈的购物街巷和两个人潮聚集的广场构成的，为成都人提供"快"节奏的高端购物体验。"慢里"则是围绕大慈寺精心打造的慢生活里巷，以慢调生活为主题，提供餐饮美食以及各类文化生活品牌（图 3-5-21）。

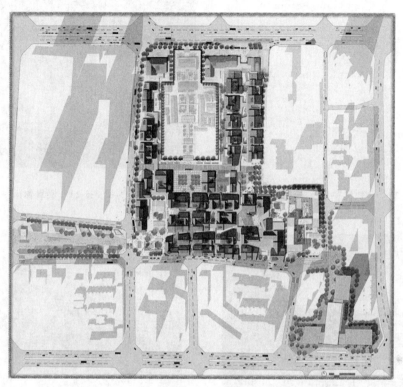

图 3-5-21　成都远洋太古里总平面图

（4）街巷尺度

太古里的街道设计以传统概念中的"里"作为街道空间形式的基础，引入当代快节奏生活和传统成都慢节奏生活概念，形成以购物消费为主的"快里"和以传统川系生活为主导的"慢里"。以此两者不同的空间需求为引线，对整个街道空间进行设计（图 3-5-22～图 3-5-24）。

太古里的外部空间设计，采用了以外部街道空间为骨架，将广场、大慈寺中心轴线、大慈寺周边庭院、新增庭院以非层级的方式分散于场地之中。由于太古里商业街的街道空间的线性较强，潜在的空间隐患是空间过于均质导致每个建筑组团的特征性缺失，从而让人在步行体验中产生乏味和厌烦的感觉。这种分散式而非层次结构式的街道空间组织方式，使得人们在进行商业步行体验时可以快速切入到最近的活力点，从而将自身参与到城市公共活动之中并保持持续的近距离接触与互动。这种作为小型突破点的微型公共空间大量设置于外部空间的做法，是太古里商业步行体系强化人的身体性感受的方式。在整个商业街区的设计中，共有 5 个大节点、9 个小节点，尺度最大的为大慈寺前广场，其尺度约为 60m 见方，而最小空间尺度仅 7m 的微型广场空间则营造出有别于大型城市公共活动空间的更强的亲和力（图 3-5-25～图 3-5-27）。

图 3-5-22 "快慢"里及主活动广场

图 3-5-23 慢里休闲

图 3-5-24 快里购物

图 3-5-25 架空连廊

图 3-5-26 广场水景

图 3-5-27 地面铺装

（5）总结与启示

太古里的项目定位是开放而低密的商业步行街区，其围绕大慈寺片区原本生活的商业特性，提出了核心的商业理念是"快耍慢活"，并以此为核心对整个街区进行组织。将街巷、广场、院落等街区元素引入到商业建筑外部空间，使消费者在购物、游憩、交流等活动中与环境产生互动，并融入街区化空间。在空间尺度方面，重视体验设计，强调空间的趣味性及自然的线性结构，具有近人的真实尺度，形成适宜步行和休息的空间环境，广场、景观小品等一系列景观元素紧密结合，空间格局疏密有致。在功能组织方面，外部空间既能引导消费者进入各个功能区块，又能为商业促销活动、产品展示或其他活动提供临时场地，更因空间的开放性，使之具备了一定的社会职能，即为市民提供散步、游憩、社会交往等非消费活动的场所。在步行系统方面，以地面的步行街道或广场空间为主要元素进行有序的组织，其次利用空中步行系统，如天桥或空中连廊以及地下步行系统完善整个步行交通组织。

从商业开发角度来讲，成都远洋太古里是一个非常成功的案例。但从物质空间的建构来说，并非传统物质空间设计手法，取而代之的是结合本地元素的创新设计。除大慈寺本体以外，成都太古里只保留广东会馆、章华里民居、禅院等六处，其余民居全部被拆除。多数历史建筑专家们认为："这样仅保留街巷格局，建筑传统符号只有坡屋顶形式，街区原真性丧失，谈不上保护和延续。"在社会空间方面，成都太古里的出现，被大部分市民接受，项目设计师力求通过物质空间的设计手法加强新空间的体验感，激活街区的交互感，良好消费环境与步行环境使得成都太古里重新建立起一种新型的人地消费与人地交互的关系。在精神空间层面，成都太古里给人们创造了一种新型消费文化。从某种角度来说，成都太古里履行了历史文化街区作为公共资源的共享性责任。大慈寺历史文化街区的内核精神是"寺"与"市"共生的文化传承。自古以来，大慈寺周围就形成了繁茂的商业区，香客众多、游人众多、居民众多，成为成都最旺盛的旅游体验地之一。

在成都远洋太古里的商业景观建构中，历史文化街区的文化遗产原真性虽然没有得到充分的保留，但其设计手法将场地文化精神延续，将传统创新，让传统元素在现代环境下适应性地生存，重新建构起一种新的场所文化，成为成都的新文化地标，也是另一个层面的创新。

3.5.5 日本博多运河城

（1）项目概况

日本福冈博多运河城（Canal City）是日本比较成功的大型商业中心，它开创了日本综合大型购物中心的全新理念和业态，项目占地面积为 3.44 万平方米，总建筑面积约为 22.3 万平方米；于 1996 年竣工，从取得土地到最终方案的完成和敲定，历时 18 年之久。

（2）设计理念

博多运河城场地周边是曲线道路，设计师将所有沿街立面处理成与道路一致的弧线，在增加空间与面积的同时，最大限度地保持了与地块周边的和谐。由于拥有与流经市内的博多河相邻这种先天条件，博多运河城能创造出人工的"滨水空间"。它圆弧状的室外中庭作为公共空间开辟了一条长约 180m 的人工河流，其中增建了富有魅力特色的水边空间，确保能看见整个设施，构成了一座环游性极高的场所（图 3-5-28、图 3-5-29）。中庭被划分为五个片区，分别设有中心舞台以及可供孩子们戏水的场地等，它以流水为背景，创造出物、人、信息相互交融的景观空间。

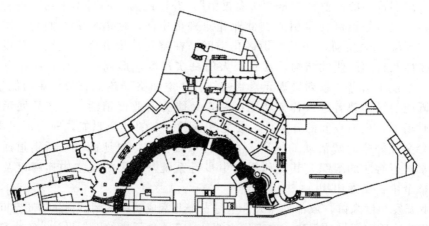

图 3-5-28　博多运河水城平面（黑色部分为水体）

图 3-5-29　博多运河水城沿城市道路全景

（3）水体运用

博多运河城的建筑密度很大，其空间的结构模式可以归为线形平面，所有的商业子空间大致沿一条线排列，包括一字形、弧线形与折线形，这种形式的流线比较单一，走向明确而具有连续性（图 3-5-30、图 3-5-31）。为了避免单调，有意识地设置了交叉、转弯、收放、弯曲等不同形态的空间节点，并考虑其上、下楼层的视觉联系效果，合理设置绿化、喷泉、休息座椅甚至表演或展示的场所，以增加景观的多样性（图 3-5-32、图 3-5-33）。将河流引入密集的建筑群，将柔软的水体与坚硬的建筑连成一体，既在形态上给人以变化，又在心理上给人以放松，创造了可体验性的商业景观场所。

（4）总结与启示

在景观设计中，尤其是一些场地尺度较为局促、紧张的景观场所中，为避免单调，不使游客产生过于平淡的感觉，常用水体将其分隔成不同主题风格的观赏空间，以此来拉长观赏路线，丰富观赏层次和内容。

图 3-5-30　博多运河城建筑鸟瞰

图 3-5-31　博多运河城内景鸟瞰

图 3-5-32　水上平台与空中连廊

图 3-5-33　自然景观元素与人工环境的结合

　　水体在具有划分空间作用的同时，还具有其他景观元素不具备的特点：在保证足够尺度的前提下，会完全隔断水体两岸的交通联系，只能通过特定位置的桥或汀步等设施才能到达对岸的空间；与此同时，水面并不会破坏地界面的视觉完整性，并能保证水面上的视线通透，甚至能够形成畅达的视觉廊道。水体的这种特性，在被隔断的景观空间中，形成了"可视而不可达""可望而不可即"的特殊效果。

　　这种特殊效果有助于人产生视觉和心理上的空间延续性。尤其当水体环绕于密集的建筑群时，能够柔化建筑立面与地面的冲突，进而更好地衬托建筑的形态与风格。当大面积的整体水面依托建筑形体时，水不仅能够柔化建筑界面与地面的交接，还能够起到托浮建筑的作用，丰富了景观的空间层次，如果用同等面积的草坪作为替换，则很难达到相同的效果。利用水体能够映射倒影的特性，将水与建筑虚界面结合在一起，可以将人的视线引向整个建筑空间之外，既可以丰富空间的层次感，又能够体现建筑内外空间的整体感。同时，因为切断了人的交通可达性，保证了水面上开阔、旷达的视觉效果，可以进一步增强空间的扩大感和延续性，从而缓解了景观空间中场地局促、建筑密度大、人员密集的不利影响。

3.5.6 新加坡 ION Orchard

（1）项目概况

爱雍·乌节（ION Orchard）位于新加坡著名乌节路核心地带，是集商业、餐饮、娱乐、住宅等为一体的城市商业综合体。建筑裙房为大型商场，共八层：商场一楼至四楼云集国际顶级豪华品牌及精品，地下四层则汇聚尊贵知名品牌、年轻潮流及生活品位商户；塔楼部分为住宅大厦，建筑高度218m，是新加坡最具代表性的地标建筑之一。ION Orchard 是一个涵盖零售、生活、娱乐为一体的顶级购物中心，场地是新加坡寸土寸金的商业中心，因此在该项目的设计建造中非常注重多层次、立体化的集约型设计策略。项目整体于 2009 年底竣工。

（2）设计理念

ION Orchard 的设计灵感来源于场地的历史背景，这里曾经是一片果园，设计师从其获得灵感，将其描绘成一枚掉落在果园的种子，在这里生根发芽。种子的核是高端商业中心，裙楼的曲面外墙以及外墙延伸出的天幕为包裹着的果皮，婷婷的芽是高高耸立的公寓塔楼，如生命的能量破土迸发。商场入口处如波浪般起伏的天棚，由几根形似树干的立柱支撑，而由玻璃和金属框架构成的错综复杂的模块状天棚表面，则来自于树冠纹理的启发。这个设计在视觉上延伸了由郁郁葱葱的树木围绕的乌节路街道的感觉，更好地将建筑融入城市。外立面运用了三维悬臂式玻璃及金属外壳，并全部安装 LED 照明设施，其中一个大型的种子结构幕墙，为品牌提供展示空间（图 3-5-34、图 3-5-35）。

图 3-5-34　ION Orchard 商业综合体总体鸟瞰　　　　图 3-5-35　主入口广场

ION Orchard 具有多项独特设计及规划，适合举办各类活动，如整个商场外墙利用崭新的互动多媒体幕墙设计成墙身；裙房巨大的挑檐面积达 3000m^2，形成了一个有盖的公共广场（图 3-5-36），可以举办大型活动、聚会和庆典；顶部是一座双层观光台 ION Sky，让游客可以饱览全市美景。

图 3-5-36　利用建筑造型形成有顶的公共广场

（3）总结与启示

新加坡是东南亚地区中的花园城市，土地面积较小，在 ION Orchard 商业综合体景观设计中，合理且最大化地开辟了综合体中可以利用的顶界面和垂直界面部分，以多层次、立体化的集约型设计方法构建出具有丰富形式的绿色空间。屋顶绿化是其特色之一，它在裙楼的屋顶上构建出一片与嘈杂环境隔绝的大型花园式绿色空间，其中种植厚厚的植被，设计大体量且形式多样化的水体景观，并且规划合理的交通流线，供给人们休闲体验。这种具有多样化形式的绿色空间不仅能够优化生态环境，美化综合体整体环境，同时还可以促进绿色空间与人的互动关系，从而创造更高的商业价值（图 3-5-37～图 3-5-41）。

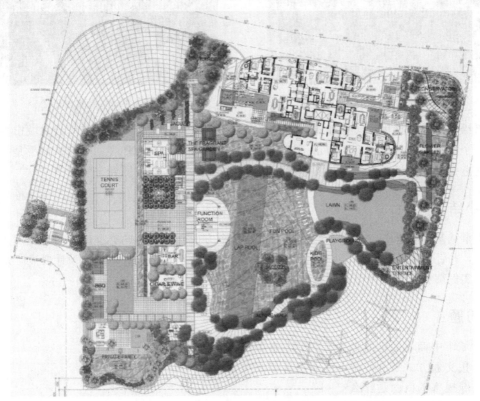

图 3-5-37　ION Orchard 商业综合体裙房屋顶花园平面图

由于气候条件及设计理念等因素，新加坡的大型公共建筑通常会设计成底层架空，并在裙房设置景观元素丰富的屋顶花园以及尽可能多地结合建筑形成立体绿化。这些设计方法使与地面接近的建筑界面打破呆板僵硬的线性封闭，借用城市外部空间的各种景观要素，将周边环境引入建筑实体内部，形成自然无痕迹的过渡，共同形成有活力的景观建筑及建筑景观，从而在不同尺度及视觉层面上都缓解了建筑带来的体量压迫感，同时又没有破坏其对沿街建筑轮廓线或城市天际线的参与和贡献。

图 3-5-38　屋顶花园局部鸟瞰

图 3-5-39　屋顶花园水景观

图 3-5-40　屋顶花园植物与水景

图 3-5-41　垂直绿化

将绿色植物直接用来装饰建筑立面或屋面并不是现代建筑的主流，但作为对城市景观探索的一个途径或许对设计有所启示。直接将绿色植物置于建筑物外表皮听起来似乎是一种对现代建造技术的消极对抗，而事实上是用最直接的体验把人们带回到自然之中。

本章小结：

本章从基本概念、空间形态、景观构成等几个方面介绍了不同类型城市商业区的主要景观特点，并针对常见的植物、水景、铺装等景观元素分别总结了其相应的设计要点，最后结合具体实例解析了城市商业景观设计中的常用造景手法。

课后习题：

1. 城市中商业街区的常见空间形态有哪些？
2. 按交通方式划分，城市商业街有哪些类型？
3. 绿视率的概念是什么？
4. 如何提高城市商业景观中的绿视率？
5. 水景元素的优势和设计要点是什么？
6. 商业环境中的装置艺术主要有哪些类型？

第4章

城市绿地与广场景观设计

本章导引：

教学内容	课程拓展	育人成效
城市广场的起源与发展	文化互鉴	我国和欧美国家的城市在古代与近现代的发展过程各不相同，要结合历史与时代背景理解城市广场的发展史，积极进行文化的交流互鉴
城市广场的空间形态	人文关怀	使学生掌握城市广场设计中的三维空间尺度以及相互之间适宜的比例关系，将以人为本、人文关怀的理念贯穿始终
城市公园与城市绿地系统	生态思想	了解城市公园运动和城市绿地系统的发展过程：恶劣的城市环境导致城市公园运动的兴起，让学生充分重视生态环境，用生态的理念和方法来进行景观设计
首钢工业遗址公园设计解析	爱国情怀、民族情怀、国情教育	结合北京冬奥会，引导学生了解首钢工业遗址公园的场地文脉、设计理念以及比赛场地的建设利用，激发学生的爱国主义、民族自豪和文化自信
北京奥林匹克森林公园设计解析	爱国情怀、民族情怀、文化自信	引导学生了解北京奥林匹克公园的特殊地理位置、设计理念以及山水格局的营造，激发学生的爱国主义、民族自豪和文化自信
明月湖国家湿地公园设计解析	生态理念	使学生了解现代的城市湿地公园不仅具有观赏与休闲游憩的功能，更是成为缓和生态环境矛盾、促进生态平衡、实现城市与自然协调可持续发展的载体，应将生态理念贯穿于城市湿地公园的设计过程

城市绿地具有多种功能，随着科学、技术的发展，人们可以从环境学、生态学、生物学、防灾学、经济学、医学等学科的研究中更加深刻地认识和评价城市绿地对于城市生活的意义。这些多种综合的功能主要包括生态功能、景观功能、经济功能和防灾避险功能。根据《城市用地分类与规划建设用地标准》(GB 50137—2011) 的规定，城市建设用地分类中 G 类用地为绿地与广场用地（green space and square），在城市规划建设用地结构中占比为 10％~15％。

4.1　分类与概念

4.1.1　用地分类

城市的绿地与广场用地主要包括表 4-1-1 中三个中类用地。

其中，"公园绿地" G1 的名称、内容与《城市绿地分类标准》(CJJ/T 85—2017) 统一，包括综合公园、社区公园、专类公园、防护绿地（详见表 4-1-2）。位于城市建设用地范围内以文物古迹、风景名胜点（区）为主形成的具有城市公园功能的绿地属于"公园绿地"，位于城市建设用地范围以外的其他风景名胜区则在"城乡用地分类"中分别归入"非建设用地"（E）中相对应的中类用地。"防护绿地"G2 的名称、内容均与《城市绿地分类标准》统一，包括卫生隔离带、道路防护绿地、城市高压走廊绿带、防风林、城市组团隔离带等。"广场用地"G3 不包括以交通集散为主的广场用地，该用地应归入"交通枢纽用地"（S3）。

表 4-1-1 城市 G 类用地分类及包含内容

类别代码		类别名称	内容
大类代码	中类代码		
G		绿地与广场用地	公园绿地、防护绿地、广场等公共开放空间用地
	G1	公园绿地	向公众开放，以游憩为主要功能，兼具生态、美化、防灾等作用的绿地
	G2	防护绿地	具有卫生、隔离和安全防护功能的绿地
	G3	广场用地	以游憩、纪念、集会和避险等功能为主的城市公共活动场地

另外，园林生产绿地以及城市建设用地范围外基础设施两侧的防护绿地，按照实际使用用途纳入城乡建设用地分类"农林用地"（E2）。

4.1.2 基本概念

2018 年 6 月 1 日开始实施的《城市绿地分类标准》（CJJ/T 85—2017）中规定了城市建设用地内的绿地与广场用地，与《城市用地分类与规划建设用地标准》（GB 50137—2011）中的 G1、G2、G3 分别对应，并在此基础上予以细化，详见表 4-1-2。

"公园绿地"是城市中向公众开放的，以游憩为主要功能，有一定的游憩设施和服务设施，同时兼有健全生态、美化景观、科普教育、应急避险等综合作用的绿化用地。它是城市建设用地、城市绿地系统和城市绿色基础设施的重要组成部分，是代表城市整体环境水平和居民生活质量的一项重要指标。相对于其他类型的绿地来说，为居民提供绿化环境良好的户外游憩场所是"公园绿地"的主要功能，"公园绿地"的名称直接体现的是这类绿地的功能。"公园绿地"不是"公园"和"绿地"的叠加，也不是公园和其他类型绿地的并列，而是对具有公园作用的所有绿地的统称，即公园性质的绿地。从表 4-1-2 中可以看出，按各种公园绿地的主要功能，将"公园绿地"分为综合公园、社区公园、专类公园、游园 4 个中类及 6 个小类。表中建议综合公园规模下限为 $10hm^2$，以便更好地满足综合公园应具备的功能需求。考虑到某些山地城市、中小规模城市等由于受用地条件限制，城区中布局大于 $10hm^2$ 的公园绿地难度较大，为了保证综合公园的均好性，可结合实际条件将综合公园下限降至 $5hm^2$。"社区公园"强调"用地独立"，是为了明确"社区公园"地块的规划属性，而不是其空间属性。即该地块在城市总体规划和城市控制性详细规划中，其用地性质属于城市建设用地中的"公园绿地"，而不是属于其他用地类别的附属绿地。

表 4-1-2　城市建设用地内的绿地分类和代码

类别代码			类别名称	内容	备注
大类	中类	小类			
G1			公园绿地	向公众开放,以游憩为主要功能,兼具生态、景观、文教和应急避险等功能。有一定游憩和服务设施的绿地	
	G11		综合公园	内容丰富,适合开展各类户外活动,具有完善的游憩和配套管理服务设施的绿地	规模宜大于 10hm²
	G12		社区公园	用地独立,具有基本的游憩和服务设施,主要为一定社区范围内居民就近开展日常休闲活动服务的绿地	规模宜大于 1hm²
	G13		专类公园	具有特定内容或形式,有相应的游憩和服务设施的绿地	
		G131	动物园	在人工饲养条件下,移地保护野生动物,进行动物饲养、繁殖等科学研究,并供科普、观赏、游憩等活动,具有良好设施和解说标识系统的绿地	
		G132	植物园	进行植物科学研究、引种驯化、植物保护,并供观赏、游憩及科普等活动,具有良好设施和解说标识系统的绿地	
		G133	历史名园	体现一定历史时期代表性的造园艺术,需要特别保护的园林	
		G134	遗址公园	以重要遗址及其背景环境为主形成的,在遗址保护和展示等方面具有示范意义,并具有文化、游憩等功能的绿地	
		G135	游乐公园	单独设置,具有大型游乐设施,生态环境较好的绿地	绿化占地比例应大于或等于 65%
		G139	其他专类公园	除以上各种专类公园外,具有特定主题内容的绿地。主要包括儿童公园、体育健身公园、滨水公园、纪念性公园、雕塑公园以及位于城市建设用地内的风景名胜公园、城市湿地公园和森林公园等	绿化占地比例宜大于或等于 65%
	G14		游园	除以上各种公园绿地外,用地独立、规模较小或形状多样,方便居民就近进入,具有一定游憩功能的绿地	带状游园的宽度宜大于 12m;绿化占地比例应大于或等于 65%
	G2		防护绿地	用地独立,具有卫生、隔离、安全、生态防护功能,游人不宜进入的绿地。主要包括卫生隔离防护绿地、道路及铁路防护绿地、高压走廊防护绿地、公用设施防护绿地等	
	G3		广场用地	以游憩、纪念、集会和避险等功能为主的城市公共活动场地	绿化占地比例宜大于或等于 35%;绿化占地比例大于或等于 65% 的广场用地计入公园绿地

"防护绿地"是为了满足城市对卫生、隔离、安全的要求而设置的，其功能是对自然灾害或城市公害起到一定的防护或减弱作用，因受安全性、健康性等因素的影响，防护绿地不宜兼作公园绿地使用。因所在位置和防护对象的不同，对防护绿地的宽度和种植方式的要求各异，目前较多省（区、市）的相关法规针对当地情况有相应的规定，可参照执行。随着对城市环境质量关注度的提升，防护绿地的功能正在向功能复合化的方向转变，即城市中同一防护绿地可能需同时承担诸如生态、卫生、隔离，甚至安全等一种或多种功能，因此对防护绿地不再进行中类的强行划分。对于一些在分类上容易混淆的绿地类型，如城市道路两侧绿地，在道路红线内的，应纳入"附属绿地"类别。在道路红线以外，具有防护功能，游人不宜进入的绿地纳入"防护绿地"。具有一定游憩功能，游人可进的绿地纳入"公园绿地"。

　　"广场用地"是指"以游憩、纪念、集会和避险等功能为主的城市公共活动场地"，"不包括以交通集散为主的广场用地，该用地应划入城市建设用地大类中的交通枢纽用地（用地代码 S）"。将"广场用地"设为大类，有利于单独计算，保证原有绿地指标统计的延续性。同时，规定"广场用地"的绿化占地比例宜大于 35％是根据全国 153 个城市的调查资料，并参考了多位专家的意见以及相关文献研究等制定。85％以上的城市中广场用地的绿化占地比例高于 30％，其中 2/3 以上的广场绿化占地比例高于 40％，因此将广场用地的适宜最低绿化占地比例定为 35％，是符合实际情况并能够达到的。此外，基于对市民户外活动场所的环境质量水平的考量以及遮阴的要求，广场用地应具有较高的绿化覆盖率。

4.2　城市广场

　　城市广场是一种社会需求，它体现着一种人类区别于动物的高级属性；城市广场是一段历史，它记载着一个城市文明的进程；城市广场是一种传统，它影响了整个城市居民的生活方式；城市广场是一种符号，它传达着在一种特定文明里对城市生活的特殊理解；城市广场是一种空间，它蕴藏着城市生活的精华。

　　城市广场有着共同的属性：空间以及人在空间里的活动。可以说，这种物质与精神、具体与抽象的多重属性构成了城市广场最为基础性的特征。广场首先由物质要素构成，给人们提供活动的空间，而人在其空间里的活动却给广场带来了生命动力之源。人的行为产生于人的自然需求，这基本上是一种非物质的属性。按照这种理解，城市广场则始终集物质性与非物质性要素于一身，融合了这两种看上去相互对立，事实上却不可分离的成分。从物理学的层面上看，一个广场必须通过物质手段而设立并获得形式，从而显现出空间特征；从社会学的层面上讲，广场的设立也必须满足人的愿望以及其他非物质层面的要求。

　　城市广场是城市景观空间结构中的表现形式，广场的造型表达着市民的精神层面的需求，从城市的角度去理解，这项任务就是要在城市结构的整体框架内，在城市环境和城市生活中代表人的精神需求，并使这种需求获得政治的、经济的、法律的、社会的、交通的以及审美的意义。

　　综上所述，可以将城市广场理解为一种物质要素和非物质要素的有机结合体。首先，城市广场具有城市性价值，即对城市空间的主导作用，及其自身的社会公共性特征。它既是一个城市设计元素，也是一个具有多重功能的小小社会；它是一个存在于城市实体中的公共开放空间，它满足着人的需求，影响着人的行为，是人们生活不可或缺的部分。

4.2.1 城市广场的起源与发展

从空间形态上，广场是指由围合物而基本无覆盖物所形成的城市空间。广场作为一种历史悠久的城市外部开放空间形式，最早起源于宗教祭祀等大型市民活动。因此，城市广场在其诞生之初就与人类文明有着密切的关系。

4.2.1.1 中国城市广场发展史

在中国古代城市的传统空间中，并没有广场这个概念。街市是中国古代城市的传统公共空间，与西方的广场是截然不同的两种空间形式。若从形式上判定，原始社会末期像类似祭坛之类的空间就是中国最早的广场布局形式。在封建社会时期的中国，城市空间结构和布局较为封闭，几乎没有开敞空间，大型的开敞空间只有庙坛、殿堂、寺庙和阅武场。在中华人民共和国成立后，随着国民经济和城市的不断高速发展，作为外来文化的"城市广场"开始进入大众的视野。

4.2.1.2 欧洲城市广场发展史

古希腊被视为西方历史的开源、西方文明的奠基，尤其在公元前6～公元前5世纪期间，其经济生活高度繁荣，产生了光辉灿烂的希腊文化，对后世有着深远的影响。在古希腊时期出现了最早的城市广场的雏形。阿果拉（agora）是古希腊最富活力的城市公共空间。阿果拉通常被翻译为"广场、集市广场、市政广场"，早期的阿果拉极其简易，利用"同一个自由空间满足各种目的"，主要用于市民议政、物品交易、辩论演讲和户外社交活动，其布局自由，形式开敞（图4-2-1）。到古罗马时期，城市广场与希腊晚期相仿，广场成为统治者权力展示的场所。城市广场形式逐渐由开敞变为封闭，由自由转为严整，连续的柱廊、巨大的建筑、规整的平面、强烈的视线和背景构筑起这些广场群华丽雄伟、明朗而有秩序的城市空间。这一时期的图拉真广场不仅轴线对称，且做多层纵深布局，在近300m的深度里布置了几进建筑物，室内外空间大小、开合、明暗交替（图4-2-2）。

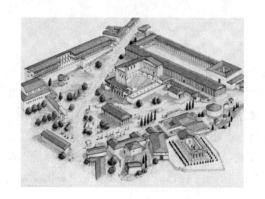

图4-2-1　古希腊agora复原图

图4-2-2　古罗马图拉真广场

进入中世纪后，广场成为了意大利的城市中心。在这一时期广场开始有不同的功能，主要包括市政广场、商业广场、宗教广场以及综合型广场。由于当时人们崇奉宗教的价值观念，在所有中世纪城市中，集市广场、市政厅和教堂总是相依为伴，共同构成城市及城市生活的中心。可以说，该时期的城市广场是市民生活的大起居室，是各种民间活动和政治活动的中心，是集市、贸易的中心，是具有生活气息的场所。城市广场平面不规则、布局形式灵活，具有较好的空间围合、适宜的空间尺度和较好的视觉效果。

在文艺复兴时期，设计师们在人文主义的旗帜下，在古希腊、古罗马的基础上对城市广场的设计提出了更为详尽的设计法则和艺术原则，并在实践的基础上推进了理论，如广场的高宽比例、雕像的布置、广场群的组织与联系等等，为后世以视觉美学为原则的学院派奠定了基础。这些法则与原则对后世城市空间设计具有很高的实用价值，给现代设计理论打下了坚实的基础。在这一时期广场也开始形成不同功能与空间形式的相互匹配模式，奠定了现代城市广场的雏形（图4-2-3）。

巴洛克时期开创了广场新纪元，建设数量之多、类型之众、规模之大，都达到了历史上空前盛大的景象。这时期著名的广场有梵蒂冈圣·彼得大教堂广场（图4-2-4）、巴黎旺多姆广场等。巴洛克时期的城市广场具备了两个主要特点：一是地标性，二是开放性。广场具有明确的、相互垂直的轴线，指明了地域方向，并在轴线交点处，设置以方尖碑或一尊雕像，广场成了名副其实的地标性空间。另一方面，巴洛克时期的城市广场和城市干道相连，组成共同的网络，呈现出四通八达的开放态势。

图4-2-3　圣马可广场

图4-2-4　圣·彼得大教堂广场

4.2.2　现代城市广场的类型

4.2.2.1　基本特点

大多数现代居民越来越喜欢户外活动，城市广场成为提供多样户外活动的主要公共开放性场所。在保障开放性的前提下，为满足不同层次、不同年龄段的各类人群的多种功能需求，就必须要有适合不同人群的功能区域。这就要求广场的内部空间形式更多元化，以满足不同人群的使用要求。城市广场作为"城市客厅"，是对外展示城市历史文化和精神面貌的窗口；注重文化性、地域特色也是必不可少的，在此基础上也要追求舒适、放松的环境。综合上述内容，城市广场的基本特性包括公共开放性、功能综合性、空间多样性、文化性与地域性。

4.2.2.2　主要功能

按照功能属性，城市广场一般可以分为以下几种类型。

①市政广场　一般处于城市中心地段，其特征主要是占地面积和硬质铺装面积都比较大。为了方便大量人群的户外集会活动极少设置有其他景观设施。一般情况下是举办大型集会、节日庆典、动员大会等大型活动的场地（图4-2-5、图4-2-6）。

②商业广场　一般邻近城市商业中心区，通行形式多以步行方式。广场空间由特色休闲空间、标志性的景观小品、特色的景观种植空间、休憩设施以及大面积人行空间构成。商业区较为集中并且类型丰富，以便满足人们购物、休闲娱乐、休憩等多层次的需求。

③ 纪念广场　为纪念人或事件所建设，以纪念雕塑、纪念碑和纪念性建筑作为标志性设施放置在广场醒目的位置上，以突出纪念性主题的严肃性和文化内涵。纪念性广场的环境氛围较为安静、庄重，没有嘈杂的商业区和娱乐区（图4-2-7、图4-2-8）。

④ 游憩广场　提供给人们进行休闲娱乐活动的开放空间。广场的形式较为灵活多变，没有固定的形式，在面积上也没有具体要求，主要特点就是聚人气，气氛也较为欢乐、轻松。一般设置有供人们休憩的设施和观赏的小品景观。

⑤ 文化广场　含有较多文化内涵或以特色建筑为依托的较大型城市场地，为市民提供休闲娱乐的公共空间与文化活动的场所。例如某些历史建筑周围的场地，根据城市人群的综合需求和使用活动需求，被发展成不同功能的广场空间，成为一个具有强大社会和文化价值的重要场所（图4-2-9）。文化广场与游憩广场也可以共同归属于市民广场。

图 4-2-5　天安门广场

图 4-2-6　莫斯科红场

图 4-2-7　美国 911 国家纪念广场总体鸟瞰

图 4-2-8　世贸双塔遗址处的坑洞式瀑布水景池

图 4-2-9　哈尔滨索菲亚广场

　　事实上在城市发展进程中，城市广场已经不再是仅具有单一功能的开放空间，而是逐步发展为涵盖多种功能的综合性公共服务空间。这种功能复合型的现代广场不仅有效提高了城市空间利用率，同时更多地满足了人们对高质量生活的追求。

4.2.3 城市广场的空间形态

从空间形态的角度出发，城市广场可以分为平面型广场和立体型广场。

4.2.3.1 平面型广场

现代平面型广场自最古老的广场形态发展而来，伴随着不同城市自身的地理环境、社会经济环境和政治环境，平面广场也表现出千差万别的形态特征。先规划后发展的区域或城市，其道路形态往往表现为有序规范形态，与之相对应的城市广场也大多呈现为规则变化式或者对称形式，如中国北京的天安门广场和法国巴黎的协和广场。而那些随着历史的变迁自然发展的城市，街道空间通常表现为自然形态，因此城市广场也大多呈现为自由活泼的形态，如意大利的圣马可广场和锡耶纳坎波广场就是典型代表。因此按照广场平面形态的规则情况，平面广场又可以细分为"规则型广场"和"自由型广场"两种类型。

规则型广场的显著特征是拥有较为明显的纵向或是横向主轴线，同时广场的主轴线上往往还设置主要建筑物，起到统筹和架构整个广场空间的作用，按照构成其平面形态的几何元素的数量，可以划分为单一型和组合型广场。组合型广场是指利用一个或者多个几何图案，按照一定的原则进行排列，构成理性的同时具有动态变化性的城市景观，体现了对比、流动、韵律等一系列美学法则，它不仅将广场空间与城市道路连为一个整体，而且能表达连续而流动的城市空间形态。这种广场多位于城市中心，规模尺度较大，且开合有序，富有变化。该种形式的广场适用于具有重大意义或地位的场地设计（图 4-2-10）。

自由型广场是由于特殊环境、地形、历史背景等客观因素，以及设计理念等主观因素，出现的一些不规则几何形态的广场。这类广场具有良好的围合性，广场边界多由建筑物和道路组成。自由型广场虽不规整但仍具有整体的艺术美感。同时因其灵活性，可以满足广场的多主题需求，使得城市空间发展具有有机性（图 4-2-11）。

图 4-2-10 巴黎协和广场

图 4-2-11 锡耶纳坎波广场

平面广场的特点是垂直方向基本没有变化，总体处于一个水平面上，可与城市道路交通平行对接。此类广场的缺点是缺乏层次感和错落感，更缺少"曲径通幽"的景观特色。为了弥补不足，平面型广场可进行局部小范围的高差变化，这样既可增加平面广场层次感，又变得错落有致，引人入胜。这种地界面竖向上的变化即逐渐向立体型广场发展。

4.2.3.2 立体型广场

与平面型广场相对应的是立体型广场，也称为空间型广场。它注重在垂直方向的变化，并通过与城市整体的平面网格形成高差而得到立体效果。立体型广场可分为上升式和下沉式广场两种形式。它的出现来源于"为改善交通，在不同高程实行人车分流"这一理念。城市中心大多建筑密集，将自然生态元素通过多层次立体绿化引入，无疑会给城市增添更多活力。

上升式也称抬升式广场，一般利用道路网上方或者低矮建筑顶部进行改造，在高层建筑中部或顶部，挖空或连接而形成空中广场。此类广场一般会进行人车分流，即将步行道以及非机动车道放在较高的地面上，而车行道放在较低的层面。这样使得行人可直接穿越城市景观广场，与城市中的公共开放空间进行良好互动，避免地面车行交通的干扰。美国华盛顿国家广场（National Mall）局部即采用此种方式进行人车分流（图4-2-12）。

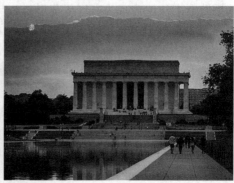

图 4-2-12　美国华盛顿国家广场

下沉广场是现代城市空间中普遍应用的一种设计形式（图4-2-13、图4-2-14）。广场的下沉式处理，可以营造出相对密闭的空间，给人一种宁静舒适的感觉，同时也可以将人与机动车进行分流。现在下沉式广场设计的另一个趋势是将其与地下商场相连接，不仅提高了空间趣味性也增强了空间利用率。美国纽约洛克菲勒广场（Rockefeller Plaza）（图4-2-15）就是下沉广场的典型案例。广场正面景观轴线的尽端是普罗米修斯的大型雕像，配以喷泉加以点缀，四季皆可作为集会空间。在冬季也可作为滑冰场供居民、游人休闲娱乐。但是下沉式广场也有其局限性，由于工程量大、施工难度较高等问题受到一定建设限制。

图 4-2-13　购物中心的下沉广场　　　　图 4-2-14　公园中的下沉广场

图 4-2-15　洛克菲勒中心下沉广场

4.2.4　城市广场的视觉尺度

广场的空间比例关系主要包括广场的基面长度、基面宽度、边围高度等。

① 基面主要指城市广场所在区域内的地面，构成基面的形式多种多样，既可以是由铺装和绿化组成的一般铺地，还可以是地下车库或地下商业街的顶面等特殊基面。基面决定了城市广场的空间尺度及基本形态，是城市广场最重要的组成部分。基面长度即为底界面长边尺寸，基面宽度为底界面宽边尺寸。

② 边围高度是指为广场空间起到围合作用的建筑物、构筑物或植物的高度。这种竖向界面和地界面之间的尺度比例关系是最贴近人们的直观视觉感受的，同时也是广场基本特征的具体表达，对广场的使用有着重要的影响，因此有较高的研究价值。

4.2.4.1　广场基面的长宽比

在对广场的空间尺度的研究中，广场基面的长宽比是重要研究对象。长宽比直接决定广场的空间形态，也对人的使用和整体的视觉感知有本质上的影响。对于矩形广场而言，主要的景观轴线往往平行于广场长边，主景观节点又多布置在景观轴线上，故起到视觉牵引的作用，人们常沿景观轴线打开观察视野。

（1）水平视角 20°（$H:D=3:1$）

根据人的视觉视野分析，人眼在中心视角 20°时能较为清晰地分辨广场边界，此时要求广场基面长度为宽度的 3 倍，即当广场基面长度 H：基面宽度 $D=3:1$ 时，使用者站在矩形广场宽边中央观看广场对边需要的中心视角为 18.924°，约为 20°。当广场基面长度大于广场基面宽度的 3 倍时，广场形态不断拉长，尺度开始趋向街道的尺度，此时需要中心观察视角仅为 0～20°，广场空间感下降，与此同时街道空间感上升（图4-2-16）。

（2）水平视角 40°（$H:D=3:2$）

人的水平中心视角为 40°时为最佳视野范围。此时要求广场的基面的长（H）宽（D）比为 3：2，即基面长度为宽度的 3/2，观察者的水平视角为 36.87°，约为 40°。此时观察者的视野范围清晰，对广场的空间感受力达到最强，为推荐的基面设计控制尺度。

（3）水平视角60°（$H:D=5:6$）

观察者的视角为60°，为人眼水平方向上所能达到的最大视角。此时要求广场基面长（H）宽（D）比约为5:6，即基面长度为宽度的5/6。人观察广场时所需角度若超过60°时，即基面长度小于宽度的5/6时，观察者对广场区域边界的感知开始淡化，广场的围合感变弱。

综上分析，根据水平视野特点，范围在40°～60°之间时观察者的视觉感知效果最理想，故要求广场基面的长（H）宽（D）比范围在（5:6）～（10:7）之间时，即比值为0.83～1.38。广场基面的长（H）宽（D）比最大范围在（5:6）～（3:1）之间，其中5:6与3:1时是观察者所能感受广场空间的临界情况。多数经典广场的基面长宽比均落在理想区间内或较为接近理想区间，如锡耶纳坎波广场基面长宽比为1.2，罗马市政广场基面长宽比为1.42。

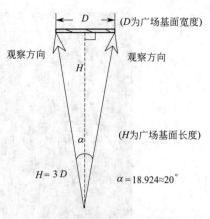

图 4-2-16　20°水平视角观察图

4.2.4.2 边围与基面的进深比

城市广场的边围也可称为竖向围合界面，是指紧密环绕着广场且起到一定围合作用的建筑以及绿化植被等。由于人眼视野的特性，边围的高度在一定程度上对广场的尺度设计有决定作用。边围的高度与广场传达给人的围合感有着直接的关联：一般情况下，边围的高度越高，空间的封闭度越高，围合度越强。人在观察广场时，垂直方向的视野范围和到边围的距离有关，故结合视野特点和广场基面的进深可以得出广场边围设计的最佳范围。根据卡米洛·西特（Camillo Sitte, 1843—1903）对城市广场的研究可知，封闭的广场给人以稳定的安全感，并有效隔离外界噪声干扰，受到人们的喜爱。这里说的广场基面进深指的是广场的边界与对面的围合界面之间的距离，即人位于广场边缘时观察对面的围合建筑的水平距离。

克利夫·芒福汀（Moughtin. JC.）在《街道与广场》中认为广场的宽边由从屋檐出发的45°角所到达的边决定，即广场深度应为建筑高度的一倍距离，也就是说当广场边围与广场深度为1:1的时候可以完整地看到广场边围全貌，是广场尺度应满足的基本要求，当观赏距离为边围高度两倍时（人们观察建筑边围为仰角27°）为观察边围建筑的最佳视角。要看到广场边围全貌或多于一幢建筑时，广场进深应为建筑高度的3倍距离，即为人们呈18°仰角观察边围建筑。若使居于广场中央的人环视四周时均有最佳观察视野时，广场深度应为4倍围合建筑高度，广场深度与广场高之比为4:1；若使居于广场中央的人环顾四周看到边围大部分或全貌，则广场深度与广场边围高度之比为6:1。

总结卡米洛·西特与克利夫·芒福汀的理论，我们可以得到基面进深尺度设计的基本理论，即当人位于边围对面的广场边缘时：

① 基面深度小于边围高度时，基面深度：边围高度<1时，垂直视野为仰角>45°，广场封闭感极强，但只能看到边围的一部分，有压抑感，比值越小压抑感越重。

② 基面深度等于边围高度时，基面深度：边围高度=1:1，即比值为1时，垂直视野为仰角45°，广场封闭感强，可以完整看到边围，但略有压抑感（图4-2-17）。

③ 基面深度是边围高度的1～2倍范围时，基面深度：边围高度=（1～2）:1，即比值为1～2时，垂直视野为仰角27°～45°，广场封闭感较强，空间尺寸紧凑，垂直视野上可以

完整看到边围，水平视野上可以看到更多边围建筑。

④ 基面深度是边围高度的 2 倍时，基面深度：边围高度＝2∶1，即比值为 2 时，垂直视野为仰角 27°，广场有舒适的封闭感，视觉上有最佳观察边围的效果。

⑤ 基面深度大于边围高度的 2 倍时，基面深度：边围高度＞2，垂直视野为仰角 ＜27°，广场封闭感减弱，比值越大封闭感越弱。

⑥ 基面深度等于边围高度的 3 倍时，基面深度：边围高度＝3∶1，垂直视野为仰角 18°，可以看到更大的边界范围，但广场封闭感较弱。

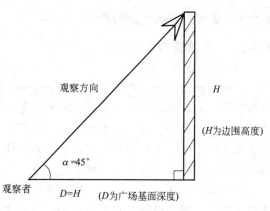

图 4-2-17　一倍边围高度观察图

⑦ 基面深度等于边围高度的 6 倍时，基面深度：边围高度＝6∶1，垂直视野为仰角 9°，广场封闭感消失。

另外，基面深度等于边围高度的 4 倍时，基面深度：边围高度＝4∶1，垂直视野为 13.5°，此时，位于广场边缘的观察者几乎感受不到围合感，但此时广场中央成为最佳视点，垂直视野 27°，较大的广场宜使用该尺度。上述内容的归纳总结详见表 4-2-1。

表 4-2-1　广场边围垂直视野观察表

基面深度 D/边围高度 H	垂直视野仰角	广场封闭感	视觉舒适度
约 6∶1	9°	完全消失	远眺辽阔
约 4∶1	13.5°	基本消失	视野开阔
约 3∶1	18°	稍有围合感	视野稍受阻
约 2∶1	27°	有围合感	垂直视屏形成,视野开阔感开始受阻
1∶1	45°	围合感较强	垂直视屏景点感增强,视野基本受阻
约 1∶2	60°	围合感强烈	垂直视屏压抑感增强,视野完全受阻

通过上述分析，基面深度：边围高度＝2∶1 时，垂直视野为仰角 27°，视觉上有最舒适的封闭感。对于用地规模较大的广场，基面深度：边围高度＝4∶1 时，广场中央成为最佳视点，可以在仰角 27°情况下环顾四周拥有最佳视野。垂直观察视野在 18°～45°为观赏目标物体的有效视角范围，要求广场的进深与边围高度比的范围在（3∶1）～（1∶1）之间时为最佳，使得广场围合感较好。另外，围合广场的植物与建筑有类似的功效，其尺度可参考建筑边围尺度。

这里指的界面高度是具有连续性的边围的高度，是指围合的建筑群中大部分建筑物高度统一且连续，当建筑之间高差变化过大、建筑之间空隙大、天际线起伏较大等情况下，上述空间比例关系则不完全适用。尤其是现代的广场多为开放型，广场并不与建筑紧密贴合在一起，此时则不具备围合要素。

4.2.5 城市广场的地域特色

4.2.5.1 地域性的影响要素

（1）自然环境因素

自然特征来自于自然界生生不息的变化，无论是地形、河流、植被等都在不停地变化，这些都是由自然所创造出来的。自然环境是一种很难摆脱的氛围场，自然环境因素是形成自然特色的直接原因，主要包括地形地貌因素、气候气象因素等。这些因素对广场景观的形式存在很大的影响。地形地貌因素，它通常是作用于城市肌理、形态以及人们的生活习惯等间接地影响城市广场的设计，气候的变化对人们的心理生理始终产生着巨大的影响。与气候要素密切相关的有温度、湿度、日照、通风、降水等要素，而这些要素对于广场的场地选择、建筑风格的选择、植物配置等方面都有着很大的影响。城市广场设计必然要结合这些自然条件因素，才能突出自己的特色个性。我国幅员辽阔，各个地区的气候条件差别很大，所以适应气候的城市广场设计也有着许多不同的方式方法。因此自然环境因素在具有地域特色的城市广场设计中往往起着决定性的作用。以地形为例，对于那些地势比较崎岖、不平坦的地区，应当利用其地势的高差，采取梯级、平台、阶地、斜坡等手法应用到功能布局当中，突出它的层次感，从而达到理想的效果。

（2）社会文化因素

社会文化因素对城市广场的影响是表现在各个方面的，一个地域特有的文化与习俗，是地域性不可缺少的组成。这些影响有一部分是显性的，有一部分是隐性的。广场是一个时代的物质文明与精神文明的载体之一，直接作用于城市广场设计的社会文化要素，凝聚着许多人的聪明智慧，主要有城市特色、使用者行为活动的特点以及地域特色这三方面，它以无声的语言向世界表述民族的、地域的文化特征，比其他任何文化形式都更为直观、更大众化。设计师把适宜的材料、技术、景观元素装点在广场上从而达到以物喻人的效果，由此可见，城市广场顺理成章地表现出了地域文化特色。

（3）经济技术因素

经济与技术因素是地域特征的一个重要方面。现代城市将城市设计作为发展城市经济的重要战略，在形成广场地域特色的过程中，起着相对矛盾又统一的作用。在现代城市广场设计中，吸引人们在此投资、购物、休闲或是工作，提倡因地制宜的设计思想，这种对经济利益的重视成了现代城市设计中的一个重要特征，城市广场的建设应与当地的经济发展水平相当，要根据本地具体的经济技术条件、开发和动作的机制等，挖掘技术潜力，发挥创造力，从而创造出具有地域特色的城市广场空间。新技术新材料的产生和运用，创造出超越传统城市广场的视觉效果，与当地的经济规模相匹配，使城市广场地域特色成为可能。

4.2.5.2 地域文化载体的构成要素

地域文化是一种精神产品，它需要客观实际存在的物质载体来体现它，地域文化载体是地域文化的物化表现。城市广场和地域文化载体是相互依存，并且不可分割的。按动、静态载体来划分，主要包括以下两大类。

① 动态载体，主要指人以及人们的活动，在设计过程中，应当首先考虑作为设计对象的广场都有哪些人类活动，并以此作为设计的前提条件。

② 静态载体，包括自然要素和人工要素两方面。自然要素即地形、水体、气候等。每个城市都有着自己得天独厚的自然条件，如自然山水格局、地形地貌等，广场设计结合这些

自然资源，会使其更富地域特色，并更能加深人们对城市的印象。人工要素即建筑、铺装、小品设施、色彩材质等，这些要素直接影响着广场空间的形象与气氛的表达。

4.3　城市公园

城市公园是城市建设的主要内容之一，是城市生态系统、城市景观的重要组成部分，是满足城市居民的休闲需要，提供休息、游览、锻炼、交往，以及举办各种集体文化活动的场所。

4.3.1　城市公园的产生与发展

现代意义上的城市公园起源于美国，由美国景观设计学的奠基人弗雷德里克·劳·奥姆斯特德（Frederick Law Olmsted）提出在城市兴建公园的构想，早在 100 多年前，他就与沃克斯（Calvert Vaux）共同设计了纽约中央公园。这一事件不仅开拓了现代景观设计学之先河，更为重要的是，它标志着城市公众生活景观的到来。园林已不再是少数人所赏玩的奢侈品，而是可使普通公众身心愉悦的空间。

4.3.1.1　城市公园产生的背景

西方国家城市公共绿地的历史可以追溯到古希腊、古罗马时代。当时的人们十分重视户外活动，社交活动、体育运动均很发达，随之也产生了城市广场、运动场、竞技场等，其中设置了林荫道、草坪，点缀着花架、凉亭，也布置了雕像、座椅；在神苑和学苑内也有类似的设施。可以说，这是西方早期公共园林的雏形。自文艺复兴之后，英、法、意等国的皇家园林和私人庄园也常常在一定时期对公众开放。这一做法与我国古代的一些皇家园林和私家园林颇为相似。这种现象也从另一方面说明自古以来普通城市居民对园林绿地需求的迫切性。然而，这些对外开放的私园并不能称为"城市公园"，因其主权仍属园主人所有。

18 世纪中后期至 19 世纪初，英国的工业革命给社会、经济、思想、文化各方面都带来了巨大的冲击。如前文所述，在工业化和资本主义经济迅速发展的进程中，伴随着产生了从事体力劳动的工人阶级和占有资本财富、工厂、矿山的资产阶级，形成了新的社会结构。同时，大量农民不断由农村涌入城市，加入工人阶级的行列之中，导致了城市人口剧增，城市不仅数量增加，其用地也不断扩大。这种自发的、缺乏合理规划的城市迅猛发展，相继带来了许多新的矛盾，城市中环境优美、舒适的富人区与拥挤、肮脏、混乱的贫民窟形成鲜明对比；城市住宅、交通、环境等问题都亟待解决。

英国是工业革命的发源地，此后，工业革命的浪潮逐渐波及欧美其他地区。而法国大革命胜利及美国宣布独立，更推动了欧美经济的迅速发展，并吸引了大量移民，随之城市也开始进入了一个新的发展阶段。这些国家的社会变革，大大改变了城市面貌，同时也赋予园林以全新的概念，产生了在传统园林影响之下，却又具有与之不同的内容与形式的新型园林。

资产阶级革命导致君主政权的覆灭，以及对改善城市聚居环境的迫切需求，不少以前归皇家所有的园林逐步开始对平民开放。18 世纪，英、法皇室先后向市民开放了一些原属皇家的园林，有些原本规则对称的几何式园林几经改造后，以其自然式的优美景观向游人开放，整体风格体现出英国自然式风景园的景观特征。这些皇家园林成了当时上流社会不可或缺的表演舞台，也是公众聚会的场所，起着类似公众俱乐部的作用。

随着城市的发展，除皇家园林对平民开放以外，城市公共绿地也相继诞生，出现了真正为居民设计，供居民游乐、休息的花园甚至大型公园，进而也促进了城市公共绿地的发展。

4.3.1.2 欧洲早期的城市公园改造

在由皇家园林改造为对市民开放的公园中，以英国伦敦市内的肯辛顿公园（图 4-3-1）、海德公园（图 4-3-2）、绿园、圣詹姆斯园及摄政公园等最为著名，它们几乎连成一片，占据着市区中心最重要的地段，总面积达到 480 多公顷，经过改造后，更适宜于大量游人的公共活动。后来又陆续兴建了一些小公园，至 1889 年，伦敦的公园面积达到 1074hm²，1898 年增至 1483hm²，公园建设发展速度之快十分惊人。

图 4-3-1　肯辛顿公园　　　　　　　　　　图 4-3-2　海德公园的林荫道

这一时期，法国巴黎建造公园的活动也在蓬勃展开。19 世纪初，巴黎仅有总面积 100 多公顷的园林，而且只有在园主人同意时才对公众开放。在都市扩建时，巴黎的行政长官奥斯曼男爵与皇帝商定首先改造布劳涅林苑和樊尚林苑，然后在巴黎市内又建了蒙梭公园、苏蒙山丘公园和蒙苏里公园及巴加特尔公园，此外，沿城市主干道及居民拥挤的地区设置了开放式的林荫道或小游园。这些措施使巴黎的城市面貌在总体上得到很大的改善。

此后，受英、法等国城市公园建设的影响，德国也将皇家狩猎园梯尔园向市民开放，并于 1824 年在小城马格德堡建立了德国最早的公园，与此同时在柏林还建了弗里德里希公园。1840 年，又将梯尔园进行了改造，其中设有林荫道、水池、雕像、绿色小屋及迷园等。从这个时期开始，欧洲各国也陆续建设了一些城市公园，形成一种新的城市景观潮流。

纵观上述各国的城市公园，多数仍是在旧有园林上改建后对公众开放的，其规划形式及内容虽经改造，但多数仍然沿袭过去的模式，以折中式或英式为主，与后来美国的纽约中央公园相比，还缺乏真正意义上的"城市公园"的内容。

4.3.1.3 美国的城市公园运动

1857 年，被称为"景观设计学之父"的奥姆斯特德与沃克斯合作，以"绿草地"为主题赢得了纽约中央公园设计方案竞赛的大奖。纽约中央公园面积为 340hm²，考虑到成人及儿童的不同兴趣和爱好，园内安排了各种活动设施，并有各种独立的交通路线，有车行道、骑马道、步行道及穿越公园的城市公共交通路线（图 4-3-3）。在纽约中央公园的设计方案中，奥姆斯特德明确提出了以下构思原则：①满足人们的需要，为人们提供周末、节假日休息所需的优美环境，满足全社会各阶层人们的娱乐要求；②考虑自然美和环境效益，公园规划尽可能反映自然面貌于自然之中；③规划应考虑管理的要求和交通方便，各种活动和服务设施应融于自然之中。

奥姆斯特德是第一位有大量园林作品的美国景观设计师，他吸收英国风景园的精华，创造了符合时代要求的新园林，是城市公园的奠基人。纽约中央公园的建成确立和传播了现代城市公园的设计理念，在美国掀起了一场城市公园建造运动。奥姆斯特德作为这一运动的杰出领袖，他预见到移民成倍增长、城市人口急剧膨胀必将加速城市化的进程。因此，他认为城市绿化将日益显示其重要性，而建造大型城市公园则可使居民享受到城市中的自然空间，是改善城市环境的重要措施。奥姆斯特德的作品遍布美国及加拿大，欧洲各国也纷纷仿效。美国的城市公园运动使市民们从原来令人疲惫不堪的城市生活中暂时解脱出来，满足了他们寻求慰藉与欢乐的愿望，对促进人们投身于不断高涨的重返大自然怀抱的潮流有着极其深远的意义。

图 4-3-3　纽约中央公园

美国城市公园发展取得惊人成就的同时，也缓解了美国城市人口剧增给城市带来的巨大压力，美国的许多城市着手建造更多的公园。城市公园运动增强了人们对公园和自然美景的向往，同时风景园林业也成为一个独立的职业登上历史舞台，并逐渐独立发挥作用。城市公园运动也成为了美国景观设计发展历程上的转折点，它的出现意味着风景园林领域的拓宽。

美国的城市公园运动虽然沿用了英国风景园的自然主义风格，一开始就有一种对生态浪漫主义的眷恋，没有创造出新的风格和形式，但它抛弃了"极权式"的西方传统园林，提出了为大众服务的设计思想，以民主的形象替代了传统园林巨大的纪念性和极端权力的表现。面向市民的城市公园在功能使用、行为与心理、环境及技术等众多方面形成更为综合的理论与方法，使城市公园第一次成为真正意义上的大众景观，为现代城市公共景观奠定了基础。

4.3.2　公园的类型

我国对城市公园的分类如表 4-1-2 中所列，"公园绿地"分为综合公园、社区公园、专类公园、游园 4 个中类，其中专类公园又包含动物园、植物园、历史名园、遗址公园、游乐公园以及其他专类公园（主要包括儿童公园、体育健身公园、滨水公园、纪念性公园、雕塑公园以及位于城市建设用地内的风景名胜公园、城市湿地公园和森林公园等）6 个小类。

综合公园仅对用地规模做出一定要求，不再细分为"全市性公园"和"区域性公园"两个小类，原因是：各地城市的人口规模和用地条件差异很大，且近年来居民的出行方式和休闲需求也发生了诸多变化，在实际工作中难以区分全市性公园和区域性公园。因此，在无法明确规定各级综合公园的规模和布局要求的情况下，将综合公园细分反而降低了标准的科学性和对实际工作的指导意义。

社区公园强调"用地独立"，明确了"社区公园"地块的规划属性，即该地块在城市总体规划和城市控制性详细规划中，其用地性质属于城市建设用地中的"公园绿地"，而不属于其他用地类别的附属绿地。

历史名园的定义为"体现一定历史时期代表性的造园艺术，需要特别保护的园林"，是因为随着当代文化遗产理念的发展，除中国传统园林以外，近代一些代表中国造园艺术发展轨迹的园林同样具有重要的历史价值，虽然这些园林不一定是文物保护单位，但其具有鲜明时代特征的设计理念、营造手法和空间效果，应当给予保护。例如，北京在 2015 年公布了首批 25 个历史名园名录，包括颐和园、天坛、圆明园、北海、景山、淑春园等。确定历史名园名录，提倡依托文物古迹周边场地规划建设公园绿地，对形成文化特色鲜明的园林绿地建设风格，构筑富有历史文化内涵的城市绿地系统具有推动作用。通过制定历史名园保护规范，将历史名园与城市普通公园管理相区别，更有利于历史名园的保护。

遗址公园位于城市建设用地范围内，其用地性质在城市总体规划或城市控制性详细规划中属于"公园绿地"范畴。其首要功能定位是重要遗址的科学保护及相关科学研究、展示、教育，需正确处理保护和利用的关系，遗址公园在科学保护、文化教育的基础上合理建设服务设施、活动场地等，也需承担必要的景观和游憩功能。

其他专类公园中包含的类型较多较杂，如儿童公园、体育健身公园、滨水公园、纪念性公园、雕塑公园以及位于城市建设用地内的风景名胜公园、城市湿地公园和森林公园等，这是因为考虑到不少城市在建设用地范围内存在诸如风景名胜公园、城市湿地公园、森林公园等公园绿地类别的客观现状，而上述专类公园与 EG1 风景游憩绿地中的风景名胜区、湿地公园、森林公园、遗址公园等主要的差别在于：第一，表 4-1-2 中所列的 G139 其他专类公园是城市公园绿地体系的重要组成部分，位于城市建设用地之内，可参与城市建设用地的平衡；第二，G139 其他专类公园因其位于城市建设用地范围内，其首要功能定位是服务于本地居民，主要承担休闲游憩、康体娱乐等功能，兼顾生态、科普、文化等功能。由于用地位置与主要功能的不同，G139 中风景名胜公园、城市湿地公园、森林公园与 EG1 中的风景名胜区、湿地公园、森林公园等在设计要求与设计内容上也有很大差异。

风景名胜公园是指位于城市建设用地范围内，以文物古迹、风景名胜点（区）为主形成的具有城市公园功能的绿地。

城市湿地公园是指在城市规划区范围内，以保护城市湿地资源为目的，兼具科普教育、科学研究、休闲游览等功能的公园绿地。

城市森林公园是指位于城市建设用地范围内，具有一定规模和质量的森林旅游资源及良好的环境条件和开发条件，以保护森林生态系统为前提，以适度开发利用森林景观资源获得社会、经济、生态效益为宗旨，并按法定程序申报批准的开展森林旅游的特定地域。

其他专类公园还包括儿童公园、体育健身公园、纪念性公园、雕塑公园等具有某个特定主题的公园（图 4-3-4、图 4-3-5），应根据其主题及使用人群需求设置相应的游憩设施、健身设施或科普设施等内容。例如，儿童公园是供学龄前和学龄儿童进行游戏、娱乐、体育活动及文化科学普及教育的城市专业性公园，建设儿童公园的目的是为儿童创造丰富多彩的以户外活动为主的良好条件，让儿童在活动中接触大自然，熟悉大自然，接触科学，热爱科学，从而锻炼了身体，增长了知识，使其在德、智、体诸方面健康成长；体育健身公园是指有较完备的体育运动及健身设施，供各类比赛、训练及市民的日常休闲健身及运动之用的专类公园；纪念性公园是以当地的历史人物、革命活动发生地、革命伟人及有重大历史意义的事件而设置的公园。

根据中华人民共和国住房与城乡建设部发布的《公园设计规范》（GB 51192—2016）中的规定，城乡各类公园的新建、扩建、改建和修复的设计都应按此规范执行。《公园设计规范》中对各类公园的内容、用地比例、容量计算、设施的设置数量和位置等都给予了较为详细的规定，并针对公园的总体设计、地形设计、园路及铺装场地设计、种植设计、建构筑物设计以及水电等设备专业的具体设计要求均有相应规定。

图 4-3-4 波兰奥斯威辛犹太教堂纪念公园

图 4-3-5 挪威维格兰雕塑公园

4.4 城市绿地系统

城市绿地系统是由一定质与量的各类绿地相互联系、相互作用而形成的绿色有机整体，也是由城市中不同类型、不同性质和规模的各种绿地，共同组合构建而成的一个稳定延续的城市绿色环境体系。随着科学技术的发展，人们意识到城市绿地除了具有传统意义的美化、游憩的直接作用外，还具有生态、环境保护、防灾减灾的作用。

关于城市绿地的概念以及绿地系统的构成，虽然每个国家的具体阐述都有所不同，但其核心内容、规划及设计目标应该是高度一致的，即改善城市生态、保护环境，为居民提供游憩场地和美化城市，使城市能够可持续地发展下去。

4.4.1 主要发展过程

作为城市生态系统、城市景观的重要组成部分，现代城市公园也是早期城市绿地系统产生与发展的基础，兼具游憩、生态、美化、防灾等诸多作用；同时，其真正意义上的公共开放性及较完善的配套服务设施，使其与以往的古典园林有着本质的区别。

城市绿地系统一词，在各国的法律规范和学术研究中，对它的定义和范围有着不同的解释。在国外的城市生态学、景观规划设计以及相关法律中一般不提"城市绿地系统"，而是提及城市"绿色开敞空间（green open space）"的概念较多。目前，在国际上并没有统一的城市绿地的分类方法。按照分类依据的不同，城市绿地系统可划分为不同的类别。如按地形要素可分为山、水、林、田、路等类型；按形态可分为斑块、面、线、点等类型。但对于城市绿地系统具有真正意义的，且分歧较大的还是依据功能划分。在同一主体功能下，城市绿地的形态、规模、服务半径、用地性质等都可能有较大差异，因此，每个国家会结合实际情况对城市绿地采取更为合理的分类规定。

4.4.1.1 美国的城市公园系统

美国的城市公园系统（park system）是指公园（包括公园以外的开放绿地）、公园路（park way）和绿道（green way）所组成的系统。通过将公园与线性绿地的系统连接，达到保护生态系统，引导城市开发向良性发展，增强生活舒适性的目的。美国的公园系统是在19世纪城市公园运动中逐步建立起来的。

从纽约中央公园开始，奥姆斯特德领导的城市公园运动催生了大量新型的城市公园，但是仅仅依靠单个公园的建设无法解决美国的城市问题。公园系统正是在这样的城市化背景下产生和发展起来的。纽约中央公园于1873年建成，由于取得了巨大成功，其他城市纷纷效仿。其后不久，布鲁克林市建成了布罗斯派克公园。在奥姆斯特德与沃克斯的提议下，为了将布罗斯派克公园景观延伸入市区内部，建设了第一条公园路——伊斯顿公园路（Eastern Parkway）。布法罗则是最早建成具有真正意义的公园系统的美国城市。

1868年秋季，布法罗市的市民团体委托奥姆斯特德查看了三处公园基地。与纽约方格状的街区形态不同，布法罗市的道路系统呈放射型，因此，公园基地的形状比较灵活。奥姆斯特德在原有道路形态的基础上，规划了公园路连接三个公园组成一个系统。其中，最北面的特拉华公园面积为 $14.16hm^2$，建有大草坪与人工湖；西面的弗兰特公园占地 $1.46hm^2$；东部的巴拉德公园面积为 $2.27hm^2$，设有儿童游乐设施，并有一定的军事用途。公园路宽61m，连接着三个功能与面积不一样的公园，形成了较完整的公园系统（图4-4-1）。

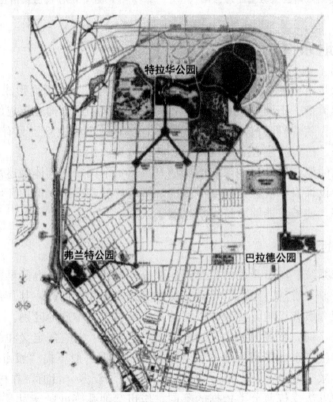

图 4-4-1 布法罗城市公园系统

19世纪中叶发展起来的公园系统，到20世纪已经被大多数的美国城市所采用。美国的城市公园系统的布局重视其功能的发挥，根据基本功能和建设目的，大致分为环境保护型、防灾型、开发引导型、区域规划型四种类型。

（1）环境保护型

地区本身具有优美的自然风景和生态基础，为了避免城市化造成的环境破坏，首先通过公园的规划建设将重要的自然生态地区保护起来，在此基础上推进城市建设。这类公园系统的建设以环境保护为基本导向。代表城市为明尼阿波利斯。

19世纪下半叶，明尼阿波利斯的优美风景在城市化压力下逐渐受到破坏。1883年6月，昆·布郎发表了《关于明尼阿波利斯市公园系统的建议》，提出将穿越市区的密西西比河两侧的地带全部公园化，保护郊区大规模湖岸绿地，保护湿地植物群落并防止洪水泛滥。同时，建设宽度为60m以上的林荫道，沿道路配置公共建筑，使滨河区、滨湖地带成为城市居民共有的乐园。沿河岸的公园一直延伸到该市南部的明尼哈哈瀑布。1920年左右，明尼阿波利斯基本上建成了以水系为中心的环状绿地系统。

（2）防灾型

城市原来的建筑密度大，城区结构不合理，不利于防止城市灾害（如火灾、地震等）。通过公园系统隔断原来连接成片的城区，形成抗灾性能较高的街区结构，同时具有休闲和美化环境的功能。代表城市为芝加哥。

19世纪中叶，芝加哥市区中心基本为廉价的木造房屋。1871年的大火中，芝加哥三分之一的城区被烧毁，造成10万人无家可归。在芝加哥灾后重建中，规划人员以开敞空间分隔原来连成一片的市区，通过公园路和公园的配置有效提高城市的抗火灾能力。奥姆斯特德与沃克斯在芝加哥南部公园区的杰克逊公园和华盛顿公园设计中，规划了连接杰克逊公园和华盛顿公园的公园路。路中间一条连续的水渠，连通了杰克逊公园的咸水湖和华盛顿公园的人工池，以起到疏导洪水的作用。芝加哥大火使人们认识到公园系统具有的防灾、减灾功能，促进了防灾型公园规划的产生（图4-4-2）。

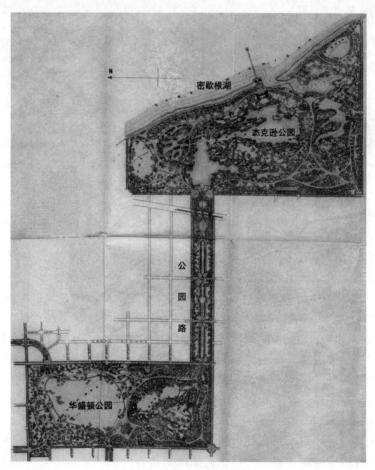

图4-4-2 芝加哥城市公园系统

（3）开发引导型

原来的城市无法容纳更多的人口和功能，需要向外扩张建设新的城区。为了在新城区建设中避免老城区的种种弊端，预先通过公园系统的建设形成良好的环境基础和空间结构。代表城市为波士顿。

19世纪中叶，波士顿城市发展迅速，城市用地不够，不断地通过填海和向郊区迁移取得更多的土地，最终造成水体污染。1875年，波士顿公园法制定，设立了公园委员会。1876年该委员会制定了波士顿公园系统总体规划，波士顿绿地系统从1878年开始建设，历经17年，1895年基本建成了现在的绿地格局。波士顿公园系统的特色在于公园的选址和建设与水系保护相联系，形成了一个以自然水体保护为核心，将河边湿地、综合公园、植物园、公共绿地、公园路等多种功能的绿地联系起来的网络系统，奥姆斯特德的这一景观作品后来被称为"翡翠项链"（图4-4-3）。由于公园系统是在城市扩张过程中建立起来的，在开发之前就已经确定了保护范围，对新城区的健康发展起到了良好的引导作用。

1—富兰克林公园;2—阿诺德植物园;3—牙买加公园;4—奥姆斯特德公园;5—滨河绿带;6—后湾沼泽地;7—联邦林荫大道;8—公共花园;9—波士顿公地

图4-4-3　波士顿城市公园系统——翡翠项链

（4）区域规划型

城市化进程中，相邻城市之间的联系日益紧密，单个城市的公园系统难以达到保护环境的要求。因此在已经或者正在形成的城市群、都市圈等广大的地域，进行跨行政区的公园规划，从地域的角度保护自然生态环境。典型代表为大波士顿区域规划。

19世纪末，由于经济的快速发展，波士顿的郊区逐渐城市化，城市周围的自然环境受到破坏。1892年，大波士顿区域公园委员会成立，委托埃利奥特编制大波士顿区域公园系统规划。在规划中，埃利奥特考虑到预防灾害、水系保护、景观、地价等因素，规划了129处公共绿地，包含了海滨地、岛屿和入海口、河岸绿地、城市建成区外围的森林、人口稠密处的公园和游乐场等开敞空间，通过建设林荫道连通这些公共绿地。1907年，大波士顿区域公园系统的格局基本建成，面积达4082hm^2，林荫道总长度为43.8km（图4-4-4）。

随后，绿道（green way）在公园路的基础上发展起来，逐渐代替公园路成为美国公园系统的主要构成部分。绿道不仅包括公园路和绿带等带状绿地，还包括沿着河流、分水岭等自然廊道的带状开敞空间，或者为人们提供休闲活动的风景优美的场所，以及连接公园、自然保护区、历史文化遗迹的城市开敞空间。绿道的功能主要包括：提供休闲活动和增进健康的场所、以洪水调节为目的的河道绿地保护、生态系统保护、历史文化遗迹保护和利用、促

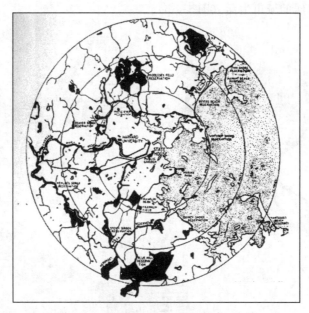

图 4-4-4　波士顿区域公园系统

(图中黑色区域为绿地、灰色区域为海域、白色区域为陆地)

进多种交通方式平衡。根据主要的功能特征以及其在公园系统中所处的地位，可以将美国绿道的建设发展过程大致分为四个阶段：

① 19 世纪中叶到 20 世纪中叶为萌芽阶段，这个时候还没有出现绿道的概念，但是各个城市建成的公园路已经具备了绿道的休闲功能。

② 20 世纪中叶到 20 世纪 70 年代为发展阶段，这一阶段随着绿道概念的传播，开始大规模地整治绿道，绿道的功能依旧集中在提供休闲活动和增进健康的场所方面，整治的内容大多为扩建、重建原来已经存在的公园路。

③ 20 世纪 80 年代为成熟阶段，随着环境问题的恶化，绿道更多地被赋予生态、环保的意义，绿道的功能开始多样化和复杂化。

④ 20 世纪 90 年代开始为普及阶段，各类相关法规和制度逐渐建立起来，从联邦政府到民间，全美各地大量建设绿道。

波士顿罗斯·肯尼迪绿道是"波士顿中心干道/隧道工程"中最有名的一条贯穿南北的绿色廊道。"波士顿中心干道/隧道工程"也被称为波士顿滨海公路城市改造工程，它在波士顿滨海地区约 13km 长的范围内，将一条修建于 1959 年的高架中央干道全部拆除，把交通引入地下隧道，所形成的开敞空间得到合理的开发利用，从而修复城市表面肌理。工程造价近 159 亿美元，于 1991 年动工，经过漫长的改造，2004 年道路施工完成。不仅解决了长期以来困扰波士顿的地面交通问题，而且将原本被切断的波士顿北部尽端部分与中心商业区又重新恢复商业联系，让这些地区的民众参与城市的经济生活。该工程建设了总计 45 个城市公园和大型公共广场，其中最有名的就是罗斯·肯尼迪绿道。

肯尼迪绿道处于原来高架公路下的开敞空间，取代了高架中央干道，把市中心连接至海滨，由具有滨水特征和便利设施的 5 个城市公园组成。肯尼迪绿道的设计规划立足于滨海地区空间独有的地域特征，建立与周围城市绿地系统的衔接，在公共活动与商业活动最密集地段和生态高敏感度地段建立有机的联系。通过延续自然地脉、把交通引入地下隧道，从而将地面开敞空间还给宜居的城市生活（图 4-4-5）。

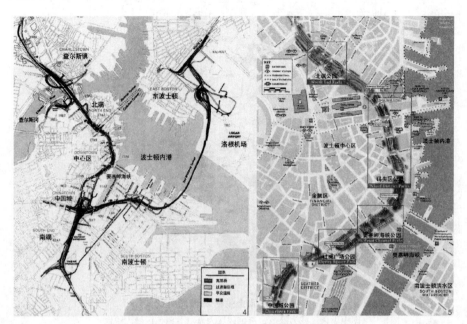

图 4-4-5　罗斯·肯尼迪绿道区位图及总平面位置图

　　罗斯·肯尼迪绿道处于滨海地区，其文化因水的存在而具有独特性。水是重要因素，并在一定程度上决定了区域的形态风貌、灵魂以及独特的地方特色。肯尼迪绿道的设计规划上以水为基本要素，纵观其所能体验到的水景观类型，包括浅水广场、临水散步长廊、亲水平台、喷泉、小瀑布等，市民在此可以进行晒太阳、看书、聊天、跑步、跳舞、玩水等活动，为市民创造了多种与水景对话的机会。在规划设计中，虽然肯尼迪绿道临近大海水源充足，但整个水景观规划设计仍然显现出生态化、小型化的设计特征。通过亲水尺度和丰富的水景设计，为市民创造了宜人的生活环境，建立海景长廊和步行街让波士顿再次回到水的怀抱中，让市民能够与海洋近距离接触。在水的处理上，全方位综合利用及创造水景是肯尼迪绿道的理水之道。除了运用喷泉等景观水体之外，还包括对自然汇水、雨水、地下水等的利用。在位于中部的码头区公园内建有波士顿港群岛馆。展馆作为一个露天的展览形式，其屋顶造型成"凹"形，有利于雨水收集，下方设有蓄水池，将雨水最大程度地收集和过滤后用于绿地浇灌补水。屋顶上还设置太阳能电池板，在阳光充足的条件下，用于发电从而起到节约能源的效用。

　　除此之外，肯尼迪绿道还通过雕刻、植物造景、建筑、公共艺术、景观小品等景观元素来反映城市的历史与水文化的关系。肯尼迪绿道独一无二的地理位置，在于它与滨海区和波士顿市充满活力的街区的无缝连接和贯通，带来了城市与滨海区积极有效连接的良好机会。通过对滨海岸线的处理、滨海开放空间的营造，将肯尼迪绿道和滨海空间一体化，使其既具有开放性，对各个公园入口节点进行重点设计，形成亲水透绿的门户节点；又把观赏、休闲的滨海空间与街区功能协调统一，同样承载起游览、教育、运动、文化展示多种功能（图4-4-6、图4-4-7）。

　　肯尼迪绿道的各个公园在进行绿化时以各节点为重点，种植开花乔木和灌木，使整个空间呈现四季花开不断的绿道景观。肯尼迪绿道还建立了丰富的、复合的、多层次的自然植被群落，注重考虑能够招引各种昆虫、鸟类，用来营造层次丰富、四季变化的植物景观，形成贯穿整个波士顿中心城区的生态群，对丰富城市的物种多样性和景观多样性起到重要的作用（图4-4-8、图4-4-9）。

图4-4-6　绿道鸟瞰

图4-4-7　丰富的植物景观

图4-4-8　花坛与草坪

图4-4-9　尺度宜人的水景

　　波士顿花了漫长的时间，通过规划和设计把高架路变成城市绿道，是一个非常成功的城市再生案例，为修复城市肌理及改善城市生态环境提供了有效的措施。

4.4.1.2　英国绿地系统的规划层次

　　英国的绿地系统规划早在20世纪初就成为城市规划中的重要内容，经过了百年的发展，其规划思想和规划内容在不同的空间层次领域都发生了不同程度的演变，形成了目前国土规划—区域规划—城市规划的多个层次的绿地系统规划体系，规划内容和对象日趋完善，最终形成了从城市到乡村的、网络健全的、生态保护优先的绿地系统。城市范围内以展现游憩功能、景观功能的公园体系的建设为主；在区域层次范围内，城市和绿带形成了相互制约的两个主体，城市绿带的建设直接影响到了城市空间发展形态；在整个国土范围内，所有用地的规划和定位以环境保护为规划的重点，各类绿地（包括农田在内）成为规划主体。

　　英国从20世纪30年代起开始，就从环境和风景保护的角度来综合考虑城市和农村一体化发展，产生了国土规划（town and country planning）的建设思路，主要是针对城镇的复兴、保护历史建筑、有价值的景观，合理地布局生活、工作和游憩三种活动而做出的一种宏观层次的控制和规划。以英格兰为例，2006年国土规划法规将土地利用的类别划分为建成区（urban areas）、绿带（green belt）、农业用地（agricultura land）、国家公园（national park）、自然景观良好地（area of outstanding natural beauty）、特殊科研基地（area of special scientific interest，如野生动物研究、观察等）、特殊保护区（special area of conservation）等用地，这种全国范围的国土规划有助于界定城乡边界的用地性质及形成宏观区域的绿地系统。

　　绿带是指在一定城市或城市密集区外围，安排建设较多的绿地或绿化比例较高的相关用地，形成城市建成区的永久性开放空间。环城绿带建设是英国城市规划政策最显著的特点之一。目前，英国的绿带建设已成为世界典范，特别是伦敦的绿带模式，被世界许多国家城市效仿。

　　有关伦敦绿带的构想最早可追溯到 1580 年，当时的国王伊丽莎白发布公告，在伦敦周边设置一条宽 4.8km 的隔离区域，该区域禁止新建任何房屋，以阻止瘟疫和传染病的蔓延。17 世纪，威廉·佩蒂第一次提出了绿带这个概念。1826 年，约翰·鲁顿编制的伦敦规划首次提出了城市环形发展概念，并提出了在城乡接合部保护农田和森林的设想。1910 年，乔治·派普勒提出了在距伦敦市中心 16km 的地方设置环状林荫道方案，并首次把设置绿带和城市空间发展联系起来，方案中的绿带宽约 420m，中间是公路、铁路、电车等复合交通系统。1933 年，温恩提出了绿色环带的规划方案：绿带宽 3～4km，呈环状围绕在伦敦城区，用地包括公园、自然保护地、滨水区、运动场、墓地、苗圃、果园等（图 4-4-10）。温恩认为环城绿带不仅是城区的隔离带和休闲用地，还应该是实现城市空间结构合理化的基本要素之一。

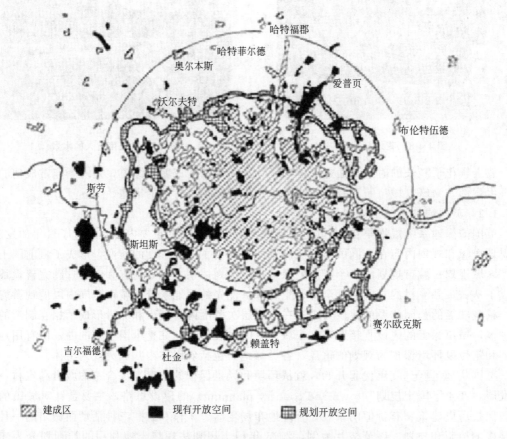

图 4-4-10　温恩（Unwin）的绿色环带方案（1933 年）

　　1935 年，大伦敦区域规划委员会发表了第一份修建环城绿带的政府建议，确定了伦敦绿带的基本思想。1938 年，英国议会通过了伦敦及附近各郡的《绿带法》，并通过国家购买城市边缘地区农业用地来保护农村和城市环境免受城市过度扩张的侵害。政府为此征购了大面积的土地，但是这些土地没有连接起来，而且许多地段都没有实现休闲功能，大多数土地变成了地方政府所有的农田而非绿色通道和公园道。

1944 年，艾伯克隆比主持编制了著名的《大伦敦规划》，以分散伦敦城区过密人口和产业为目的，在伦敦行政区周围划分了四个环形地带，由内向外分别为内城环、近郊环、绿带环、农业环。每个环形地带都有各自的规划目标。内城环紧贴伦敦行政区，目标是迁移工厂、降低人口数量；近郊环为郊区地带，重点在于保持现状，抑制人口和产业增加的趋势；绿带环是宽为 11～16km 的绿带，是伦敦的农业和休憩地区，通过实行严格的开发控制，保持绿带的完整性，阻止城市的过度蔓延（图 4-4-11）；农业环基本属于未开发区域，是建设新城和卫星城镇的备用地。《大伦敦规划》成为日后伦敦及周边地区制定相关绿带规划的根本依据。同时，这一规划针对伦敦开放空间分布不均和严重不足的现状，提出按标准（1.62公顷/千人）建设公园的原则；并且他推进了温恩的思想，并且提出一种开放空间网络的建设构想，它包括了花园—城市公园—公园道—楔形绿地—绿带等连续性的空间，其目标是实现居民从家门口通过一系列的开放空间到乡村去。其中，连接性公园道最大的优点就是能扩大开放空间的影响半径，使得这种较大的开放空间与周围区域关系更加密切。

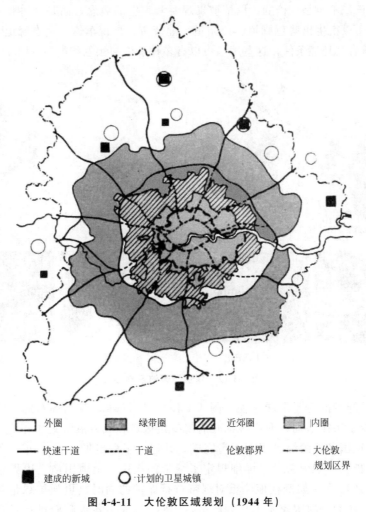

| 外圈 | 绿带圈 | 近郊圈 | 内圈 |

—— 快速干道　---- 干道　—·— 伦敦郡界　—··— 大伦敦规划区界

■ 建成的新城　○ 计划的卫星城镇

图 4-4-11　大伦敦区域规划（1944 年）

1951 年的《伦敦景观建设导则》是伦敦郡发展规划中关于开放空间建设的一个法令性的规划文件，其主要目标是改善开放空间不足的现状、增加绿色植被覆盖的开放空间的总量及城市公园和开放空间的均质化。1976 年的《大伦敦发展规划》中，对开放空间的规划思路基于对公园分级配置的考虑，要求在伦敦郡中，公园应按照不同的大小等级来配置，包括大都会公园、区域公园、地方公园和小型地方公园。1951 年和 1976 年的两个关于开放空间的规划内容都是从开放空间在城市中的均匀分布角度考虑的建设思路，而忽视了 1944 年《大伦敦规划》中提出的开放空间系统的建设，这一点在 1976 年以后的开放空间规划中有明显的改变，那就是不同类型的绿色通道在开放空间体系中的地位得到了肯定，形成了开放空间点线结合的网络化结构。

1976 年以后，伦敦开放空间建设中一个重大的转变就是增加了绿色廊道的规划内容。最初的绿色廊道，也被称为"绿链"（green chain），是在伦敦东南部展开的、目的在于保护一系列的开放空间并发挥这些开放空间娱乐潜能的步行绿色通道。1991 年伦敦开放空间规划的绿色战略报告中，对开放空间的网络化建设提出了全新的规划思路。汤姆·特纳在报告中根据不同的属性要求，提出了一系列叠加的网络：第一个网络是步行绿色通道，第二个网络是自行车绿色通道，第三个网络是生态绿色通道，第四个网络是河流网络。由此可见，对于绿色廊道中"绿色"的概念已经不再是纯粹的、以植被为景观要素为主的概念，而是一种拓展了的、广义的"绿色"概念，可以衍生出蓝色廊道、公园道、铺装道、自行车道、生态廊道、空中廊道等多种形式，只要符合其环境条件，这些廊道可以有多种多样的颜色和类型（图 4-4-12）。

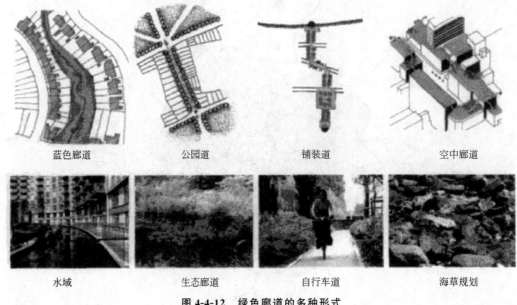

蓝色廊道　　　　　公园道　　　　　铺装道　　　　　空中廊道

水域　　　　　生态廊道　　　　　自行车道　　　　　海草规划

图 4-4-12　绿色廊道的多种形式

以上是伦敦绿带的主要发展过程（图 4-4-13）。1947 年，英国颁布的《城乡规划法》为绿带的实施奠定了法律基础，允许各郡政府将指定区域在其发展计划中作为绿地保留区。20 世纪 80 年代，英国各地的绿带规划逐步完成，并进入了稳定期。1988 年，英国政府颁布了《绿带规划政策指引》（PPG2），详细规定了绿带的作用、土地用途、边界划分和开发控制要求等内容。PPG2 在一如既往地注重对绿带进行保护的同时，更强调绿带对城市可持续发展的促进作用。作为一项国家基本规划政策，PPG2 也成为各级政府进行日常规划管理的重要参考依据，并得到了很好的执行。

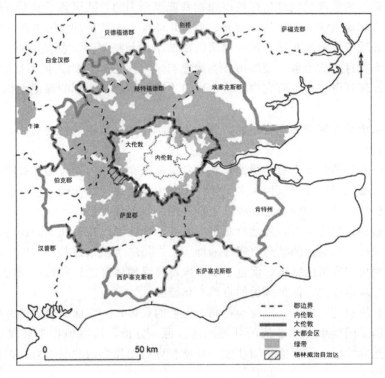

图 4-4-13　2003 年大伦敦都市圈绿带分布

　　自 1955 年起，英国全国范围内实施了城市绿带建设政策，之后先后建起了 14 条独立的大小不等的绿带，1993 年总面积约 1556km^2，1997 年为 1650km^2，占英格兰全部土地面积的 13％。由此可见，城市绿带成为英国绿地系统的重要组成部分，英格兰的规划政策指导中明确地指出，城市绿带的作用如下：①限制规模庞大的、城市化地区的无序蔓延；②保护土地的开敞性，避免邻近的城镇连片发展；③确保乡村地带不受侵蚀；④保持历史城镇的山水骨架和地方特色；⑤确保城市通过对废弃地或其他地段的重新使用的方式，使城市获得重生。关于绿带内的建设开发要求，在 PPG2 中也有详细的规定，其对我国正在建设的城市隔离地区及城市绿带等项目的建设和规定，有很强的借鉴意义。

　　美国和英国的城市化进程较快，这两个国家城市绿地系统（绿色开敞空间）的发展历程及其主要构成形式颇具代表性和引导性。应该说，每个国家都在不断探索更适合自身国情及城市发展的绿色生态系统，即便表现出来的形态各异，但其核心内容与终极目标却是一致的，即城市与自然环境的高度融合、可持续发展。

4.4.2　主要规划内容

　　城市绿地系统规划是一项指导城市绿地管理与建设的活动，通过对各种城市绿地进行定性、定位、定量安排，形成具有合理结构的绿地空间系统，以实现绿地的综合功能。一般有两种形式：一是作为城市总体规划中的分项规划，侧重城市绿地的用地布局与结构安排、城市绿地与其他用地的平衡协调等内容；二是作为独立的绿地系统专项规划，侧重于在区域规划和城市总体规划完成后的基础上，对城市绿地相关规划内容进行进一步深化和细化安排。目前我国的城市绿地系统规划主要包括以下几个方面的内容。

4.4.2.1 景观规划

城市绿地系统的景观规划是指在城市绿地系统规划中的自然资源、社会环境、文化遗产等影响下的城市绿地系统规划结构、格局、形态，体现人文特征的统筹分配与安排的规划活动。它的内容涵盖各类绿地在城市区域内所组成的结构与格局及对周边或城市环境的影响。同时，借助人类或自然的力量，使城市各类绿地与城市生态环境的其他系统之间相互关联、相互影响并对此展开研究，其研究内容包含城市不同空间层次内部的绿地系统规划的结构与形态模式。

城市绿地系统景观规划的主要功能，分为生态学功能、结构与格局功能、自然文化风貌的构成三个内容。

首先，从生态学的角度来看，绿地景观是各类绿地在区域内通过相互关联、相互交错形成的稳定绿地生态网络体系，该体系对于城乡大环境具有保护的功能，可以有效地维持区域环境的生物多样性、动植物的栖息地和城市群外围的绿色保护带。

从结构与格局的功能来看，绿地景观可以有效地保持绿地在空间上的连续性，将外围的生态环境引入城市，将城市的游憩空间导入外围，在拓展了城市公共活动空间的前提下，在外围通过绿地斑块与廊道的结合，促进了城市大环境绿地体系的稳定性；同时，有效地提升生态环境，净化城市空气，保护区域的自然文化资源。

在自然文化风貌的构成上，以绿地空间为主要的载体，一方面有效保持并提升了城市的空间环境，平衡了因城市开发造成的环境问题；另一方面，以绿地作为展现城市文化的平台，可以更好地发挥城市绿地的空间功能、环境教育功能和游憩的吸引力，打造立体、生态的城市文化宣传体。

4.4.2.2 生态规划

城市绿地系统是城市生态系统中重要的基础设施，是构成城市生态系统的重要组成部分之一。对于城市绿地系统概念的界定，由于各个学科的背景不同，角度自然也存在差异。根据不同的绿地类型、分布情况和结构形态，主要的名称有城市园林系统、城市林带、城市森林系统等。但是，相较于城市绿地系统概念上的细微区别，学术界对于绿地的描述主要关注空间的概念，它属于在人工环境下创造的自然空间，以集合的形式展现出来，它的产生是为了修复人类因人工开发而导致的疏远自然环境的亲密关系。城市绿地的功能大小主要取决于其因一定的结构与形态，共同组成的绿色空间体系，对城市整体的生态环境、游憩活动、美学体验、区域安全等效益是否可以充分发挥的程度。它主要是研究因人类经济建设的驱使，将城市环境不断地向自然环境拓展的过程中，如何平衡人类社会发展与自然生态环境之间的矛盾。

依据生态学原理，城市绿地的生态规划宏观上研究廊道、斑块、基质之间的组合、结构、过程与格局的规律，并以此规律进行其空间的重新组合，这种组合与空间的调整，既要为人服务，同时考虑非生物的因素，还要为自然界的生物服务；中观上，构建天人合一的地域空间综合体，使人、动物、植物、微生物乃至自然要素和人工要素处于一个和谐的人居环境生态系统之中；微观上，营造以人为核心的绿地空间，合理组织山石、水体、植物群落和景观建筑，使其达到和谐自然。

4.4.2.3 经济规划

城市绿地系统一直以来被认为是没有效益的投资建设项目，在城市经济领域发展的重要指标（国内生产总值）中并不能够明确地反映出来。因而，城市决策者往往重视所谓的经济效益，着眼于提高国内生产总值而投资于具有明显收益的其他项目的投资建设，这也就产生了经济发展与城市绿地系统建设的矛盾，从根本上影响了城市绿地系统规划的实施和城市绿地系统规划的可操作性。自然生态系统内部的物种、群落、系统之间存在着符合经济学原理的优化组合关系。

城市系统作为自然环境中的一个重要组成部分，更应该具有符合经济学原理的组合关系，达到最优化的组合与出具合理的计划或规划方案，才能够真正实现系统的动态平衡。城市经济发展与城市绿地系统的投资建设之间具有密不可分的关系，城市绿地系统并不是没有效益的产业，规划设计合理的城市绿地系统发展方案将有助于城市经济效益的提高，从而最终形成完善的、整体的、最大化的城市经济效益。

我国多数城市园林绿化的投资额目前尚未有明确的统计资料，目前有关统计数据基本都是政府投资额的数值，多种渠道的城市园林绿化投资额尚不能够完全计入。政府形式的投资现状情况如北京、上海、杭州、厦门等城市在我国经济发展水平尚属前列，绿化情况相对较好。然而，通过投资额的百分比可以看出，绿化的经济投资相对于城市其他设施的发展是比较薄弱的。做到城市经济发展与绿化建设经济规划同步进行，保证城市经济利益做到真正意义上的最大化，而不损坏环境资源成本的收益最大化，使得城市经济发展具有可持续性，经营并规划好城市绿地系统的经济模式是非常重要且必要的。

4.4.2.4 防灾避险规划

城市绿地系统的防灾避险规划主要包括防灾绿地规划和避灾绿地规划两个部分。防灾绿地规划中包括在防护绿地规划的基础上，增加针对台风、滑坡崩塌、水灾、火灾等灾害的防御绿地的规划内容。避灾绿地规划主要是针对灾难发生和灾后相当时间内，如何以绿地、道路和绿化带作为避难场所和通道，构成城市避灾体系的预想和布置。城市绿地系统的防灾避险规划，是城市规划的重要环节，渗透到城市规划的各个方面和各个层次。要按照以人为本、因地制宜、合理布局、平灾结合的原则，科学设置防灾公园、临时避险绿地、紧急避险绿地、绿色疏散通道，在城市外围、城市功能分区、城区之间、易发火源或加油站、化工厂等设施周围设置隔离缓冲绿带。城市防灾避险绿地应科学配备应急供水、供电、排污、厕所等必要的应急避险设施，形成一个防灾避险综合能力强、各项功能完备的城市绿地系统。城市绿地系统的防灾避险规划的特点是：

① 分级充分发挥各类防灾绿地的防灾作用：突出中心防灾绿地在安全避难中的中心地位，确定固定防灾绿地的固定避难场所的功能，明确临时防灾绿地的主要用途，保障临时避难通道或安全避难通道的通畅性。

② 分级配置、按需配置防灾救灾设施、设备和物资：防灾绿地配备消防设施、紧急供应的必需生活物品和饮用水；部分固定防灾绿地应配备消防设施、广播通信设施、储备仓库和防灾储水槽等。

③ 符合避难疏散的基本规律：防灾绿地的功能划分符合灾难发生时居民避难疏散的时序性、安全性，有利于组织有秩序的避难疏散和集中性的救援顺序。

④ 满足避难疏散的安全要求：避难居民疏散过程是从数量多的临时防灾公园向数量少但面积大的固定防灾公园转移，合理确定避灾线路的制定。

4.5 公园景观实例解析

4.5.1 首钢工业遗址公园

4.5.1.1 城市遗址公园概述

在《城市绿地分类标准》中，遗址公园的定义为：以重要遗址及其背景环境为主形成的，在遗址保护和展示等方面具有示范意义，并具有文化、游憩等功能的绿地。目前常见的遗址公园类型有考古遗址公园、工业遗址公园、矿山遗址公园等。对于遗址公园的设计理念可以参考我国文物保护的方针"保护为主、抢救第一、合理利用、加强管理"，对于遗址本体应该保证其安全性、真实性、完整性；对于遗址环境应保证其和谐性、完整性、可持续性。在此基础上，融合教育、科研、游览、休闲等多项功能，面向公众、因地制宜，以公园的形式形成一种更为积极的保护方式。

遗址公园，"遗址"是主题，"公园"是形态。遗址公园规划就是合理地将遗址、遗迹纳入到当下某个特定地域和空间，并与周边环境形成统一体系的过程。遗址公园模式是利用遗址这一珍贵资源进行规划设计，将遗址保护与公园设计相结合，运用保护、修复、展示等一系列手法，对有效保护下来的遗址进行重新整合、再生，将已经发掘或尚未发掘的遗址完整保存在公园的范围内。遗址公园模式是将遗址本身与周围的自然环境妥善保存并有效展示的更广泛的保护模式。

4.5.1.2　首钢工业遗址公园概况

北京石景山区按照永定河的自然流向，由北至南分为三段区域，分别建设 3 个主题公园，其中中段区域即首钢地区，在原址上规划建设了总面积 70hm^2 的首钢滨水公园——首钢工业遗址公园，于 2019 年正式对外开放（图 4-5-1）。

首钢工业遗址公园于 2018 年 1 月，入选第一批中国工业遗产保护名录，国家工业遗产的认定有四个方面的条件：一是在中国历史或行业历史上有标志性意义，见证了本行业在世界或中国的发展，对中国历史或世界历史有重要影响，与中国社会变革或重要历史事件及人物密切相关，具有较高的历史价值；二是工业生产技术重大变革具有代表性，反映某行业、地域或某个历史时期的技术创新、技术突破，对后续科技发展产生重要影响，具有较高的科技价值；三是要具备丰富的工业文化内涵，对当时社会经济和文化发展有较强的影响力，反映了同时期社会风貌，在社会公众中拥有广泛认同，具有较高的社会价值；四是其规划、设计、工程代表特定历史时期或地域的风貌特色，对工业美学产生重要影响，具有较高的艺术价值（图 4-5-2）。

图 4-5-1　首钢工业遗址公园总体鸟瞰

图 4-5-2　首钢工业遗址公园内主要工业遗存

4.5.1.3　保护与更新

始建于 1919 年的北京首钢园，是我国工业发展史的重要代表。中华人民共和国成立初期，我国工业基础薄弱，首钢承担起多项科技创新任务。进入 21 世纪，服从城市发展空间布局需要，首钢启动了史无前例的"钢铁大搬迁"。首钢园纳入了第一批中国工业遗产保护名录，三高炉也成了首批更新改造的标志建筑。园内有大量工业生产设施、设备遗存，主要包括高炉、转炉、冷却塔、煤气罐、焦炉、料仓、运输廊道、运输管线、铁路专用线、机车、专用运输车等，那些巨兽一般的复杂建筑，百倍大的各种零件，交织缠绕的管道，精心设计的几何结构，以及厚重的历史感，浓浓的重工业风，都让人惊叹和着迷不已。

首钢三高炉是我国第一个高炉及附属设施的再生项目，其内部设有博物馆，采用静态保护和动态再生的战略，同时适度处理工业遗迹，保存了独特的城市记忆（图 4-5-3）。

首钢咖啡店由原首钢炼铁厂一、三号炼铁高炉压差发电站改造而来，咖啡馆通过架空、挑檐等设计手段强调了咖啡厅的横向线条，与其背后的除尘罐体形成强烈的横纵构图关系（图 4-5-4）。

图 4-5-3　首钢工业遗址公园内的三高炉

图 4-5-4　首钢工业遗址公园内的咖啡店

三高炉旁的秀池原名秀湖，始建于 1940 年，当时用于存放炼铁循环用水，是首钢最早的大型水面景观。秀池改造后，地面部分为景观水池，地下部分为圆形下沉式展厅和能存放850 余辆车的地下车库，这处工业遗存已成为园区内知名的文化创意展示空间。

在首钢园区，首钢版本的"高线公园"由原有的工业管廊摇身一变，成为集慢行交通、观景休闲、健身娱乐为一体的空中公共空间。这套慢行道路系统实际上由老旧管廊改造而成，上空最粗壮的主管道曾经装载着高炉煤气，细一些的氧气管、水管盘旋分布两侧。长度近10km的工业管廊成为了首钢高线公园的主要结构，为休闲步道增添了浓郁的工业风（图4-5-5）。

图 4-5-5　首钢工业遗址公园内的高线慢行系统

群明湖位于首钢园区北区，始建于1943年，当时为配合将来炼铁及炼钢生产，修建了第二、第三贮水池，即首钢高炉工业循环水池。1992年，首钢将厂区内的山景、水景、园林进行了精心营造，1995年景观建设竣工，并将第二、第三贮水池统称为"群明湖"。群明湖水域面积20hm²，与远处的石景山交相辉映，"半厂山水锦花池，十里钢城碧云天"。群明湖石拱桥位于水面上南北向栈桥中间位置。桥长31m，宽2.65m，高6.5m，石拱桥共由两小一大三孔构成，桥的两侧由17块青石栏板组成，上部雕有双层莲花，下层则以宝瓶造型装饰。石拱桥以中国园林独有的建筑形式，成为群明湖点睛之笔。隔湖远眺，湖对岸古朴的石拱桥后，首钢滑雪大跳台（图4-5-6）宛若一道飞瀑，倾泻而下，仿佛一直延伸到湖中。旁边矗立着几座冷却塔，将现代科技和工业遗址相结合，成为了真正的后工业时代景象。

图 4-5-6　首钢工业遗址公园内的滑雪大跳台远景

首钢园区是北京2022年冬奥会和冬残奥会赛区之一，包括首钢滑雪大跳台、北京冬奥组委总部、北京冬奥会主运行中心、国家冬季运动训练中心场馆群等。首钢滑雪大跳台是2022年冬奥会雪上项目唯一一个坐落于北京市内的竞赛场馆，也是该项运动世界上首个永久性比赛场馆。为了配合北京冬奥会的场馆使用，在保护原有遗存的基础上，进行了合理的更新利用以及新增建筑。

除了大跳台滑雪场地的改造，新建的首钢冰球馆位于北京首钢老工业区——现首钢冬奥广场，冬训中心区块。其南侧为原首钢精煤车间保留建筑——现改造为国家冬奥训练中心，包括花样滑冰、短道速滑、冰壶训练场各一块；西侧为新建运动员公寓；东侧为原金工车间及机修车间保留建筑；北侧为规划道路，道路以北是保留建筑五一剧场。首钢冰球馆（图4-5-7、图4-5-8）位于首钢老工业区，通过对场地内最具首钢工业特征的建筑形式——门式排架进行提炼，形成设计母型，以阵列复制的方式，形成大空间，以满足大空间场地的需求。这种方式同时也消解了体育馆建筑本身的大体量，从而在建筑尺度及建筑肌理上都与周边环境形成良好的对话关系。

图 4-5-7　首钢工业遗址公园内的冰球馆主入口　　图 4-5-8　首钢工业遗址公园内的冰球馆与保留建筑

不管是将一个饱经沧桑的重工业仓储区域转化成为北京2022冬奥组委会的现代化办公区域，还是将老旧工业厂房升级改造为富有浪漫气息的文化艺术创意产业园区，在传承保护的基础上，它们都体现着在新时代下不断奋勇创新的精神。

4.5.1.4　后续建设与利用

如今的首钢园，既是工业遗存，也是冬奥遗产。石景山区将制定北京冬奥会首钢工业遗存保护名录，研究工业遗存再利用模式与方案。同时，培育"体育＋"产业生态，重点发展体育商贸、体育会展、康体休闲、文化演艺、体育旅游等多元业态。

首钢工业遗址公园的更新与改造还在持续进行中。冬奥会结束后，首钢滑雪大跳台、冬奥组委，以及被喻为"四块冰"的冬训中心等片区的赛后利用至关重要，相关部门意图赋予其体育休闲街区、单板与空中技巧研发中心及冬季运动展示等功能。

首钢工业遗存的多重价值也将被进一步挖掘。后续石景山区将重点实施高炉、焦炉、转运站等工业遗存改造工程，完善首钢工业遗址公园的建设，打造首都近现代钢铁产业历史纪念地和特色工业遗存体验场所，建设大尺度、开放型特色公共空间，并规划"科技游首钢""网红首钢""夜游首钢"等特色文旅线路。此外，发展科幻产业，推动科幻产业集聚区建设，也将成为未来一段时间首钢园发展的重点。目前，集聚区已吸引10余家科幻企业入驻及相关项目落地。其中，利用首钢1号高炉打造的"超体空间"项目，不仅定位于打造华北最大虚拟现实体验中心，也是全球首个将VR/AR技术和工业遗存结合的国际文化科技乐园，包含虚拟现实博物馆、沉浸式剧场、VR电竞、智能体育、奥运项目体验中心、未来光影互动餐厅及全息酒吧等新消费、新业态，将为游客提供沉浸体验潮流科幻产品。

未来的首钢园，我们将拭目以待。

4.5.2　西安城市运动公园

4.5.2.1　城市体育公园概述

体育公园的前身可追溯到古希腊时期的竞技场。公元前776年，在希腊的奥林匹亚举行了第一次运动竞技会，以后每隔四年举行一次，杰出的运动员被誉为民族英雄，因此大大推动了国民的体育运动热潮，进行体育训练的场地和竞技场也纷纷建立起来。这些场地最初仅为了训练之用，是一些无树木覆盖的裸露地面。后来在场地旁种了遮阴的树木，可供运动员休息，也使观看竞赛的观众有良好的环境，此后便有更多的人来这里观赏比赛、散步、集会，逐渐发展成大片林地，直到发展成公共园林，其中除有林荫道外，还有祭坛、园亭、柱廊及座椅等设施，成为后世欧洲体育公园的前身。

现代体育公园的概念是20世纪90年代提出的，而实际上发达国家在20世纪三四十年代就已经开始尝试建设体育公园，并在欧洲形成了一定的规模。体育公园的概念经过了一个发展演变的过程。欧美地区早期的公园仅提供观赏类的被动娱乐，后来在休憩公园里，开始出现游乐场、室外体操场、运动场及其他运动设施。这样将自然景观与体育设施组合在一起的方式成为市立公园及休闲系统的新概念，以后初步发展了各种以运动游憩为主的公园。随后，体育公园的概念于20世纪末在欧美地区逐步发展，兼有带动本地经济与增加居民运动健身的双重功能。

2021年10月29日，国家发展改革委员会等部门发布《关于推进体育公园建设的指导意见》。意见明确提出，到2025年，全国将新建或改扩建1000个左右的体育公园，逐步形成覆盖面广、类型多样、特色鲜明、普惠性强的体育公园体系。体育公园成为全民健身的全新载体、绿地系统的有机部分、改善人民生活品质的有效途径、提升城市品位的重要标志。

我国的体育公园是指有较完备的体育运动及健身设施，供各类比赛、训练及市民的日常休闲健身及运动之用的专类公园。体育公园在设计中要以体育锻炼为主，其他一切服务、设施、环境均以此为中心开展，并且使其在一年四季都能得到充分的利用。因此要室内、露天设施相结合，并且应该能够满足各年龄层使用者的大众要求，尤其考虑学龄前儿童、老人和残疾人的使用。同时也应遵循科学性、安全性、技术性的基本原则。

按服务对象分类，有社区级体育公园和市级综合性体育公园。市级综合性体育公园主要为全市市民服务，占地面积和服务半径较大，公园内体育设施及户外活动设施较完善，可承接大型的体育赛事和表演。大城市根据实际情况可设置若干个市级综合性体育公园，中等城市可设置1~2个，如西安城市运动公园、杭州城北体育公园等均属于此类体育公园。

按来源分类，体育公园主要包括以下三类。

① 为承接大型赛事而修建的体育公园：该类公园为运动员提供了比赛环境，赛后对居民开放。由于要承接大型的运动赛事，因此面积都相对较大，设施较为齐全。例如为举办2008年北京奥林匹克运动会而建设的奥林匹克公园，为举办第六届全国城市运动会而建设的武汉塔子湖体育公园等。

② 直接由体育中心改造而成的体育公园：几乎我国每个城市都有自己的体育馆或者体育中心，由其改造而成的体育公园较为多见，如广州天河体育公园、厦门体育中心等。

③ 专门为大众体育活动服务而建设的体育公园：该类公园主要是为大众提供运动、休闲、健身的场所，同时也可以兼顾一些比赛，如北京清河体育文化公园、广东省佛山市南海全民健身体育公园等。

按主题分类，有以水上项目、森林项目、山地项目、海滩项目以及综合性项目等为主题的各体育公园。

4.5.2.2　西安城市运动公园概况

西安城市运动公园位于西安北城经济开发区中心位置，紧邻西安市政府，占地约 $53.3hm^2$（含运动主副馆），结合原有城运村得天独厚的运动与景观资源，是一个以球类运动为主，兼具休闲、游憩功能的绿色生态型运动主题公园。

　　整个园区被绿色包围，呈现出生态、自然的园区景观，体现出"在绿色中运动，在森林中呼吸"的设计理念。公园最大的特色是将自然生态的环境与运动休闲的功能完全有机地结合在一起，追求公园与人的互动与融合，营造一种亲切、自然、生趣盎然的休闲运动场所。让建筑隐藏于绿色，人流连于绿海之中，在绿树中运动，在运动中呼吸草木的气息。同时，一些草坪和绿地还可以为运动公园将来的发展留下弹性空间。功能上，以球类运动为主，兼具休闲、游憩、亲水等，公园内各类运动场地按照国际标准建造，达到了承办国际赛事的水平。2006 年 6 月，西安城市运动公园正式开园，兼顾各层次和年龄人群的需求，为市民提供了一处设施完备的运动休闲场所。

4.5.2.3　西安城市运动公园分区规划

　　城市运动公园在规划上采用了"绿色西安，运动西安，人文西安"三大主题，设计时对原地貌的树木进行保留，并采用先进的保育技术、引进不同的树种，结合地形，利用低成本造就高价值的景观效果。公园设计由北部规整的、硬质的空间和南部柔和的、非规整的自然式体育空间组合。城市运动公园内部是由蜿蜒的湖面与错落有致的树木围合而成的湖心岛，各运动场所分布其中，享有同绿化融合的意境。湖的外围是分布在绿色中的小型运动场、健身器械、休闲木栈道等设施，供市民享受在绿荫中运动的乐趣。在外围区还设有儿童游乐场所，伴随着植物迷宫、沙坑、大型组合活动器具，为儿童创造了奇特的游乐空间。紧挨着儿童游乐场的是老人活动区，一动一静，一老一少，相得益彰。

　　公园整体分为外围区和湖心岛区。湖心岛区包括足球场 1 个、网球场 6 块、篮球场 4 块；3 个景观休闲广场，沿湖设计了多种泊岸形式，包括草坡的、叠石的、木栈道的等，丰富了景观效果；通往湖心岛区设有两座景观桥——健桥与康桥；湖心岛区设有一个岛中岛——竹岛，以木栈道相连，岛上有丰富的植被景观。外围区除两个原先按照国际标准兴建的主、副体育馆，还包括老人活动区、儿童活动区、三人篮球场活动区、小型休憩广场，通过踏步、台阶、白杨树林等景观小品，以及错落感的高差营造出软化的运动休闲氛围。儿童活动区设有沙坑、整体儿童活动器械、儿童足球场等；整体儿童健身器械场地铺设塑胶，安全舒适。老人活动区设有两个门球场和一个迷宫，均是根据老年人的体能特征而设置的，充分体现了全民健身、大众运动的理念（图 4-5-9、图 4-5-10）。

图 4-5-9　西安城市运动公园总体鸟瞰

图 4-5-10　西安城市运动公园的主体育馆及场地鸟瞰

4.5.2.4　西安城市运动公园景点设置

公园道路系统采用人车分流。公园外围设计了行车道和停车场，其他地方均是步行道。大量停车位为大型活动预留准备。内部主干道可供观光电瓶车和休闲自行车慢速行驶，通往各个景点和运动场所。在沿湖地带和林间设置石板路和木栈道，供游人观光、健身步行（图4-5-11）。在湖心岛区，连接各场地的道路为塑胶跑道，既可做热身之用，也是一种主体景观。

图 4-5-11　西安城市运动公园内的荷塘曲桥

园内主要景点：桂花广场位于北入口广场，主要景观植被以桂树为主，树阵规整，错落有致，体现了简洁、大方的景观设计原则；五环广场位于南入口广场，广场坡地上绿色植被形成奥林匹克的五环标志，五只巨大的火炬矗立广场中央，象征着积极、向上的奥林匹克精神；凤翼广场位于湖心岛中央广场，采用国际先进的张拉膜，动感十足的造型犹如即将展翅飞翔的雄鹰；环岛兰湖 3.5 万平方米的水系内，种植了荷花、睡莲、菖蒲、芦苇等水生植物；竹岛是湖心岛区的岛中岛，以木栈道相连，岛上有丰富的植被景观，围合的空间栽植了大量的竹子，竹林中设有棋桌、石凳，典雅、自然、清幽，800 多平方米的竹林使小岛别有一番情趣；健桥极富现代运动气息，是进入湖心岛的主要通路；康桥跨度大，桥的弧度线条很美丽，并附有装饰性的钢网架。

公园种植乔木 1.5 万余株，灌木 100 万株，铺设草坪 16 万平方米，引进了如白皮松、马褂木、火炬树等百余种珍稀树种，植被的覆盖率高达 80%。无论在草地上，还是湖水中，都摆置了大量以运动为主题的雕塑，呼应了公园的运动功能。

4.5.2.5　西安城市运动公园内的运动场地

室内项目包括羽毛球、网球、乒乓球、篮球、健身，室内运动场地有 1 块室内网球标准场地、27 块国际比赛室内羽毛球标准场地、8 块国际比赛室内乒乓球标准场地、1 个国际标准篮球场地，另外配有健身、购物、洗浴、餐饮、棋牌等附属功能及配套设施。

室外项目有网球、足球、篮球、轮滑、门球、自行车等，室外运动场地包括如下几种（图 4-5-12、图 4-5-13）。

图 4-5-12　室外运动场地

图 4-5-13　塑胶慢跑道

① 阳光岛球场　包括 1 个标准人造草坪足球场、6 块室外塑胶网球场、4 块塑胶篮球场。

② 轮滑区　1000 多平方米轮滑区，考虑到大众运动与专业训练的不同需要，专业场地的滑道高低曲折，大众场地采用彩色水磨石，光滑度很好，周边设置了看台，可供近百人观看及休息。

③ 三人篮球场　5 块室外场地，使用弹性好的沥青混凝土，周边设有休息座椅。

④ 儿童活动区　有植物迷宫、沙坑、游乐场、儿童足球场等设施。

⑤ 老年活动区　有门球场、按摩步道等项目，还预留了一些空旷的场地，供老年人进行太极、体操等运动，设有休息廊架，在风景中休息。

⑥ 公共健身器材　全民健身区，沿途设置了很多健身器械，都是老少皆宜的项目，可以在行进过程中随时参与，体现了全民健身、大众运动的理念。

由城运村改造为体育公园，一方面盘活了现有的体育设施，是城市资源的深度开发与有效利用，另一方面，提高了城市多种资源之间的协同性，降低了城市资源之间的交易成本，更重要的是使西安北城的区位价值进一步得到提升。这里的区位价值，不仅仅是指交通出行方面的通达度与便捷性，也是指这个区域的发展潜能和人们对之的关注度，更是指附着于这个地域空间内的各种成熟市政配套对城市运行的促进、对商务功能与商务效率的提升。

4.5.3　北京奥林匹克森林公园

4.5.3.1　城市森林公园概述

城市森林公园是指位于城市建设用地范围内，具有一定规模和质量的森林旅游资源及良好的环境条件和开发条件，以保护森林生态系统为前提，以适度开发利用森林景观资源获得社会、经济、生态效益为宗旨，并按法定程序申报批准的开展森林旅游的特定地域。

城市森林公园最大的价值体现在其所具备的生态性上，通过建设一个完整的生态系统，从而在实际中可以保证生态的多样性及稳定性，进而使城市绿化可以得到有效提高。在设计中应突显原生态和自然历史文化，因地制宜地进行系统规划。

4.5.3.2　北京奥林匹克森林公园概况

奥林匹克森林公园位于北京市朝阳区北五环林萃路，东至安立路，西至林萃路，北至清河，南至科荟路。奥林匹克森林公园在贯穿北京南北中轴线的北端，让这条城市轴线得以延续，并使它完美地融入自然山水之中。奥林匹克森林公园于 2003 年 11 月开始征集方案，至 2008 年 6 月全部竣工，2010 年 8 月"奥运雕塑园"落成，2012 年 6 月奥林匹克宣言广场落成。2022 年 2 月，奥林匹克森林公园成为 2022 年北京冬奥会和冬残奥会火炬传递线路重要位点，其点位的主题是"中轴神韵"，核心内涵是体现绿色冬奥理念，展示奥林匹克运动在城市中蓬勃开展的现实场景，是古都历史文化和奥林匹克精神在北京中轴线上的交汇。

公园占地 680hm²，其中南园占地 380hm²，北园占地 300hm²，南北两园中间由一座横跨五环路、种满植物的生态桥连接。南园以大型自然山水景观为主，北园则以小型溪涧景观及自然野趣密林为主（图 4-5-14、图 4-5-15）。公园森林资源丰富，以乔灌木为主，绿化覆盖率 95.61%。奥林匹克森林公园是奥林匹克公园的终点配套建设项目之一，位于奥林匹克公园的北区，被称为 2008 年北京奥运会的"后花园"，而奥林匹克公园是国家 AAAAA 级旅游景区。奥林匹克森林公园设计建设了中国第一座城市内跨高速公路的大型生态廊道，将森林公园系统从岛屿式逐步过渡到网络式，维护了城市生态绿地系统与格局的连续性，保障生物多样性，保护物种及栖息地，有利于城市生态安全。

4.5.3.3　北京奥林匹克森林公园的设计理念

北京奥林匹克森林公园的设计主题是"通向自然的轴线"，旨在将城市的绿肺和生态屏障、奥运会的中国山水休闲后花园、市民的健康大森林、休憩的大自然作为规划设计的目标，以丰富的生态系统、壮丽的自然景观终结这条举世无双的城市中轴线，达到中国传统园林意境、现代景观建造技术、环境生态科学技术的完美结合。

北京奥林匹克森林公园绿地面积 450hm²，是由 200 余种植物按照生物多样性的设计思想组成的近自然林系统，其中有 100 余种共 53 万株乔木、80 余种灌木和 100 余种地被植物，包括侧柏、火炬树、毛白杨、油松、银杏等，灌木有连翘、棣棠、红瑞木、锦带花、山桃、胡枝子等，草本植物包括二月兰、麦冬、紫花地丁、玉簪、野牛草等，水生植被主要有香蒲和芦苇。

北京奥林匹克森林公园是我国第一个全面采用生态节能建筑技术的大型城市公园。公园建筑均不同程度地采用了生态补偿技术，实现了节能 50%～65% 的目标。公园内的生态水处理展示温室属中国城市公园中的首创，并且是中国第一个全面采用雨水收集技术的大型城市公园，通过各种工程与非工程手段，收集公园 95% 的降雨，相当于每年收集约 134 万立方米雨水，用于绿化灌溉和道路喷洒，确保森林公园内部实现了充分、全面、高效的水资源节约，实现了水在公园内部的循环。公园还采用了处于世界领先水平的智能化灌溉系统，与

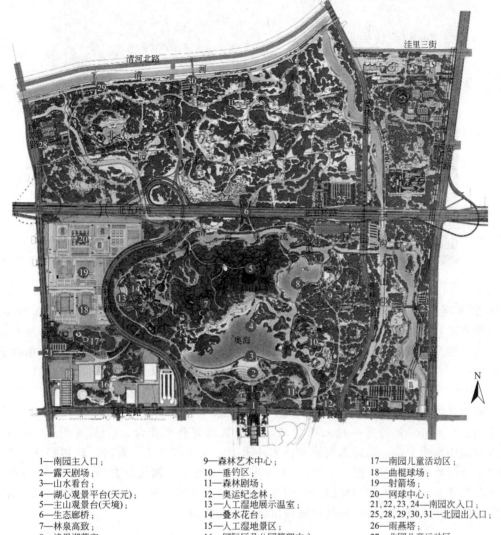

1—南园主入口；　　　　　9—森林艺术中心；　　　　　17—南园儿童活动区；
2—露天剧场；　　　　　　10—垂钓区；　　　　　　　18—曲棍球场；
3—山水看台；　　　　　　11—森林剧场；　　　　　　19—射箭场；
4—湖心观景平台(天元)；　12—奥运纪念林；　　　　　20—网球中心；
5—主山观景台(天境)；　　13—人工湿地展示温室；　　21,22,23,24—南园次入口；
6—生态廊桥；　　　　　　14—叠水花台；　　　　　　25,28,29,30,31—北园出入口；
7—林泉高致；　　　　　　15—人工湿地景区；　　　　26—雨燕塔；
8—洼里湖茶室；　　　　　16—国际区及公园管理中心；27—北园儿童运动区

图 4-5-14　北京奥林匹克森林公园总平面图

常规灌溉方式相比，年可节水 100 万立方米。公园率先在中国城市公园中实现了污水零排放（包括厕所排污），污水经生态处理后循环回用，采用了 MBR（membrane bio-reactor，膜生物反应器，是一种由膜分离单元与生物处理单元相结合的新型水处理技术）生物膜、生物速分、微生物降解粪便等先进的水处理技术对公园污水进行处理，制成高效的生态肥料，应用于园林养护。

4.5.3.4　北京奥林匹克森林公园的景点设置

北京奥林匹克森林公园定位为生态森林公园，以大型自然山水景观的构建为主，山水环抱，创造自然、诗意、大气的空间意境，为市民百姓提供良好的生态休闲环境。主山景区创造出极富自然情趣的生态山水环境，为中心区营造出优美如画的背景，使北京中轴线渐渐消融在自然山水之中。北京奥林匹克森林公园的水系像一条巨龙，由南向北贯穿全园，而龙形水系的龙头部位则为森林公园的主湖景区。此景区位于森林公园南半部居中的位置，与主山景区共同构筑森林公园中最为壮美的自然山水景观画卷。园内主要景点有以下几处。

图 4-5-15 北京奥林匹克森林公园南园鸟瞰北京中轴线

① 露天剧场 位于南入口的北部，背靠奥海仰山，是城市中轴线陆地的终结点。面积约 4 万平方米，可容纳 2 万人同时观看演出，主要由舞台广场、媒体区、观演区和地下建筑组成，配合喷泉水景和山水舞台，形成户外演出场所。其中舞台广场的铺装图案中蕴涵了云纹、回字纹、香印纹等，分别表达了吉祥、幸福、源远流长的美好寓意（图 4-5-16）。

② 奥海 位于公园的南入口北侧，南岸有露天演艺广场，演艺广场的看台设计是通过地形由南向北的缓坡来完成的。露天演艺广场的北侧，主湖内还有一套大型的音乐激光喷泉，主喷泉高 80m。奥海是一片人工湿地，主要景观有叠水花台、沉水廊道、湿地潜流。行走在湿地中纵横交错、贴近水面的古朴木栈道上，大片的芦苇、香蒲、球穗莎草、菖蒲、水葱等水生植物郁郁葱葱（图 4-5-17）。天元平台位于奥海中轴线位置的湖心岛上，圆形的滨水平台延伸至水，是奥海与仰山在景观序列上的一个过渡区域。平台承"天境"的雄阔及天人合一的理念，与"天境"同处中轴线位置，遥相呼应。

图 4-5-16 露天剧场

图 4-5-17 奥海

③ 仰山 坐落在北京市中轴线上，是公园的主山，海拔 86.5m、主峰高 48m（图 4-5-18）。仰山的建设是利用鸟巢、水立方等周边场馆建设以及公园挖湖产生的土方堆筑完成的，填方总量约 500 万立方米。森林公园的主山取名"仰山"，不仅使得"仰山"这一当地传统地名得以保留，更与"景山"名称呼应，暗合了《诗经》中"高山仰止，景行行止"的诗

句，并联合构成"景仰"一词，符合中国传统文化对称、平衡、和谐的意蕴。"天境"位于森林公园的仰山峰顶，在"天境"上有一块高5.7m、重63吨，特意从泰山运至北京的景观石，周围29棵油松寓意第29届奥运会，"朝花台"和"夕拾台"分别位于"天境"的东西两侧，其正下方是北京中轴线的北端点。

图4-5-18　隔水远看仰山

图4-5-19　生态廊道

④ 生态廊道　是中国第一座城市内跨高速公路的人工模拟自然通道（图4-5-19），在设计上尚属国内首例。生态廊道外形酷似大型过街天桥，长218m，最窄处为60m，横跨北五环路，开辟了立体的绿色生态空间。桥上种植北京地区各种乡土乔、灌、草、地被植物60余种，是野兔等野生小动物和昆虫们穿行南北两个园区间的唯一通道，将森林公园系统从岛屿式逐步过渡到网络式，为孤立的物种提供传播路径，有效地保障了公园内部生物物种的传播与迁徙，有利于城市的生态安全。

⑤ 北园"大树园"　占地80hm²，水面10hm²。园内有紫薇、白蜡、枫杨、白玉兰、银杏等176种树，3万余株。其中一些大树是来自三峡库区的"移民"：冬季，工作人员要给这些南方来的大树周围拢上炭火，让它们取暖，以安全度过北京的严冬；高温干旱季节，还要为树木喷雾降温；它们扎根的土壤配比也参照"老家"的土壤成分。

从绿色奥运走向绿色城市，小桥流水、鸟语花香、绿树成荫、微波荡漾，北京奥林匹克森林公园将南方园林的风景秀美和北方山水的大气磅礴完美地结合在一起，体现了中国数千年造园文化的传统理念，并将现代奥林匹克运动元素融入其中，形成一个有时代气息的中国式园林，展现了中华文化千变万化、包罗万象的魅力。北京奥林匹克森林公园作为2008年北京奥运会留给世人的绿色遗产，对北京北部地区乃至整个城市的生态改善和小气候调节等都具有重要意义，它成为了北京人户外休闲和公共活动的中心，更多地为民众服务，使北京成为更适合居住的绿色城市。

4.5.4　山东东营市明月湖国家城市湿地公园

4.5.4.1　城市湿地公园概述

城市湿地公园是专类公园中一种独特的公园类型，是指纳入城市绿地系统规划的，具有湿地的生态功能和典型特征的，以生态保护、科普教育、自然野趣和休闲游览为主要内容的公园。根据我国《国家城市湿地公园管理办法（2017年）》中的规定：湿地是指天然或人工、长久或暂时性的沼泽地、泥炭地或水域地带，带有静止或流动的淡水、半咸水、咸水水体，包括低潮时水深不超过6m的水域。湿地资源是指湿地及依附湿地栖息、繁衍、生存的生物资源。城市湿地是指符合以上湿地定义，且分布在城市规划区范围内的，属于城市生态系统组成部分的自然、半自然或人工水陆过渡生态系统。城市湿地公园是在城市规划区范围内，以保护城市湿地资源为目的，兼具科普教育、科学研究、休闲游览等功能的公园绿地。《城市湿地公园设计导则》中规定，城市湿地公园至少应包括生态保育区、生态缓冲区及综合服务与管理区；除此之外还对游客容量计算、用地比例、湿地保护与修复以及栖息地设计、水系设计、竖向设计、种植设计、道路与铺装设计、配套设施设计、基础工程设计等方面制定了具体要求。

通过设立城市湿地公园等形式，实施城市湿地资源全面保护，在不破坏湿地自然良性演替的前提下，充分发挥湿地的社会效益，满足人民群众休闲游憩和科普教育需求。城市湿地公园及保护地带的重要地段不得设立开发区、度假区，禁止出租转让湿地资源，禁止建设污染环境、破坏生态的项目和设施，不得从事挖湖采沙、围湖造田、开荒取土等改变地貌和破坏环境、景观的活动。

城市湿地公园与市域外的湿地公园以及湿地自然保护区的概念是有一定区别的，在设计内容与设计要求上也不尽相同。2005 年 5 月，建设部公布批准了 9 处湿地公园为国家城市湿地公园，东营市明月湖国家城市湿地公园即为其中之一。

4.5.4.2　明月湖国家城市湿地公园概况

明月湖国家城市湿地公园位于山东省东营市中心城区之内，在东城区的南部区域，长约 2500m，宽约 320m，总面积约 70.9hm^2，是由道路与河堤围合成的狭长型湿地，整个区域比较紧凑，周边为城市干道，毗邻居民区。该地因为城市建设取土而产生洼地，后伴随着长时间的降水沉积，形成了湿地，生长了许多的乡土树种，例如芦苇、香蒲、柽柳、碱蓬等，逐渐吸引了一些鸟类，变成很多鸟类的繁衍地，并逐渐衍生成次生湿地，但是地下水位高，且流通性差，缺乏自净能力。后由政府重新规划打造为市民休憩旅游、生态保护、展现独特湿地风貌的国家级城市湿地公园。公园四周为城市干道，因此交通十分便利，并且靠近居民区，方便市民的休闲游赏。

这一区域有大面积的水面及盐碱滩涂，对黄河三角洲独特的湿地资源具有代表性，能够充分展示黄河三角洲湿地的水陆交接、自然过渡的自然资源和生态景观。公园突出"城市与湿地"主题，从生态、自然、文化的角度揭示城市与湿地的关系，实现人与自然和谐共处（图 4-5-20）。考虑生态负荷的前提下，重视城市新景观的创造和人的休闲性的结合，使之成为亲人的、生态的、展现黄河入海口独特湿地风貌的城市新空间。同时在公园中部靠近广利河位置规划建设一座环流泵站，作为东城环城水系实现水流循环的关键设施，促进 25.6km 水流循环、改善水质。

图 4-5-20　明月湖国家城市湿地公园鸟瞰

4.5.4.3　明月湖国家城市湿地公园分区规划

明月湖国家城市湿地公园的原址，因城市建设挖掘了大量的土壤，导致该地块的生态遭到了严重破坏，因此在明月湖城市湿地的修建过程中坚持以保护为重、以生态为首、科学合理开发的方针，将水作为公园主景来划分与联系公园各分区，以湿地保护与湿地风貌展示，为市民提供休闲旅游场所为主要规划目标。

根据场地形态、湿地景观的形状，明月湖国家城市湿地公园划分成3个区域，分别为综合服务与管理区、生态保育区、生态林缓冲区。公园的三个区域的主要职能各有不同，综合服务与管理区与城市相连，是城市与湿地之间的过渡区域，同时也是公园中游客的主要活动区域；生态保育区是公园内最主要的湿地保护区域，游人无法靠近；而生态林缓冲区，属于划分生态保育区和综合服务与管理区的区域，既具有湿地生态保护的功能，游客也可以到这个区域进行游赏（图4-5-21）。

4.5.4.4　明月湖国家城市湿地公园景观元素

明月湖国家城市湿地公园内，依据不同分区的主题，应用不同种类的植物，营造了各具特色的丰富植物景观。在综合服务与管理区，以本地乡土树种为主，例如旱柳、国槐等，搭配营造出丰富的植物景观；而在生态保育区，以湿地内原有的植物景观为主；在生态林缓冲区，则选用芦苇、香蒲、芦竹等水生植物营造植物景观，与原生湿地的自然植物景观完美地融合在了一起。由于考虑到园区内土壤盐碱化程度较高，公园内还种植了大量的柽柳等耐盐碱植物，以丰富园内的植物种类与植物景观层次（图4-5-22）。园内的水体景观面积较大，在视觉感官上十分壮阔，让人视野开阔、赏心悦目。在驳岸处理方面，采用硬质驳岸与自然式驳岸共存的驳岸处理方式。在综合服务与管理区，为搭建供游人游赏的滨水木质栈道，采取硬质驳岸。硬质驳岸虽然不利于大面积水体与岸边的生态过渡，但从游客游赏的角度来看，硬质驳岸比自然式驳岸具有更高的安全性；而在游客活动涉及不到的生态保育区，则完全使用自然式驳岸，在水岸与水体之间构建水生植物群落，丰富生物多样性。

图 4-5-21　滩涂戏水　　　　　　　　　　图 4-5-22　乡土植物

为了使游客更好地观赏湿地的生态风光，公园在综合服务与管理区设立大面积的滨水木质栈道，不仅有助于游客开展亲水活动，而且木质的设计风格也与湿地环境相融合（图4-5-23、图4-5-24）。园区内设置了数量众多的观景台、景观长廊等设施，以供游客更好地欣赏湿地景观。园区内的景观小品以现代设计风格为主风格，并且十分注重与城市文化的结合。例如在综合服务与管理区设立的一组现代风格的雕像，便是以东营市的代表性乡土植物芦苇为设计原型，表现出一种大片芦苇随风飘荡的视觉意象。

图 4-5-23　木质平台　　　　　　　　　　　　图 4-5-24　木质栈道

本章小结：

　　针对城市建设用地分类中 G 类用地的基本构成，分别介绍了城市广场和城市公园的发展过程、主要类型以及相应的景观设计要点；同时结合有代表性的各类实例，详细分析了不同类型城市公园的主要设计理念和具体设计方法。

课后习题：

　　1. 城市建设用地中的 G 类用地指什么？
　　2. 现代城市广场有哪些类型？
　　3. 城市广场的视觉尺度包括哪些内容？
　　4. 城市公园的常见类型有哪些？
　　5. 城市绿地系统与城市公园的关系是什么？

第5章

城市棕地景观再生

本章导引：

教学内容	课程拓展	育人成效
城市棕地的概念及景观特点	生态理念	使学生了解城市棕地的污染特征，景观更新的主要内容与基本原则，要将生态修复、使用者的安全置于首位
工业类棕地景观更新	创新思维、时代精神	设计中要具有创新思维，根据场地特征以及文脉现状，应用多种设计手法因地制宜地营造不同风格的后工业景观
基础设施类棕地景观更新	生态理念、时代精神、人文关怀	让学生了解在棕地景观再生设计中要贯彻可持续发展理念，如废料处理和再利用、土壤修复、植被保育、无害化处理等，应确保使用者的安全需求，不可急功近利，不能只追求短期的景观效果
矿业类棕地景观更新	生态理念、文化互鉴	使学生了解矿业类棕地的景观特征，以及生态修复、再生利用的长期性和动态性特点，通过中外优秀案例的对比，进行设计方法层面的交流互鉴

　　城市快速发展的高峰期阶段就是工业时代的到来，与此同时也促进了人类文明，并使之向前跃进一大步。在科技发展的过程中，带动了整个城市的经济发展，同时也带动了人们生活水平的发展节奏。然而，在进行工业化生产的过程中，大量自然资源被过度地消耗和浪费，同时厂矿产生了大量的废弃物，这些废弃物大多不经过处理，直接被排放到自然环境中，大量堆放导致城市棕地大肆扩散。这些城市棕地很多位于城市中心，周边的用地性质也较为复杂，同时由于缺乏管理，产生的废弃物中含有大量有害物质，这些废弃物不经科学处理被肆意堆放在自然环境中不断积累，导致环境中的有害物质逐渐增多，对于空气、水体以及物质环境都会造成严重的影响。

5.1 棕地与棕地景观

　　随着城市的快速发展，土地资源和生态环境问题日益受到人们重视，棕地（brownfield）的研究应运而生。城市内部棕地由于其历史成因，往往位于城市核心地带，对城市社会经济发展、城市景观生态环境以及城市居民生活质量均存在较大影响，因此如何有效地对城市内部棕地进行改造是当前城市亟待解决的问题之一。对城市棕地的有效改造可促进城市土地集约利用、美化城市生态环境并提高城市竞争力。

5.1.1 棕地的内涵

5.1.1.1 棕地的概念

　　棕地最早由1980年美国国会通过的《环境、赔偿和责任综合法》提出，将棕地定义为因有害危险物而使其受到现实或潜在污染的不动产。1997年，美国环保署将棕地定义为：

废弃、闲置或未被充分利用的工业或商业用地，因受到实际或潜在的污染而使其扩建或重建变得复杂。英国将棕地定义为先前使用的土地（previously used land），指正在或曾经由常设机构占据，包括已经开发的土地和任何相关的地面基础设施。加拿大对棕地的定义同美国相似：废弃的、空置的、被遗弃或未充分利用的商业、工业或公共财产，其中过去的行为已经对公共健康和安全造成实际的或潜在的危害，并具有活跃的再利用潜力。日本将棕地定义为：因存在现实或潜在污染，使得其内在价值未利用或未充分利用的土地。虽然各国对棕地的定义不同，但均体现了相同的特征，即：①存在现实或潜在污染；②属于废弃地块；③用地性质涉及工业、商业和地面设施等用地。

我国对于棕地的相关研究相对起步较晚，但是随着城市的快速发展和不断扩张，棕地现象在我国不断产生并加剧。我国对于其定义的界定是被使用过的土地，包含工业及商业用地，这类场地主要是因城市经济的快速发展，在一定程度上使城市中心区域工业受到影响并衰落，从而形成大量被废弃或并没有完全被利用的土地，这类土地往往可能已经被污染或存在待被确定的潜在污染，这些被污染的土地直接对环境造成影响，同时也会直接或间接地对周边人群产生影响。

5.1.1.2　棕地的分类

棕地有多种分类方法，常见的分类方法主要包括按用地性质、污染源、改造目的、土地症状和污染程度进行分类。

（1）按用地性质分

《城市用地分类与规划建设用地标准》（GB 50137—2011）中将城乡建设用地分为 2 大类、9 中类、14 小类。按照城市用地分类标准中对中类的划分，可以将棕地分为工业用地、仓储用地、市政设施用地、交通设施用地、商业用地、采矿用地六类。

① 工业用地类　城市用地分类标准中对城市工业用地概念界定为工矿企业的生产车间、库房及其附属设施用地，包括其专用的铁路、码头和附属道路、停车场等用地，但不包括露天采矿用地。工业类棕地即指工业用地废弃后遗留的具有一定污染程度的厂区、厂房和附属设施用地。其产业性质和生产方式决定了其内部污染程度和种类。重工业、机械工业污染程度较大，轻纺工业和电子工业污染程度较小。

② 商业用地类　城市用地分类标准中对商业用地概念界定为商业、商务、娱乐康体等设施用地，不包括居住用地中的服务设施用地。商业类棕地为商业用地废弃后遗留的内部具有污染的商业店铺和设施等用地。一般污染程度较小，污染修复容易，是棕地开发的首选，但占地面积普遍较小。

③ 仓储用地类　城市用地分类标准中对仓储用地概念界定为物资储备、中转、配送等用地，包括附属道路、停车场以及货运公司车队的场站等用地。仓储类棕地即指废弃的、存在污染的城乡仓储用地。仓储类棕地污染主要来源于其内部堆砌的货物，以土壤污染为主，根据存放货物的不同，污染程度也不一。

④ 市政设施用地类　市政设施用地包括供应设施用地、给排水设施用地、环保设施用地、安全设施用地及其附属用地。市政设施类棕地主要为市政供应设施用地或市政管理用地废弃后遗留下的污染地块。污染源包括水污染、固体废弃物污染、油气污染等。

⑤ 交通设施用地类　交通设施用地主要指道路用地、交通枢纽用地、交通场站用地和社会停车场用地，不包括居住、商业、工业等内部交通用地。交通类棕地主要指废弃的、内部存在污染的交通枢纽用地、交通场站用地、社会停车场用地，占地面积一般较大。

⑥ 采矿用地类　采矿类棕地主要指采矿、采石、采沙等地面生产用地和尾矿堆放地。

采矿用地由于内部矿产资源的开采，其地块和周边均存在一定的环境污染问题，因此采矿类棕地指采矿、采石等的废弃地，包括周边因矿业开采而形成的商业、市政设施等用地。采矿类棕地一般面积较大，污染主要为重金属污染和水体污染，地块内部往往会由于矿产资源的开采产生一定的塌陷区，改造相对困难（图5-1-1）。

图 5-1-1　某卫星图中的采矿业棕地

（2）按污染源和污染程度、类型分

根据污染来源的类型区别，将其分为物理、化学、生物类型。物理性质棕地是由场地存在大量对环境有害的固体废弃物而形成的，比如大量重金属污染物、化工厂废弃物、医疗废弃垃圾以及其他固体废弃物等；化学性质棕地因场地存在大量污染性化学物质，一定程度上会对环境中生存的人、动植物产生影响，但往往因为部分物质对场地产生的不良影响不能够立刻体现出相关症状，因此这种类型的棕地往往存在隐患较大，并一旦发现问题后治理方式相对较为复杂；生物性质棕地是由于棕地中存在大量生物性污染物质，比如受污染后的废弃场地中动植物死亡后分解过程中产生的危害周边植物及人群环境的固态或气态污染物。

棕地按其地块内部污染程度可分为重度污染类、中度污染类、轻度污染类和潜在污染类。

按污染类型分为：①重金属污染型棕地，重金属主要指 Fe、Mn、Zn、Cd、Hg、Ni 等相对密度大于等于 5.0 的金属，土壤中重金属污染主要来源于农业遗留、汽车尾气、尾矿渗透等，因此在采矿类棕地和乡村棕地中较常见。②有机物污染型棕地，有机物污染主要包括农药污染、石油化工污染、有害微生物污染等，主要存在于以电镀、冶金、石油化工等类用地为代表的工业和矿业类棕地中。③放射性污染型棕地，放射性污染主要来源于原子、核能等工业排放的废弃物中，因此在特殊性工业用地中较显著。

（3）根据将棕地修复成不同类型的项目划分

可以将其分为居住性、娱乐性以及综合性棕地。改造目的的定位取决于棕地原有的土地性质，以及经过周边环境综合考量分析之后对其重新进行用地性质的定位。

5.1.2　城市棕地的内涵

5.1.2.1　城市棕地的概念

Brownfield 一词引入我国后，学者对其进行了不同的释义，主要倾向于将其译为"棕地"，但是也有部分学者将其称为"褐色土地"，虽然叫法不同，但其对棕地的定义和内涵的理解基本相同。然而目前国内有部分学者在对棕地进行研究时，容易将其同污染土地、废弃地、闲置地相混淆，下面对城市棕地容易混淆的概念进行比较和辨析，以便读者更加明确棕地的概念（图 5-1-2）。

城市废弃地：指城市内部由于人类活动产生的，目前处于被遗弃、闲置或未被完全利用状态下的，需经过治理才可恢复使用功能的土地。其包含的城市用地性质广泛，可以是居住用地、商业用地、工业用地、仓储用地、市政设施用地、军用设施用地等。同时其内部可能存在一定程度的污染，但污染并不是其必要条件。城市棕地同城市废弃地的差别在于两点：①棕地的用地性质是工业、商业、仓储、市政设施和交通设施五大类，而城市废弃地几乎涵盖了所有城市建设用地性质；②棕地内部存在一定程度的现实或潜在的污染，而城市废弃地可能存在一定的污染，也可能并不存在污染。

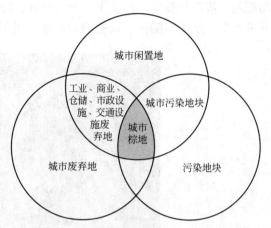

图 5-1-2　城市棕地与相近概念的关系

城市闲置地：城市闲置地定义为土地使用者在依法取得土地使用权后，未经原批准用地的人民政府同意，超过规定期限未动土开发建设的建设用地。因此城市闲置地可能是一直未被开发的空地，也可能是土地产权变更后未及时进行开发的城市建设用地。相对于城市棕地的概念，城市闲置地涵盖的范围更为广泛，棕地属于已开发过且具有污染的城市闲置地。

城市污染地块：城市污染地块指因对地块的开发建设或使用导致地块内部存在一定程度的污染。棕地的属性之一是存在污染，往往有人会将棕地同污染地块的概念相混淆，而棕地只是城市污染地块中的一部分，指城市工业、商业、市政设施、交通设施等因自身用地性质而在地块使用过程中对地块内部或周边产生污染的用地废弃后遗留下的地面及地上建、构筑物，其污染属性可能是显现的也可能是疑似的。城市内部一部分建设用地会因为外界因素的污染变为污染地块，如城市居住用地会由于周边工业企业废气、废水或固体废弃物的堆砌产生一定程度的污染，但这部分由外界而非用地自身使用性质因素产生污染的地块不属于城市棕地的范畴。

5.1.2.2　城市棕地的特点

① 存在于城市内部。城市棕地位于城市市域内部，属于城市建设用地中的一部分。

② 属于已被开发过的用地。城市棕地内部污染来源于地块先前的使用，且因先前的不当使用而使其再利用变得困难，因此城市棕地的改造要建立在对先前使用相关数据全面了解的基础上。

③ 地块内部存在一定程度现实或潜在的污染。城市棕地内部可能存在目前尚无法探明的污染物质，但由于其先前的使用性质可推断出其内部极大可能会存在污染物质，这部分污染的探明和修复需要依赖于科技进步和技术创新。

④ 用地性质属于工业、商业、仓储、市政设施或交通设施用地。城市棕地指污染源来自地块内部，因其内部生产工艺、流程或污染物堆放等因素而造成必然污染的地块。不包括像居住用地等因外界因素造成的随机污染地块。

⑤ 地块现状为废弃或半废弃状态。用地目前不在使用状态或其先前使用的用途已经改变。

⑥ 地块改造具有一定的风险。城市棕地改造风险主要包括经济风险和环境风险。一方

面，城市棕地内部污染治理需要投入大量资金，但地块改造后的投资回报率和投资回报期具有不确定性，因此具有一定的经济风险。另一方面，城市棕地位于城市内部，如污染修复不当会对当地的生态环境造成危害，因此对其开发也具有一定的环境风险。

在此基础上，适宜开发利用的城市棕地又应同时具备以下特征：①对其再开发可带来一定的经济利益；②对其再开发可有效改善当地生态环境；③地块具备可再开发利用条件（污染可被修复、基底条件满足开发需求）。

5.1.2.3　城市棕地的成因

城市棕地产生的原因主要是城市内部工业企业大量外迁和城市发展过程中对环境问题的漠视，主要可归纳为以下几点。

① 城市内部产业结构调整　随着城市的不断发展壮大以及人们对城市规划问题的不断探索，城市内部逐渐由之前的第一产业占主导转向二、三产业为主，城市中心区建设用地发展转向以居住、商业、娱乐、餐饮用地为主。同时随着城市环境污染问题的凸显，也促使城市内部产业结构的调整，一类无污染工业用地逐步取代二、三类工业用地，原先的工业用地因产业调整和环境污染等问题逐步搬迁至城市外围，因此在城市内部闲置了大量棕地。

② 城市发展与扩张　随着城市边界向外扩展，城市外环逐渐向外转移，原先位于城市外环的用地目前已处于城市内部核心地段，其用地性质已经同城市规划不相匹配，如垃圾填埋场、污水处理厂等，因此需要随同城市外环一起向外搬迁，而搬迁空余出的用地则在城市内部形成棕地。同时随着城市的发展，一些基础设施用地已无法满足城市的发展需求，如铁路站场、仓库堆场等，这些被遗弃的基础设施和交通设施用地由于过去的使用性质而对其内部产生了不同程度的污染，因此也是城市内部棕地的来源之一。

③ 工业发展进程中对环境的漠视　城市内部老旧企业资金、发展空间等自身问题也促使其逐渐向城市外围搬迁，因此在城市内部空闲了大量废弃地。而由于这些老旧企业厂房建设年代久远、工艺设备陈旧、对环境污染问题缺乏管理，因此大部分废弃地存在较严重的环境污染问题，是城市内部棕地的主要来源。

④ 规划政策引导　随着城市诸多问题的暴露和城市规划方法、理念的日益成熟，内城更新成为城市规划的焦点，城市"退二进三"政策、老工业企业搬迁政策、棚户区改造政策以及城市外围工业园区的规划，均促使城市内部污染企业向城市外围搬迁，以达到减少城市内部污染、改善城市人居环境、增加城市建设用地等目的。这些政策的实施促使城市内部工业企业的大量外迁，是城市棕地产生的主要原因之一。

5.1.3　棕地景观的特点

5.1.3.1　场地条件错综复杂

与城市其他用地相比，棕地有着更为复杂的场地历史、更为令人感到不安和无所适从的场地现状以及更为深藏不露的场地污染危害。在精神层面上，无论是旧工业厂区还是采矿业废弃地，都曾经是人类工业文明蓬勃发展的地方，曾经是人们努力争取工作机会的地方，曾经是令几代产业工人深感自豪的地方。这些厂区原来是不对普通人开放的，因为它们曾经是国家的或地方的工业命脉。令人回味的是，这些场地现在一般也不对人们开放，但那是因为往日荣光已不在，废弃锈蚀、满目疮痍、污染潜伏，它们成为人们避之不及的地方。如何看待场地的历史信息，如何定位新开发与老用途之间的关系，如何回应老员工与场地之间的社会和情感寄托，都令棕地的场地信息解读充满了挑战。

就其物质空间而言，棕地也较一般开发用地更为复杂。例如，原有的旧工业厂区内遗留的大尺度建构筑物、错综复杂的管道和铁轨系统、废弃的基础设施等元素都令场地调研困难重重。这些元素看上去庞大、冰冷、生硬甚至阴森，尽管它们的形态是由高效严谨的工业流程所决定的，但对于不熟悉这些流程的政府人员、开发商、设计师及普通民众而言，它们看上去是如此的错综复杂，难于理解。

除了肉眼可见的复杂物质空间，棕地中土壤污染与地下水污染的隐蔽性与长期性以及需要采取的相应修复措施都令其场地信息更为复杂。这两类污染在视觉上不易被直观察觉，且往往长期潜伏于场地中缓慢地产生危害作用。例如，土壤中的铅污染会导致儿童智力发展迟缓，但对于有此类儿童的家庭而言，恐怕并不会将其快速地联系到土壤污染上而展开相应的调查。这就更要求棕地的场地调查需要在具有专业知识的人员指导下进行，对于可见与不可见的危害都应开展彻底全面的调查与评估工作。

5.1.3.2　空间特征辨识度高

棕地的场地一般具有明确的空间可识别性，从视觉观感上而言，基本就是废弃荒芜的。不同类型的棕地具有各自独特的场地空间特征，工业企业旧厂区一般地形平整，这主要是由曾经的工业生产流程及铁路或公路交通运输的需求决定的。此类棕地中往往遗留有大量的工业建构筑物，其尺度巨大，特征鲜明，空间具有冲击力。老厂房之间密布的铁轨系统和高架的管道系统将各个主要建构筑物联系在一起，也常成为棕地再生设计中的重要元素。采矿业废弃地及垃圾填埋场的场地地形则变化剧烈，具有明显的高程变化特征。采矿业废弃地的露天开采坑是减法空间——多年的石材与矿料挖取破坏了原来的地形，造成巨大的凹陷，裸露的高大岩壁成为再生设计中震撼人心的元素。露天开采在停止挖掘工作后，就不再对坑底渗出的地下水进行抽干处理，经过一段时间会在坑底形成深潭，成为再生设计中的水景元素。

与露天开采坑相反，垃圾填埋场是典型的加法空间。尤其是平原型垃圾填埋场，往往形成高出地面 40～50m 的巨大垃圾堆体，成为区域范围内明显的地标，再生后的垃圾山顶多成为难得的观景至高点。对卫生垃圾填埋场而言，受填埋时工程作业的分层高度、排水坡度、边坡限值与盘坡道路的影响，垃圾堆体具有清晰的工程美学特征，成为此类棕地再生项目空间形态的独特之处。

5.1.3.3　历史与社会特征鲜明

尽管城市棕地环境极差，污染严重，但通常在一定程度上场地还会遗留原有土地类型的标志性构筑物等元素，这些元素往往能够记录一个区域历史发展的过程，如果能够在景观设计的过程中将其加以利用，使之与新景观进行融合，就能够形成棕地特有的景观风貌特征。城市棕地往往是工业时代兴起的工厂不能够适应城市扩张和业态快速发展而遭废弃的场地，而工业时代往往记录着整个城市乃至国家的发展历程，往往这些遗留元素留给我们的不仅仅是一个棕地景观，更是文化的记忆、文化的象征、文化的印迹。因此将部分工业元素很好地保留，与新景观进行新旧融合，能够留给人们对于历史文化的追忆与纪念。

棕地原有场地性质及再开发的性质定位对其周边区域的开发都有很大的影响。由于棕地所处的地理位置往往十分优越，同时它并不是孤立的场地，与周边场地联系密切，因此其在开发过程中并不能够独立完成，一定程度上还会受到周边社会环境的牵制和影响。但从另一个角度出发，棕地景观的重新规划能够促进区域生态平衡，同时重新规划后能够带动地方经济效益和社会环境效益，以此推动城市的经济上升趋势。由于利益相关者包括多种群体，各群体对于棕地景观更新的核心目标具有不同的期望，需要在更新再生过程中进行综合协调。成功的棕地景观更新项目中普遍具有自下而上的过程，在寻求场地的多种使用可能性的过程中，使当地的社区居民参与进来，并在其后漫长的开发过程中保持他们这种参与的状态。棕地的具体目标用途很大程度上受到当地人口特征的影响，包括其周边地区的人口密度、教育背景、年龄分布及种族多样性等。棕地再生中需要考虑多方因素，必须妥善协调政府的政治诉求、开发商的经济预期与当地社区居民实际生活中的切实需求。

5.1.3.4　景观再生周期漫长

棕地景观更新的挑战之一是项目周期长且具有不确定性，相应地，在周期上多呈现动态分期的特征。例如，德国北杜伊斯堡景观公园从国际竞标到建设完成共历时 12 年，分两期进行；占地面积仅有 11hm² 的美国芝加哥斯特恩采石场公园的建设历时 5 年，也分为两期进行；而占地达 890hm² 的美国佛来雪基尔斯垃圾填埋场改造为公园岛的项目周期则预计长达 30 年，将分为 6 期逐步进行实施。如此长的项目周期是由多方面原因造成的：一方面，新生态系统的建立需要时间；另一方面，项目建设需要逐步筹措资金，需要根据资金的到位情况及投资者意愿渐进地进行局部区域的阶段性建设。同时，场地的复杂性对更新再生后的景观空间也提出了新的要求。当然，社会各界在长期的共同参与过程中，每个人都逐渐形成了对该场地的认同感和归属感，这种无形的力量在形成社会凝聚力和城市活力上是不容忽视的。

5.2　工业类棕地景观更新

5.2.1　背景概况

2001 年，《国务院办公厅转发国家计委关于"十五"期间加快发展服务业若干政策措施意见的通知》推进了中国城市"退二进三"的进程，即在产业结构调整中，缩小第二产业，发展第三产业。随后，东北老工业基地、长三角、珠三角和京津冀等地区的大中城市中，大批的污染型企业外迁。2008 年，国务院安委会办公室《关于进一步加强危险化学品安全生产工作的指导意见》中提出，鼓励各地区进一步淘汰高污染化工企业，可以采取搬迁、转产、关闭等多种措施，对在城区的化工企业搬迁应给予政策扶持。

因工业企业搬迁或关停所形成的城市棕地往往位于城市的中心区或近郊，是城市建设的重要储备地段，基础设施齐备，交通便利。因以往工业运输的需要，很多工业与基础设施类棕地位于河道、湖泊、海港的滨水地带，在城市滨水空间的建设中占据重要的位置。然而由于污染问题，一些位于城市中的老工业区迟迟不能进行再开发。成功完成棕地再生过程的旧厂区中，将创意产业园区作为目标的开发模式备受青睐。

5.2.2　空间特征

工业类棕地的场地一般较为平坦，无剧烈高差变化，场地中多有体量巨大的工业建构筑物，立面造型一般简洁、整齐，表现出一种机器美学，并且建筑结构往往作为一种造型手段显示出来，轻型钢结构、悬索结构等创造了独特新奇的技术之美。再生过程中如确定被保留，则既是场地中需要被赋予新生命的主要元素，也是最吸引眼球的空间要素。通常情况下，建筑的物质寿命总比其功能寿命长，尤其工业废弃建筑大多结构坚固，建筑内部空间比较宽敞，层高及跨度均大于一般的民用建筑，具有较大的使用灵活性，因此改造设计可以节省部分的建造费用；另外，工业废弃建筑大多具有良好的基础设施，给水、排水、供电、供气等容量远远高于普通的民用建筑，因此对这些工业废弃建筑基础设施的改造再利用可以减少市政投入、节约开发投资，并发挥城市目前有限的基础设施潜力。

工业类场地中最显著的空间元素为大型的工业厂房或建构筑物，具体又可分为三种，即可作为至高观景点的巨型工业建构筑物、内部空间可进行更新利用的工业厂房、地标性大型工业构筑物。

可作为至高观景点的巨型工业建构筑物，以其巨大的体量和刚劲有力的工业外形成为场地中显著的空间要素，并通过提供至高观景点对场地形成视线上的全局控制。

遗留的工业厂房内部空间可进行更新利用，为工业类棕地再生提供了主要的室内活动空间，其更新用途多样，已有很多实践进行了富有创意的探索。如被改造为游客接待中心、博物馆和多媒体放映厅以及画廊、展厅和咖啡厅等。

地标性大型工业构筑物，如烟囱和煤矿井架等，具有鲜明而独特的工业造型，体量巨大，多作为棕地再生项目的标志被保留下来，成为城市天际线中具有识别性的特殊地标。

5.2.3　污染特征

工业类棕地中以土壤污染为主，也可能伴有工业废料、建筑垃圾等物质。根据不同的场地前用途及污染的产生来源，此类棕地中土壤的污染成分各异，污染程度也差异较大。

各类工厂的工业流程、生产工艺、原材料和最终产品存在差异，工业生产停止后所形成的棕地在污染物质、污染程度与分布、修复技术等方面也不尽相同。工业类棕地中的潜在特征污染物基本包括重金属、挥发性有机物、半挥发性有机物、持久性有机物和石油烃等。根据《建设用地土壤污染状况调查技术导则》（HJ 25.1—2019）中的附录 B，其主要污染物如表 5-2-1 所示。

表 5-2-1　工业类棕地常见地块类型及特征污染物

行业分类	地块类型	潜在特征污染物类型
制造业	化学原料及化学品制造	挥发性有机物、半挥发性有机物、重金属、持久性有机污染物、农药
	电气机械及器材制造	重金属、有机氯溶剂、持久性有机污染物
	纺织业	重金属、氯代有机物
	造纸及纸制品	重金属、氯代有机物
	金属制品业	重金属、氯代有机物
	金属冶炼及压延加工	重金属
	机械制造	重金属、石油烃
	塑料和橡胶制品	半挥发性有机物、挥发性有机物、重金属
	石油加工	挥发性有机物、半挥发性有机物、重金属、石油烃
	炼焦厂	挥发性有机物、半挥发性有机物、重金属、氰化物
	交通运输设备制造	重金属、石油烃、持久性有机污染物
	皮革、皮毛制造	重金属、挥发性有机物
	废弃资源和废旧材料回收加工	持久性有机污染物、半挥发性有机物、重金属、农药

5.2.4　自然元素修复

自然元素修复主要包括场地中的植被、水体和地形三个方面。

① 植被　植被的选择可以从修复物种和景观物种两方面进行考虑。如果项目决定采用植物修复的除污方式，则要根据场地土壤中具体的污染物质选择相应的修复物种，并明确后期的监测与处理步骤。对于景观物种，则可从适宜性、空间营造、植物群落、四季特征和观赏性等方面进行选择。

② 水体　此类棕地中的水体可分为两类分别对待，即被污染水体和雨水。棕地中的地表水体往往受到污染的危害，更为隐蔽的是埋藏于地下的污染源与地下水体所遭受的污染，及随水体流动对周边地区与水域造成的污染危害，需要采取相应的治理措施。棕地中的雨洪管理策略可以概括为"隔、汇、净、用"："隔"即要阻隔雨水渗入土壤，防止土壤中的污染

物质随雨水迁移；"汇"即对于降落在场地内的雨洪进行收集，减小对于外部城市管网的压力，汇集的水体可结合景观水景进行设计；"净"即通过沉淀池和人工湿地等手段对汇集的水体进行净化；"用"即在场地内对水体进行循环利用，例如用于植被灌溉等。

③ 地形　由于工业类棕地的场地基本平坦，因此对土方的处理就成为塑造丰富地形的契机，尤其采用隔离策略中的覆盖手段时，大量需要消纳的土方常以山体的形式被覆盖于场地内。

5.2.5　工业遗产保护

工业遗产泛指具有历史、技术、社会、建筑或科学价值的工业文化遗留物，工业建筑遗产是工业遗产的重要物质组成部分。截至2006年，国际古迹遗址理事会统计的联合国教科文组织世界遗产名录中的工业遗产达到了43项。工业遗产保护理念的提出，是人类对于"遗产"价值的再定义。曾经被认为象征着颓败的废弃厂房与机器，也具有了"美"的价值；曾经荒芜凋零的工业弃地，也成为了人类历史与文明的见证。而棕地再生受到重视是因为人类的生存受到了威胁与挑战。

虽然棕地再生和工业遗产保护均涉及工业场地与遗存，但是二者的主要关注点却不尽相同——前者着力于清理工业所造成的土壤与地下水污染，而后者则侧重于保护有价值的工业遗迹。很多情况下，工业遗产保护与棕地再生会并存于同一块场地上。合理保护与利用工业建筑遗存是棕地再生的重要方面，并往往是最引人瞩目的显性部分，工业建筑遗存的改造最直观地反映了其所处工业用地的性质变化，具体采用的处理手法会对场地再生过程的辨识度产生不同的影响。当一块场地同时面对棕地修复与工业遗产保护的挑战时，如果处理得当，它们可以起到相辅相成的作用。工业建筑遗产的标志性会为项目提高社会关注度，并吸引投资；而只有当场地的污染被彻底清除了，其上的工业建筑遗存才能被更为充分地利用，人们才能安全地重新使用它们。

5.2.6　范例解析

5.2.6.1　美国西雅图煤气厂公园

（1）项目概况

美国西雅图市的煤气厂公园（Gas Works Park）被视为世界风景园林专业内第一次目标明确地将工业废墟改造设计为现代公园的成功尝试，其设计师为美国著名风景园林师理查德·哈格（Richard Haag）。煤气厂公园坐落于联合湖北岸，占地9hm²。1906～1956年间，该场地为生产煤气的炼油厂用地，后来天然气逐步取代煤气，该厂最终关闭停产。此后，该场地被某能源公司作为设备仓储用地。1970年哈格在设计方案中提议要保留场地上的工业废墟，但这主要是出于美学方面的考虑。此时期，工业纪念物的保护还未全面展开，哈格的想法虽然得到年轻一代的支持，但是年长者仍然倾向于建设一个英国田园式的公园。最终，只有部分原有工业设施被保留并利用，但是哈格的设计让人们认识到了废弃工业设施具有潜在价值，在确立对工业废弃物美与丑的价值观上起到了重要作用，同时也开创了后工业城市公园的设计思路，具有里程碑意义。

公园对工业遗留物更多的是采取一种古迹陈列式的保留，使之成为地段的历史记忆或者一座工业纪念碑。工业遗留物的再利用方式也是有限的，比如精炼炉作为景观雕塑禁止接近和攀爬，一座车间改建为儿童游乐宫，公园其余大部分区域则是完全按照奥姆斯特德的景观模式处理的，以开敞的自然风景为主体（图5-2-1～图5-2-3）。

图 5-2-1　西雅图煤气厂公园改造前后

图 5-2-2　场地整体鸟瞰

图 5-2-3　场地内的保留设施

（2）污染治理

西雅图煤气厂公园的污染治理过程是曲折而漫长的，主要采用了隔离覆盖与原位修复的治理策略。哈格在接受公园设计的委托后，首先对项目场地进行了勘测，发现挖掘至地下18m时仍然有污染存在。通过向多位专家进行咨询，项目最终采用了生物降解和深层耕种的方法对污染土壤进行修复，并在表层用新土覆盖。拆除工业建构筑物后，场地中遗留的混凝土建筑废料堆成了一个约14m高的山体，可以远眺西雅图市天际线。由于新土覆盖的厚度有限，所以公园内的植被以草坪为主。场地东部的泵房与锅炉房被改造为餐厅和游戏屋，其内部的大部分原有工业设施得以保留。

煤气厂公园于1976年对公众开放，成为颇受欢迎的城市开放空间。然而，随着20世纪80年代早期美国关于危险废物清理的新联邦法案的颁布，以及随后大量开展的环境调查工作，人们发现煤气厂公园内仍然存留有污染物质。1984年从煤气厂公园所采集的土样与水样在进行检测时，显示出多种污染物，以多环芳烃和石油化合物为主。经过进一步的环境调查与风险评估，煤气厂公园重新开放，但公众被警示不要接触公园中的土壤，也不要在公园濒临的水域中涉水、游泳或钓鱼。1985年，场地中污染最严重的区域被覆盖上约30cm厚的新土。2013年3月，新一轮的环境勘测又在公园滨水的联合湖湖岸污泥中发现了多环芳烃污染。

从煤气厂关闭至今，煤气厂公园的场地经历了几轮的环境勘测与污染治理过程，但至今仍然残存有污染物质。这些情况都充分体现了工业类棕地中污染隐蔽性强、潜伏期长的特点。煤气厂公园的运营也充分体现了基于风险评估的棕地管理方式，公园向公众开放的前提并不是场地中的污染已经被彻底清除，而是要明确在多长时间多频繁的使用强度下会对人体健康产生致命的危害。当被证实正常的公园使用强度不足以伤害人体健康时，公园重新向市民开放使用。但是这种使用是有条件的，即要求公众不可直接接触场地中的土壤与水体。

（3）总结与启示

在这个设计中，锈迹斑斑的工业构筑物被大胆地保留下来，并作为公园的有机组成部分，粗犷有力的工业美学与起伏的滨水自然景观并置，提醒着人们场地所具有的工业历史，这是运用风景园林学途径进行棕地再生的一次创新性尝试。然而，也有学者尖锐地指出，由于保留下来的石油分解塔彻底被栅栏封闭而不许游客进入，且场地内大部分工业信息已被彻底清除，因此煤气厂公园中的工业遗迹仅具有外在美学的吸引力，而场地原有的复杂性和动态发展过程都被大大削弱了，并且在设计过程中缺乏关于可持续景观改造的讨论与研究，因此与后来在德国鲁尔区所进行的棕地再生项目是无法比拟的。煤气厂公园是一个成功的尝试，但是美国并未紧随其后进一步推进后工业用地的改造工作，部分是因为与人口密度更高的欧洲相比，美国并不具有同样紧迫的可持续土地改造需求。大约20年后，德国鲁尔区的北杜伊斯堡景观公园才真正掀起了世界范围棕地再生风景园林学途径探索的热潮。

5.2.6.2 德国北杜伊斯堡景观公园

德国北杜伊斯堡景观公园（Duisburg Nord Landscape Park）是世界范围内棕地再生实践中毫无争议的代表性项目，引领了全球对棕地进行再利用的潮流，是风景园林领域内探索棕地再生的具有里程碑意义的开端性项目，成为众多设计师学习与效仿的典范，对于后继实践产生了重要的影响。

该项目以场地内的工业建筑及构筑物、野生植被和地表痕迹为基本景观框架，对工厂结构整体保留，新的景观元素完全镶嵌在原有工业结构和景观结构的背景之中。在不破坏原场地整体结构和景观框架的前提下，进行局部的改造更新与再利用，通过在原有框架上叠加新的设计元素以完成对工业结构的置换和重新诠释。这种模式下的改造更新是小区域的、细小的和不易被发觉的，甚至是微观层次上的变化。

（1）项目概况

北杜伊斯堡景观公园占地230hm^2，位于鲁尔区杜伊斯堡市北部，曾经为蒂森钢铁厂的用地。该钢铁厂运营82年，1985年关闭。由于场地的高度复杂性，投资方邀请了3个德国设计团队、1个英国设计团队和1个法国设计团队在场地内进行了为期6个月的同期合作性设计创作，最终德国的拉茨景观建筑事务所中标。北杜伊斯堡景观公园于1999年对公众开放，部分工程在开放后继续进行，并于2002年全部完工（图5-2-4）。

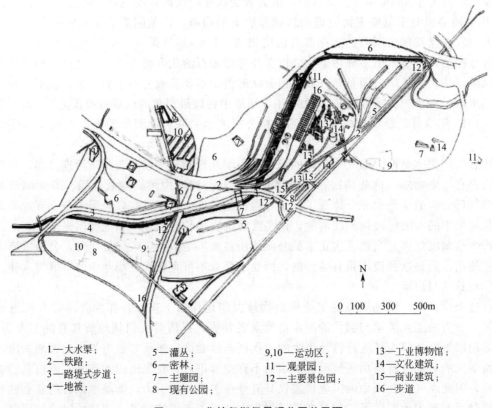

1—大水渠；　　　　5—灌丛；　　　　　9,10—运动区；　　　13—工业博物馆；
2—铁路；　　　　　6—密林；　　　　　11—观景园；　　　　14—文化建筑；
3—路堤式步道；　　7—主题园；　　　　12—主要景色园；　　15—商业建筑；
4—地被；　　　　　8—现有公园；　　　　　　　　　　　　　16—步道

图 5-2-4　北杜伊斯堡景观公园总平面

（2）设计策略

北杜伊斯堡景观公园的总设计策略是"最小干预"。对于此种设计策略，法国著名风景园林师拉索斯曾经有过清晰的论述，"'最小干预'并不意味着什么也不想做，而是谨慎小心地运用'特征空间'"。在北杜伊斯堡景观公园中，方案几乎在原地完整地保留了遗留的工业设施与生产线，谨慎并有选择地赋予了它们新的功能与文化内涵。同时，通过添加一些关键的景观要素，例如坡道、台阶、步道等，将公园中不同的景观层策略性地联系在一起，营造了一种全新的景观体验。

拉茨心目中最理想的老工业区改造应具有一种"废墟中的绿洲"的氛围。在北杜伊斯堡景观公园中，观者时时会被强烈对比所产生的美感吸引——废弃的与精致的、遗留的与新建的、硬的与软的、布满铁锈的与生机勃勃的。正是通过工业废弃元素与精致园林的并置与对比，主设计师拉茨希望实现一次审美的革命。在拉茨看来，"花园具有高价值，某些植物尤显贵重"。当将贵重的植物种在工业废料循环利用所得的介质中时，这些废料则骤然与贵重的植物具有了同等价值。正如拉茨所希望的那样，来访者在北杜伊斯堡景观公园的老工业遗迹中时不时地发现一些美的片段，让人保持着一种惊喜的状态，就好像是一个孩子在废墟中意外发现了宝藏，这正是设计师通过对空间的组织与设计独具匠心地为此种体验创造了条件。

（3）地形特色

北杜伊斯堡景观公园总体而言地势较为平坦，没有剧烈的高程变化。最有特色的地形变化为铁轨园，呈汇聚状的多条铁轨路基随铁路走向而具有不同的高程和坡度。由于工业运输的需要，蒂森钢铁厂中分布着复杂的铁路网络，这些铁路时而分时而合，将工业原料运到场地中，又将产品输送出去，成为联系钢铁厂内部各区域之间及其与周边更广阔地区的动线。当拉茨初次来到项目场地时，他迅速地识别出铁路这层特殊的空间元素，要求其团队必须清楚地了解火车的运行模式及铁路的布局规律。拉茨认为，"技术的历史往往产生出令人着迷的结构，我们应该从这些结构自身的表达力出发，来识别并支撑它们"。这一观点在铁轨园中得到了充分的体现。多条铁路线在场地的中心位置汇聚在一起，形成被称为"铁轨竖琴"的区域。值得注意的是，这些铁轨的汇聚并非在同一平面，而是在具有高差变化的三维空间汇聚。铁轨的路基高出地面，多条铁轨呈下坡之势直到与地面齐平，从而形成高低有致的地形特征。拉茨在竞赛阶段通过轴测图详细地分析了该地区的空间关系，并在公园的设计中充分利用现有地形形成不同高程的步道系统。

（4）工业自然

城市生态学家对鲁尔地区棕地的研究起始于 20 世纪 80 年代。废弃的工业用地具有非常独特的植被系统，蒂森钢铁厂的场地中被记录在册的非本土植物就超过了 200 种，它们都是随着工厂运营时一车车被运来的铁矿石来到北杜伊斯堡安家落户的。在自然的演替过程中，场地中形成了独有的"工业自然"（industrial nature）。"工业自然"是 1999 年园区项目闭幕时推出的重要概念之一，指很多常年废弃的棕地几十年来处于封闭状态，在没有人为干预的情况下，场地中自我演替而形成的自然系统，其适应于原工业用地的特殊环境，尤其是被彻底改变了的土壤状况，并存在着只有在这里才可以找到的某些稀有动植物。拉茨认为，如果把工业废弃地内的杂草除尽，整理得面貌一新，那其实是又一次地毁灭了它，是对其现状的不尊重。这些顽强自我生长着的植物正意味着自然在重新夺回它失去的领地，新加入的设计要素应该起到引导和画龙点睛的作用（图 5-2-5、图 5-2-6）。

图 5-2-5　工业废墟与生机勃勃的植物

图 5-2-6　植物设计

（5）设施保留

在北杜伊斯堡景观公园中，大部分原蒂森钢铁厂的工业建筑与设施得以保留，并通过改造被赋予了新的功能。拉茨提倡完整地保留工业遗存并充分了解其原始功能，保持其历史位置与基本形态，但赋予其新的内容与含义，以激发对工业遗存的新解读。与其为了某种功能而建设新的建筑，不如换一种思路，通过遐想和趣味性使现存的构筑物以一种新的方式被使用，采用适应与诠释的方法，在不破坏的情况下使工业构筑物发生一种蜕变。此种工业建构筑物的再利用方式后来成为被世界各国工业遗存再生项目所效仿的典范。原配电站被改造为游客接待中心及餐厅；原管理用房成为颇受欢迎的青年旅馆；老矿仓厚达 1m 的混凝土墙现在成为了多个攀岩俱乐部的据点；老储气罐被 2 万立方米的水注满，成为一个颇受欢迎的潜水中心；80m 高的 5 号炼钢高炉变成了俯瞰整个地区的理想观景塔；老的煤气涡轮大厅和机器车间则成为了众多演出的活动场地。这些获得了新生的老工业遗存之间，由花园和景观设计元素有机地联系在一起（图 5-2-7～图 5-2-12）。

图 5-2-7　废渣场地改造为多功能林荫广场

图 5-2-8　高架步行桥

图 5-2-9　改造后的净水渠

图 5-2-10　老矿仓改造的儿童活动场地

图 5-2-11　炼钢高炉

图 5-2-12　高炉改造为观景塔

　　从经济的角度而言保留废墟比移除它们花费更多，也更能体现将场地的信息一层一层叠加起来，拉茨在北杜伊斯堡景观公园的设计已经超越了当时的传统设计模式，是一种全新的景观，是对场地本身的歌颂，是一种完全不同的概念。

（6）材料利用

除了被完整保存下来的工业建筑与设施，部分工业废墟被磨碎作为铺设道路的材料或种植介质，在场地内进行循环利用。拉茨非常明确地将此种方式的再利用区别于对保留下的工业建构筑物赋予新内涵的"蜕变"式再利用，指出前者是传统意义上的循环利用，而后者从本质上与之不同。场地中可以继续使用的整段楼梯或桥梁在再利用过程中被喷涂上新漆，以区别于那些已经锈蚀得不可再用的部件。在利用原矿料仓库所形成的独立花园之间，为了实现空间上与视觉上的连通，项目团队用一种很特殊的锯在将近 1m 厚的混凝土墙上切出洞口，而切下的混凝土块则作为雕塑留在场地中，与洞口形成了有趣的对话。

（7）总结与启示

北杜伊斯堡景观公园将污染的治理、特色园林景观的营造与场地内遗留工业建构筑物的"蜕变"过程紧密地结合在一起，既满足了环境工程方面的污染治理要求，又提供了丰富多样的游憩休闲空间，同时营造了独树一帜的景观形态与可持续性的生态系统。

北杜伊斯堡景观公园项目的场地是复杂的，污染治理所提出的挑战是普通项目场地所不需应对的，项目从酝酿到诞生过程中面对的最大困境是需要不断地与固有的传统意识进行抗争。拆除推平还是保留遗迹？自然保护还是游憩休闲？基于场地现有空间结构的"结构式"设计还是营造所谓的"田园式"或"古典园林式"的公园意向？技术的与生态的共存？人为的与自然的并置？北杜伊斯堡景观公园的最终形态是多方参与者共同努力的结果，主设计师拉茨的执着与投入在这个过程中起到了举足轻重的作用，北杜伊斯堡景观公园也因此而幸运地在世界风景园林的历史上书写下浓重的一笔。

5.3　基础设施类棕地景观更新

基础设施类棕地类型较多，包括废弃的铁路、码头、机场等道路与交通设施类棕地（用地代码 S），加油站、变电站、热电厂、垃圾填埋场等公用设施类棕地（用地代码 U），以及石油罐区、弹药库（用地代码 W）等物流仓储类棕地。与工业企业旧厂区相较而言，废弃的码头、机场和加油站等基础设施类棕地的污染类型相对单一，再生过程中污染治理的复杂程度也相对较低。根据《建设用地土壤污染状况调查技术导则》（HJ 25.1—2019）中的附录 B，其主要污染物如表 5-3-1 所示。

表 5-3-1　基础设施类棕地常见地块类型及特征污染物

行业分类	地块类型	潜在特征污染物类型
电力燃气及水的生产和供应	火力发电	重金属、持久性有机污染物
	电力供应	持久性有机污染物
	燃气生产和供应	半挥发性有机物、挥发性有机物、重金属
水利、环境和公共设施管理业	水污染治理	持久性有机污染物、半挥发性有机物、重金属、农药
	危险废物的治理	持久性有机污染物、半挥发性有机物、重金属、挥发性有机物
	其他环境治理(工业固废、生活垃圾处理)	持久性有机污染物、半挥发性有机物、重金属、挥发性有机物
其他	军事工业	半挥发性有机物、重金属、挥发性有机物
	研究,开发和测试设施	半挥发性有机物、重金属、挥发性有机物
	干洗店	挥发性有机物、有机氯溶剂
	交通运输工具维修	重金属、石油烃

5.3.1　交通设施类棕地

近 30 多年来，在欧美等西方发达地区的大量海港地区，因海运船舶的变化——由散装货改集装箱、由较小吨位改大吨位甚至超大吨位，使原有港区衰落甚至报废，老港区的更新改造成为一个较大的问题。不少老港区改建为生活区、办公区、游乐区等，成功的例子包括英国伦敦、利物浦、斯旺西等城市的港区更新再生。我国除了各类废弃港口，随着航空业的发展及国际航班目的地城市的增加，一些距离市中心较近的老机场逐渐被废弃，面临更新利用，较著名的案例有广州白云机场、西安机场、海口机场的改建等。此类棕地主要空间特征则是场地平整、竖向元素较少，这主要是与铁路、船运和航空等基础设施业在功能上对装卸货物、维修机车以及经济、便捷和快速的集散要求直接关联的。

5.3.1.1 铁路废弃地

城市铁路废弃地景观更新并不是一个孤立的项目，尤其是作为线型空间，其与沿线土地和周边居民关系十分密切。因此在景观更新设计时应该从城市层面入手，明确规划格局，根据城市特点和需求，进而确定项目定位。有机整合废弃铁路与周边城市空间，可以增强城市空间的连通性，减少城市景观的破碎程度，进而形成城市绿色生态网络。而城市铁路废弃地作为城市的消极空间，具备极强的更新再生的潜力，通过对其重新梳理与整合，可以作为生态廊道串联起城市中点状和面状的绿色空间，进而推动城市绿色基础设施和绿道网络的构建。

（1）空间特征

废弃铁路沿线穿越城市，根据区位可分为远郊、近郊、中心区，各个代表区域所突出的核心问题各有偏重，增加了改造的复杂性。空间的闭塞狭长、缺乏管理，导致沿线周边杂草丛生、卫生条件恶劣，这影响了周边居民正常的生活秩序，也加剧了铁路沿线与周边环境的割裂，让其成为城市中的一个孤岛，引起周边城市活力的衰退。空间形态整体呈现狭长特征，可实际利用的空间较为局限，铁路道线与城市道路交叉现象严重，影响城市交通的正常通行，破坏了城市道路系统的整体性。其交叉方式一般有高架、下穿、平交三种模式。

（2）生态修复

铁路废弃地的污染物主要来自钢轨、运输物和周边居民，因此生态修复是铁路废弃地景观更新设计中的重要环节，通过对场地现状进行研究和评估，以多学科交叉作为技术支撑，对其污染物进行系统的调查和分析，进而提出有针对性的治理措施，使得场地内的污染元素降低到安全标准。很多项目采取的方式就是在原来污染的土壤上覆盖一层新土，再种上植物，这种做法的安全隐患是巨大的，也违背了生态修复的原则。

生态修复包括了自然修复和人工修复，对于棕地来说，在时间的作用下，自然往往会对场地进行一定程度的修复，为自然修复；人工修复是在自然修复的基础上对场地进行重新梳理，同时要将对自然的影响程度降到最低。

城市铁路废弃地在经过一定时间的废弃之后，由于物种的自然演替，场地内会有一定的植被覆盖。因此，在设计中要充分考察场地内的植物生长情况，保留景观效果较好的植被，并以此作为项目的一个良好的生态基底。同时，对场地内的污染物进行生态处理，也是生态修复的重要环节，根据土壤污染程度的不同，采取不同的恢复措施，如污染严重不可逆的场地采取土壤翻新和补充的办法，污染程度稍小的场地采取生物修复的方法进行处理，从而保证土壤无安全隐患并净化土壤，恢复土壤肥力。除此之外，雨洪管理、废弃物再利用、生物多样性、城市通风道建设等均是体现生态设计的措施，在设计时应充分利用场地的原有资源，重视循环利用，从而压缩成本，营造生态宜人的工业景观空间。

（3）再生模式

① 以生态为导向的城市公园型　此类模式多出现在废弃铁路沿线，生态物种存在多样

性，周边对公园类公共空间紧缺，目的主要是建立起废弃铁路线与周边的联系，生态性往往也成为改造废弃铁路地段的基础策略，如美国芝加哥布卢明代尔空中花园。

② 以文化为导向的历史纪念型　此类模式多围绕废弃铁路站场中现状保存完好的工业遗迹来展开，通过新的功能的介入，发扬场地的文化特色。早期多采用博物馆、展览馆的模式，但是这种改造手法虽然使得铁路文化得以延续，但是会让铁路文化区封闭而自成一区，从而减弱了人与场地的互动性。后续改造手法偏向开放式公共空间的打造，会更符合城市和居民的需求，如香港铁路博物馆和台东铁道艺术村。

③ 以产业为导向的观光体验型　这类模式多围绕铁路轨道现状保存良好、沿线有潜在可利用的旅游资源的地区，打造铁路特色旅游专线。一般通过对轨道结构包括钢轨、道床、枕木、扣件的改造，将其改造为旅游观光铁路，这种手法改造更新成本较低，符合可持续发展的绿色理念，也满足民众的怀旧情结，延续了城市记忆，如日本岚山嵯峨野观光铁路。

④ 以经济为导向的商业开发型　此类多出现于该段废弃铁路地处城市中心的区域，土地价值潜力较大，周边分布住宅区，有较大的消费潜力，或者周边已经形成了商业氛围，改造的铁路区域可作为与周边连接融合的触媒。一般通过保留部分铁路元素，利用废旧厂房改造为商业设施的方法，同时也需要配合特色标识系统的设计以及线上媒体的运营维护，凸显出其商业的品牌文化，如上海"老外街"101商业街和日本 LOG ROAD DAIKANYAMA 购物街。

⑤ 以城市记忆为导向的多元共享型　此类模式以社会价值为主导，多出现于铁路轨道穿越城市中心的区域，此区域沿线功能区复杂，城市公共资源丰富，欠缺公共活动空间。一般通过保留部分铁轨，通过布景、铺装等手法，延续文化脉络；针对较长的线路根据周边的实际需求进行功能分区设计，并介入横向系统与周边城市功能进行织补，从而形成一个功能复合的城市公共广场，融入城市发展的轨迹之中，如厦门铁路公园和美国高线公园（High Line Park）。

⑥ 以交通为导向的轨道更新型　此类型的铁路地段多位于城市中心城区或城市近郊，改造手法主要依据原有轨道路径将其更新为步行道、自行车道或轻轨，在缓解城市内部交通压力的同时，也为沿线的景观提供整合的可能性。其中，城市内部可通过慢行道路体系，将其作为连接碎片化景观节点的纽带，而在城市近郊则可形成独立的生态环岛，如西班牙瓦伦西亚城市轻轨改造项目。

（4）更新策略

① 发掘空间潜力　在原有铁轨保存良好的情况下，对局部进行修复，在场地区内能发展铁路旅游项目，由于经济效益明显，易于和景观资源互动。铁轨也可以变身慢行道路，完全保留原有的铁轨，铺装路面更新，常见有混凝土、石子路、木栈道，由此把铁轨空间转换成了狭长的慢行"街道"，以此来提高铁路地段的使用效率。既起到了美化景观的作用，又能保证场地铁路文化遗迹的连贯性，实用美观。同时，在轨道沿线布置与铁路构件相关的工艺品，形成连贯的工业化艺术体验。例如，利用废旧钢轨、枕木、钢圈、信号灯等特殊构件，改装成现代工艺品，放置在铁路沿线引发市民的文化认同感，让铁路构件本身作为主角。

局部拆除铁路轨道，但却保留铁路的运行轨迹，在此基础上重新注入现代景观、建筑层面的语汇，从人的体验感官中唤起人们的身体记忆。相较于前者，轨迹的空间转译更多关注的是设计前期对于场地重新认知的考量，也是融入更多创意的基础。例如纽约高线公园的景观设计就是采用的转译手法，对原有的轨道抽象，变换图底关系，用广场替代铁轨，植被代替路基，纵然在材料上毫无铁轨痕迹，但保留了轨道的灵魂。

② 织补城市结构　通过纵向轴线上重要节点空间与周边城市的连接，在人流引导的角度加强地块与周边的横向联系。串联现有的城市景观，与城市周边完善的景观资源在流线设计中连接，形成连续的体验感，例如布卢明代尔铁路公园的改造，与芝加哥的中心绿地之间打造了景观通廊，加强与城市间的融合。当城市中已经具有大型公共景观节点难以利用时，设计者可以考虑使所在场地从高差上与景观形成视线关联，呼应周边的现状，从而加强与周边环境的联系。

废弃铁路地段较多是以线性为主的空间，为了增加线性空间体验的丰富度，节点空间和细节的处理就尤为重要。常见的途径有纪念性景观的塑造、功能性广场的限定、典型铁路设施的活化和构筑物的艺术再生。通过这些手段，加强场地本身的文化氛围，也增强线性空间与城市的融合度。

③ 城市文脉传承　城市中的铁路废弃地是城市历史文脉的重要组成部分，其中蕴含了城市的自然景观、工业文化和历史记忆。因此场地内具有其独特的场所精神，在设计过程中，应当尊重场地的历史文脉，这是创造地域特色的根基，而不是全盘推翻或重建。

对城市铁路废弃地的留存材料进行充分的再利用。铁轨、枕木、道岔、信号灯、标志牌等，都是景观设计中可以进行再利用的良好材料，通过对场地的符号、风格、场景等进行二次加工和升华，既体现了可持续的精神，又使景观改造承载了历史记忆，唤起人们心中对于场地的回忆，从而给使用者创造一种独特难忘的体验。

④ 景观空间营造　城市铁路废弃地，因其作为线型空间与城市空间相交融，所以在平面和竖向上均有丰富的空间变化，不同区段的情况也可能完全不同，这是景观改造过程面临的一个挑战，但同样是一个契机，为营造多样的空间提供了很好的基础条件。作为铁路废弃地，其空间构成主要有底界面、侧界面、顶界面和设施，其中底界面的有无取决于铁路是否是架空结构，在进行空间营造时可以重点从这四方面入手，为使用者营造丰富的空间感受。

5.3.1.2　废弃码头

随着传统工业城市的衰落，依托传统工业发展的城市面临着经济转型、格局转变等多种问题。伴随城市规模的不断扩大与经济格局的转变，城市原有的交通运输等基础设施，如水运码头，逐渐失去了原有的功能沦为城市废置区。

城市码头作为交通运输的枢纽，主要功能包括运输、装卸与临时仓储，还包括一些池体、仓库、货柜、堆场、船坞、作坊及其一些辅助构筑物。除此之外，也有一些码头往往与工厂混杂在一起，即与之相关或相邻的加工、制造、纺织等工业街区。废弃的城市码头各具特色，一方面为码头空间合理安排多重复合功能，提升码头区在城市中的地位，另一方面城市码头的滨水特性对塑造城市景观、展现城市风貌有着重要作用。查尔斯·摩尔曾提到"滨水地是一个城市非常珍贵的资源"，将废弃码头空间重塑为释放城市活力的多重复合功能聚集地，对城市与居民都有着不可估量的积极作用。

5.3.1.2.1　区位特点

码头的兴起、发展和衰落与城市化、工业化的进程有着密切的关系。在工业化的前期、早期，交通方式多以人力、马车为主，城市的产业以大机器生产为主，工业发展的优势区位首选在这些自然条件优越的交通便捷地区，一方面便于原材料的运输，另一方面便于产品的输出，因此最初的城市制造业厂区大多集中在城市港区和码头区。到工业化成熟期，城市交通越来越先进，出现了有轨电车、电动汽车、连接城市中心和郊区的铁路线等，城市开始沿主要的陆路交通干线发展，新的工业区随之向郊区延伸，一些工业区不再依附于码头区发展，但码头区依然是城市产业活动的良好场所。因此，在工业时代，码头工业区通常分布在城市的中心区及其附近的边缘区。

5.3.1.2.2 内在特征

码头用途较为单一，多为运输及与之相关的工业生产。与严格的工艺流程所匹配的相对封闭的组织系统，与城市其他地区缺乏紧密联系与交流，使得其用地空间格局内向。由于历史、制度等原因，这些地区内部的所有权、使用权非常混乱，其管理决定权常各自为政，游离于城市总体协调发展之外。原有码头区环境遭到破坏，脏乱差的现象十分严重，大量闲置仓库、厂房、废弃设备随处可见，空间秩序混乱。

废弃码头区作为城市滨水的黄金地段，其潜在的经济效益巨大。废弃码头的景观再生，一方面可以缓解城市用地紧张，另一方面可以带动区域的经济发展，促进城市的自适应，实现码头区与城市可持续性发展。另外，城市码头作为体现城市文脉的一部分，在城市的发展史中有着功不可没的地位。城市的码头区往往是该城市历史上最繁华的地段，是部分城市发展的起点，当地人们对于这个特殊的地段，通常有着极高的场所认同感与归属感。

5.3.1.2.3 生态修复

废弃码头往往是运输、仓储和工业生产的混合区域，其使用过程中产生的大量污染物被直接或间接排放或者堆放到了滨水区自然环境中，污染土质与水域，严重影响城市滨水自然环境，改变滨水生态系统，如水岸线生态遭到破坏，一定范围内的水域受到污染，土地盐碱化严重等，进而危害城市整体环境。对于这些污染的治理是景观再生的基础和前提。

麦克哈格与西蒙兹均在自己的著作中提及生态设计理念，设计绿色空间首先需要更换土壤、清理污染物，间接种植植物治理受到污染的土地。植物应选择生长快、适应性强的当地物种，合理搭配植物种类，兼顾景观效果，避免污染物继续污染土壤、水体、绿色植被等生态要素，修复码头区的生态环境，恢复码头区的生态活力。其次，合理利用码头区原有的绿植、水体、地形等自然要素，可以考虑设计以恢复生态环境为主的湿地生态公园，沿岸线布置具有修复作用的绿色廊道；构建立体化绿色空间，设计下沉式绿色公共空间、屋顶绿化等。对于有洪灾或潮汐危害的滨水区，可以利用原生植物园圃形成泄洪区或集水湿地，既能作为原有生物的栖息地，又能收集雨水，降低洪水危害。

5.3.1.2.4 再生模式

目前国内现有的更新再生模式按功能来划分主要包括四种，分别为生态公园型再利用模式、历史保护型再利用模式、创意产业型再利用模式以及城市综合型再利用模式，更新建设方式，保护与重建兼顾。

（1）生态公园型再利用模式

生态公园作为城市绿地系统的一部分，在调节城市气候，改善城市人居环境，提高居民生活质量方面有着重要作用。将废弃码头区打造成生态公园的模式，修复城市滨水环境，同时满足居民对于公共空间的诉求，目前国内比较典型的有广东中山岐江公园、上海黄浦江沿岸码头等。

（2）历史保护型再利用模式

这一类型的再利用模式主要针对历史悠久的码头区工业遗产，包含历史遗留建筑与设施，通过合理的修缮更新以博物馆展览的方式保护性再利用，充分发挥废弃码头区的历史与文化价值，比较典型的是历史文化气息浓厚的船厂码头，如福州马尾船厂与南京下关电厂码头。

（3）创意产业型再利用模式

随着各大城市中创意产业如雨后春笋般快速发展，创意产业园也转变为废旧码头区再利用设计的新思路。此类实例如广州北岸文化码头产业园更新与上海外码头产业园。

（4）城市综合型再利用模式

是汇集三种及三种以上模式的复合更新模式，主要包括商务办公、娱乐休闲、文化展览等多种城市职能，基于废旧码头区本身处于城市滨水环境的优势，激发空间活力，为城市提供更为全面的服务，满足城市发展需要。如上海东方渔人码头和广州太古仓。

5.3.1.2.5　更新策略

（1）与城市空间充分融合

废弃码头区在城市发展的过程中由于种种原因，空间层面逐渐与城市发生断层，对其更新时需要调整原有的内部空间结构，顺应城市空间脉络发展，保持空间形态完整，缝合断裂的城市肌理，使其与城市空间重新相融。如在交界处设计开放空间，增大建筑间距等，打破码头区与城市空间隔阂，保证空间的渗透；连续的岸线景观是协调码头区与其他城市滨水区的纽带，以景观为基础缝合码头区肌理，促进码头区与城市空间融合，实现码头区的可持续发展。

为了让废弃码头区在当前城市发展环境中重新焕发活力，就必须赋予其新的社会功能，重组码头区功能布局，以此来满足现代化城市经济社会发展需要，避免出现脱离社会经济基础的功能，否则只会再次面临衰败。

（2）合理的交通组织

主动融入城市道路系统，提升场地空间的可达性。码头区与城市道路整合过程中，梳理好外部交通流线，强化码头区与火车站、汽车站、机场、地铁等交通节点联系，提升区域可达性。同时应结合区域内原有道路，以城市干道为基础，选择性将周边状况良好、通达度高的道路引入码头区并保持良好的道路连接；另外，为了避免区域内外交通相互干扰，出现交通混乱，设计中可采用立体化交通分流的方式，包括高架轨道交通与地下隧道、地下或高架分流外部交通、地上疏通区域内部交通，保证了码头空间可达性的同时不破坏城市空间的完整。

对于区域内的道路交通体系应合理规划主干道、次干道、支路等多等级道路系统，适当提升区域内路网密度，构建密度适宜、高效的道路网络，避免出现由主干道划分大尺度独立街区的道路体系，通过细致精密的交通网络组织码头区内部交通的连续性。区域内交通规划推荐以步行为主、公共交通为辅的慢行交通组织方式（如轻轨、巴士、地铁、轮渡等多种交通组织），在步行范围内设置公交站点，保证公共系统的高覆盖性。同时充分考虑人群对自行车的需求，结合公交站点设置自行车换乘点，实现区域内公共交通、自行车、步行系统的完美衔接，提升人群游览体验的同时满足人群对区域顺畅通达的需求，建立起慢行、可持续的区域内部交通组织。

码头区独特的滨水优势决定了其交通方式为陆上与水运的结合，经过设计使码头区由货运变为客运码头，恢复水上交通，基于水上交通强化码头各区域之间的联系，兼顾运输与旅游观光两种功能，促进码头区商业与旅游业的发展，激发滨水空间活力，满足人群亲水与交通两方面需求，提升码头区的交通可达性。使用者亲水性心理决定了在码头区应倡导步行结合自行车的慢行交通组织，滨水区设置串联公共空间、连续性强的慢行步道，区域内部采用人车共享、人车分流的设计，强化慢行交通组织，将滨水慢行步道与栈道、亲水平台、亲水台阶等结合布置，为行人提供兼顾观赏水景又能休憩驻留的空间，满足行人对良好的亲水体验的诉求，提升整个区域的吸引力；另外为保证交通的连续性，滨水慢行步道应注意与公共交通节点的连接与转换，保证慢行步道整体舒适度，提升滨水区域的可达性，强化滨水慢行步道与其他区域的联系，实现内部交通系统的协调发展。如伦敦泰晤士河长达 1km 的慢行步道，共串联 8 个主题场馆，激发了滨水区的活力，保证了空间的完整性。

（3）多元化与个性化的空间营造

凯文·林奇曾提到视线渗透可以起到良好的空间融合作用，合理控制场地建筑布局，塑造区域公共空间视线通廊，强化公共空间与区域的联系，引导人群自行前往公共空间，同时保证路径畅通，公共空间可达性强，满足公共空间可视可达的需求。为激发公共空间活力，满足不同人群需求，需要其具有多元化功能并配有完善的服务设施。公共空间作为码头物质空间的一部分，仅具有驻留功能是不够的，还需要具有包括居住、办公、文化展览、教育科研、餐饮娱乐等功能，以及公共绿地、广场等开放空间，提升公共空间的使用率，激活空间活力，实现公共空间多元化功能。空间活力提升，人流量增多，更加需要完善配套设施，满足不同人、不同活动的需要。如街区尺度适宜、空间体验良好、广场路面硬化与绿化比例适中、视觉效果优质，商业区流线顺畅、步行体验舒适，以及各类场馆为残疾人准备的无障碍设计等，在公共空间配套服务设施上满足人对公共空间的功能需求。另外，不定期在街道、公园、广场等公共空间承办各种带有区域特征的文化活动，延续码头区历史文脉，满足人群对公共空间的文化精神需求。

废弃码头空间再利用过程中，应避免模式化、普遍化的设计方式，以使使码头区景观与建筑更新出现千篇一律的现象。地域特色弱化，缺乏体现场地特征的个性化设计，不利于码头区的可持续发展。对地域特色的发掘，本质上说就是对码头区文化，即发展过程中历史传统、生活习俗、生产技术、艺术追求等的发掘。发掘地域特色保证地域文化、习俗的延续，构建个性化的码头空间，增添区域的独特性，能够强化人们对码头区的认同感与归属感。首先，设计中应以特色文化作为载体，营造能够反映当地价值观念、思维形态的个性化公共空间，结合展现区域特色的景观设计，展现层次多样的艺术空间，实现码头区的可持续发展。其次，以标志性建筑体现区域特征。黑川纪章曾提到"地标建筑是可以与人们心灵共鸣、标注人们记忆的建筑"。码头区标志性建筑的构建需要综合考虑区域内自然环境、文脉等要素，对当地的历史、文化、生活饮食习惯等进行归纳总结，在继承区域文脉的基础上进行创新设计，打造"心灵共鸣"的标志性建筑，使其成为码头区独一无二的名片，引导人们对码头区文化的探索，增强人群对区域的认同感与归属感，表达区域特色，提升码头区形象。另外，在码头区设计个性化的景观小品，强调区域特色，一方面可以利用码头区原有构筑物进行合理改造，另一方面可以结合码头区特色进行再创造，打造个性化的码头空间，实现码头区可持续发展。如水塔、烟囱、筒仓、塔吊、集装箱、轨道等具有鲜明的地域特色与历史文化特征，是体现码头空间个性，强调区域特性独一无二的设计素材，对其进行合理更新利用必将起到事半功倍的效果。

5.3.2 垃圾填埋场类棕地

只要有人类聚居，只要有城市存在，就会产生各种垃圾，就必须存在垃圾处理场地。垃圾在城市中占据越来越多的土地，对环境造成严重污染，对人体健康构成严峻威胁。作为重要的棕地类型之一，其景观更新越来越受到重视。

5.3.2.1 定义与类型

"垃圾"的科学术语是"固体废物"。《中华人民共和国固体废物污染环境防治法》将固体废物分为工业固体废物、农业固体废物、生活垃圾建筑垃圾和危险废物三类。其中，城市生活垃圾的处置与每个人的生活息息相关，生活垃圾填埋场的再利用问题也是城市棕地再生中最常见的一种。

城市生活垃圾泛指居民日常生活及为其提供服务的活动所产生的固体废物，也包括法律法规中某些特定的固体废物，主要通过填埋、堆肥和焚烧三种方式进行处理。其中，填埋技术因操作工艺简单、投资和运行费用相对较少、运行管理方便等优势成为世界上土地资源较丰富的发达国家及多数发展中国家的主要垃圾处置方式，也是中国处置生活垃圾的主要方法。根据国家统计局最新数据显示，2020 年中国生活垃圾清运量为 23511.7 万吨，生活垃圾无害化处理率已达 99.7%，其中卫生填埋无害化处理量为 7771.5 万吨。

根据环境保护措施的完善程度，我国的生活垃圾填埋场分为三种，包括简易填埋场、受控填埋场和卫生填埋场。简易填埋场和受控填埋场也被称作非正规垃圾填埋场，其不具备或仅具备部分的污染防治措施，对环境的污染较为严重。20 世纪初，英美等国率先开始使用《卫生填埋法》。根据我国 2004 年建设部颁布并实施的《市容环境卫生术语标准》的定义，"卫生填埋"是指"采取防渗、铺平、压实、覆盖对城市生活垃圾进行处理和对气体、渗沥液、蝇虫等进行治理的垃圾处理方法"。并且，卫生填埋场在建设初期就要对其终场利用有所考虑。而简易填埋场是指"在建设初期未按卫生填埋场的标准进行设计及建设，没有严格的工程防渗措施，渗沥液不收集处理，沼气不疏导或疏导程度不够，垃圾表面也不作全面的覆盖处理"的填埋场地。

我国早期的大部分生活垃圾均为露天堆放，对周边环境造成严重污染，并且占用了大量的土地资源。我国生活垃圾卫生填埋场的建设基本始于 20 世纪 90 年代，按照其使用年限与设计库容，目前正逐步进入封场期。同时，随着我国经济建设与人民生活水平的提高，日产垃圾量迅速增加，已大大超出各个城市原有垃圾填埋场的承受能力，很多填埋场达到了设计库容，或因新的垃圾处理设施的建设而被废弃，需要进行封场处理。2011 年，国务院批准《关于进一步加强城市生活垃圾处理工作的意见》，各地方政府积极响应，全面开展了对于城市存量垃圾与非正规垃圾填埋场的整治工作。

不同于工业闲置地与采矿业废弃地这两类棕地，垃圾填埋场在建立之初就不具备生产功能，而是接纳处置城市废弃物的场所。垃圾填埋场的选址一般远离城市中心区，但受日运输距离的限制又不宜太远，因此往往设于近郊的城乡接合部。但是，在中国快速的城镇化进程下，随着人口的增长与城市的扩张，很多垃圾填埋场逐渐被城市建成区所包围，面临着城市开发的压力。在最近十几年间，世界各地相继出现了多个将生活垃圾填埋场改造为城市公共开放空间的成功案例。封场以后的填埋场可以被用作公园、游憩场所、自然保护区、植物园，甚至是商用设施。垃圾填埋场在承载新的功能之前，必须实施规范的封场工程。住房和城乡建设部发布的《生活垃圾卫生填埋场封场技术规范》（GB 51220—2017）作为指导封场工程的国家标准，该规范指出，"填埋作业至堆体设计终场标高的区域或不再受纳垃圾而停止使用的区域，及终止填埋后填埋场整场宜在垃圾堆体快速沉降期过后实施最终封场工程"。该规范适用于生活垃圾卫生填埋场和简易填埋场的封场工程，最终封场工程内容包括：垃圾堆体整形、覆盖工程、地下水污染控制工程（当地下水受到填埋场污染时）；填埋气体收集和处理与利用工程、渗沥液导排与处理工程、防洪与雨水导排工程（当原系统不完善时）；垃圾堆体绿化、环境与安全监测、封场后维护与场地再利用等。对于垃圾堆体的封场覆盖系统各层应具有排气、防渗、排水、绿化等功能，从底层至地表层的封场覆盖结构一般包括5层，即垃圾堆体、排气层、防渗层、排水层、绿化土层。

以色列学者根据不同封场年限的垃圾堆体状态，总结出了垃圾填埋场封场后不同阶段时可以承载的新用途，而如果想在旧垃圾填埋场上修建大型建筑，一般要等30年左右，待垃圾内部的降解过程基本稳定才可以（表5-3-2）。

表5-3-2　垃圾填埋场封场年限与再生用途

封场年限	再生用途
0～5年	散步道；野餐地、花圃、草地；露天剧场、乒乓球场地、骑马场地；农业用地、牧场和不具备明确用途的开放空间
6～10年	公园内部道路、停车场；高尔夫球场、儿童游戏场、活动娱乐区；露营地、再生林和没有构筑物的植物园
10～20年	城市道路和停车场、网球场、足球场和自行车道
20年以上	球类运动场地、溜冰场和表演舞台

2010年9月，《生活垃圾填埋场稳定化场地利用技术要求》（GB/T 25179—2010）正式发布，将中国垃圾填埋场封场再生的利用方式划分为低度利用、中度利用和高度利用三种。该标准明确指出，"为确保填埋场的再利用能与周边用地规划紧密结合，终场后的利用方式应在填埋场建设之前确定"。填埋场稳定化是指封场以后，垃圾堆体的生物降解过程基本完成，垃圾堆体沉降及各项监测指标符合稳定化利用判定要求的过程，根据填埋场的稳定性特征，该标准给出了不同稳定化利用的判定要求，这些特征包括封场年限、填埋物有机质含量、地表水水质、填埋堆体中气体浓度、大气环境、堆体沉降和植被恢复等。

世界上许多其他国家也面临着同样的挑战，例如在欧盟，欧洲区域发展基金开展了对于老填埋场和废弃填埋场进行可持续性利用的区域合作项目。从2010年至2012年，共有10个欧洲国家参与到这一项目中，一系列垃圾填埋场通过封场改造变为城市公园、高尔夫球场、自行车运动场地、流浪狗庇护所、太阳能和风能收集场所或商业用地等。多个大型国际活动以垃圾填埋场封场改造后的场地作为其主场地，例如2002年韩国世界杯及2013年第九届中国国际园林博览会。距离韩国首尔仅40min车程的首都圈垃圾填埋场，包括了首尔、仁川和京畿道地区市民排放的生活垃圾、建筑垃圾和工业垃圾。填埋结束以后的填埋场被分期营造为首都圈市民环境主题公园——"梦幻乐园"，2014年仁川亚运会中的高尔夫、游泳和赛马等项比赛均将在此举行。

5.3.2.2　空间特征

根据场地自然地形条件的不同，垃圾填埋场可大致分为山丘式、斜坡式、峡谷式和坑式填埋场4种类型。每种类型的填埋场在封场再利用时所具备的空间特征和面对的地形地质挑战都是不同的。山丘式填埋场多位于平原地带，斜坡式填埋场以天然的陡坡为依托，容易隐蔽在自然地形之中。峡谷式填埋场基本位于山区，在我国南方城市中多见，但因为山谷也是雨洪径流的汇集之处，因此对于填埋场的排水措施需要特别注意。坑式填埋场是利用一些历史遗留下来的现成的场地进行垃圾填埋，例如采石和采土坑，这种类型的填埋场在国内和国外都非常常见，其既将现状坑地恢复到正常标高以利后期使用，又解决了垃圾处置的问题。但是，其弊端是无法保证将垃圾渗沥液顺畅地排出，可能加剧对地下水的危害。

垃圾填埋场封场后，渗沥液与填埋气的产生会持续几年至几十年的时间，需要持续地对其进行收集、导排、处理与监测，相应的设备与设施会长时间地留存在场地中运转，并需要管理维护。这些设备与设施一般高出封场地面几十至一百多厘米不等，例如导气竖管就要求应高出最终覆土层上表面100cm以上。在垃圾填埋场封场再生景观设计时，对于这些竖向元素均应进行空间上的考虑，并合理布局管理维护通道与普通公众的使用路线。如果可以尽早将再生用途与封场过程相结合，是有可能使这些设施与地面相齐平的。

垃圾填埋场的不均匀沉降问题是封场再生中需要考虑的另一重要因素。因城市生活垃圾成分复杂、高度非均质并且具有生化降解特性与高压缩性，使得生活垃圾填埋场的沉降机制十分复杂。垃圾填埋场的沉降分为场地基底的沉降和垃圾堆体本身的沉降。一般而言，整体沉降过程要持续25年以上，总沉降高度约为填埋场初期填埋高度的25%～50%，其中90%的沉降发生在封场后的第一年。填埋场封场时再生用途的选择必须充分考虑不均匀沉降可能产生的影响。

5.3.2.3 污染特征

垃圾填埋场中的固体废物，从岩土工程学的角度，也可称为垃圾土。垃圾土是指由倾倒在填埋场中的城市生活垃圾及其覆盖填土混合形成的新的特殊土，是一种包含可降解成分并有纤维结构加筋的散粒体结构。不同的固体废物具有不同的污染特征，医疗垃圾、危险废弃物及有毒有害的工业废物均需要单独运输与存放并经过特殊的处理。

生活垃圾填埋场产生的有害物质主要为垃圾渗沥液和填埋气体，必须进行无害化处理，否则对环境和人体健康均会产生严重危害。渗沥液主要来自垃圾降解产生的水、垃圾自身含水、降水和浸入的地下水等，并经过一系列复杂的生物、化学与物理过程产生。这种液体是一种高浓度的有机废水，具有水质复杂、有机污染指标浓度高、金属含量高、氨氮含量高和微生物营养元素比例失调等特点，需要对其系统收集并进行技术处理。处理前的渗沥液恶臭难闻，处理后可以达到较好的洁净程度，可以作为景观水、灌溉水或鱼池用水等。

中国城市生活垃圾中的食品垃圾含量高，在填埋后会产生大量的填埋气。填埋气的产生是一个极其复杂的生物化学过程，受垃圾特性、垃圾堆体中的水分、温度、酸碱度、压实程度和场地条件的影响，所产生填埋气的各成分含量也会发生变化，但典型的构成为60%的甲烷和40%的二氧化碳。如果填埋气自行排放，由于甲烷易燃易爆，极易出现爆炸事故。同时，填埋气又是一种可回收利用能源，具有很高的热值，通过净化处理得到的天然气可以用于发电、锅炉及汽车燃料和管道天然气等。

生活垃圾卫生填埋场需要建设渗沥液的导排和处理设施，对于垃圾堆体内的填埋气体，需要建设导排系统将其导出后进行利用、焚烧或达到要求后直接排放。对于非正规垃圾填埋场而言，因其没有恰当的防渗处理和污染控制措施，高浓度渗沥液会对地下水产生长期影响，填埋气自然排放存在隐患，污染物质与有害微生物对土壤造成污染，需要增加渗沥液与填埋气的导排处理设施，及垃圾堆体的防渗阻隔措施。

5.3.2.4 自然元素修复

（1）植被

垃圾填埋场的植被设计需与场区道路、渗沥液收集管线和填埋气收集管线等设施统一布局。填埋堆体对于可选用的物种提出了多种限制条件，在此将其称为"耐性物种"，这些限制条件包括土质贫瘠、厚度有限、热辐射高、干旱、填埋气与渗沥液所产生的污染等。

封场后垃圾堆体上种植的物种首先要可以忍耐填埋气和渗沥液的污染，尽管卫生填埋场对于填埋气与渗沥液均进行了导排与处理，但是难免会有少量溢出。其次，需要有较强抗旱性的物种，如前所述，为了防止雨水渗入垃圾堆体，垃圾堆体必须具有一定的排水坡度，这使得水分很难在土壤中停留。再次，以选择浅根系或平根系的物种为宜，防止对封场覆盖系统中防渗膜产生破坏。但是，美国学者在美国佛来雪基尔斯垃圾填埋场已封场区域种植乔木进行试验，发现树木根系碰到防渗膜时会自适应而向侧面生长，并不会对防渗膜进行穿透或破坏。

有研究表明，草本植物是填埋场植被恢复的先锋植物种类。封场后的前5年，填埋气产生量大，填埋堆体不稳定，此时期宜全部种植草木及藤本植物；封场5年以后可逐渐种植一些浅根系灌木。垃圾填埋场的周围还应设置绿化隔离带，宽度不应小于10m。垃圾填埋区以外的景观物种则可以根据项目景观设计的意图进行选择。

（2）水体

垃圾渗沥液是生活垃圾填埋场产生的特殊废水，气味难闻且有毒害，必须进行收集、导排与净化处理。净化后的水体可用于项目中水景的营造，或作为绿化灌溉用水。

垃圾填埋场的封场再生还必须做到雨污分流。垃圾堆体外的地表水不得流入垃圾堆体和垃圾渗沥液的处理系统，封场区域内的雨水应通过场区内的排水沟收集，排入场区雨水收集系统，并应对地表水和地下水定期进行监测。此类棕地再生项目中的雨水管理仍应遵循"隔、汇、净、用"的原则，一定要避免雨水渗入垃圾堆体，否则渗沥液的流量会大大增加，使污染水体的处理任务加重，也会增加运行费用；与污水分流后的雨水应在场地内收集，可以通过人工湿地进行净化，并在场地内循环使用。

（3）地形

垃圾填埋场面临再生需求时的场地空间基本为山形、坡状和坑状3种。封场再利用过程中对于垃圾堆体的整形是重新塑造场地地形的机会，但必须满足封场技术规程中对于安全性与稳定性的相关要求。垃圾山顶通常会成为可以俯览全景的至高点，垃圾堆体通过重型机械的压实与退台，往往呈现出工程美学的特征。

5.3.3　范例解析

5.3.3.1　美国纽约高线公园

（1）项目背景

美国纽约高线公园（The High Line Park）被誉为"城市阳台"，是由一条废弃的高架铁路改造而成的。总长约2.4km，沿途可欣赏美景和哈德逊河，还能经过一些地标性建筑，比如自由女神像、帝国大厦、洛克菲勒中心等。高架铁路距离地面约9.1m，最宽处约18.3m。

纽约的高线建于1930年，初为连接港口和肉类加工区的铁路货运线。随着城市的发展，铁路在1980年之后逐步停运了。由于长期荒废，轨道和高架上长满了灌木和野草，在1999年被政府认为是需要拆除的，结果遭到很多市民的反对。当地的居民发起成立了"高线之友"组织，该组织积极倡导将高线改为开放的公园，并提出经营方案说服政府，经过评估后，政府觉得他们的计划可以收回投资，最终在政府的支持下和公众参与中，高线被保留下来，并改造为面向公众的城市"空中花园"。

高架铁路是为了避免地面火车交通与街道的交叉所产生的安全隐患而建的，1934年该铁路的建成消除了地面105个火车交叉口。与多数高架设施不同，铁路没有始终沿着道路敷设，而是在曼哈顿西区的工业街区地块中穿行，与工厂及仓库的上层楼面接驳，避免对地面街道交通的干扰。铁路横跨城市的西部，从甘斯沃尔特街穿过原肉类加工区，到 34 街西部。目前高线公园已经完成了全部三期工程的建设并对公众开放。2009 年 6 月开幕的第一部分，从甘斯沃尔特街到 20 街西部，长约 0.8km。2011 年 6 月开放的第二部分，从 20 街西部到 30 街西部，两期总长约 1.6km。2014 年 9 月，最后一部分正式向市民开放，延续第二部分到 34 街，与河滨开放空间相融合，将高线公园与河畔连成一体，形成更加连贯的城市公共空间景观（图 5-3-1～图 5-3-5）。

图 5-3-1　纽约高线铁路旧照

图 5-3-2　纽约高线公园改造后总体鸟瞰

图 5-3-3　纽约高线公园的局部鸟瞰

图 5-3-4　废弃后的纽约高线铁路　　　　图 5-3-5　改造后的纽约高线铁路

（2）设计策略

设计师尊重场地特色，将荒芜后滋生的野生植被视为大自然勃勃生机的体现，让其与锈蚀的铁轨、废弃的厂房和仓库相映成趣，形成岁月留痕的历史美感。高线公园整体设计的核心策略是"植-筑"（Agri-Tecture），它改变了步行道与植被的常规布局方式，将有机栽培与建筑材料按不断变化的比例关系结合起来，创造出多样的空间体验：时而展现自然的荒野与无序，时而展现人工种植的精心与巧妙；硬性的铺装和软性的种植体系相互渗透，营造出不同的表面形态，从高步行率区（100％硬表面）到丰富的植栽环境（100％软表面），呈现多种硬软比例关系，既提供了私密的个人空间，又提供了人际交往的基本场所，为使用者带来了不同的身心体验。"简单、野性、缓慢、静谧"是贯穿整个设计的准则。高线公园并没有花大力气对原场地进行干预，而只是简单地加强了场地原有的肌理，并采用"保护"和"创新"相结合的理念，通过适应性再利用已有的结构和设施，打造一条独具特色的城市公共休闲步道。

（3）景观元素

植被的选择和设置上，摒弃传统的修剪式园林的人工味，彰显野性的生机与活力。不同于场地单一型与线性的特征，公园在植被的选择上注重植物的多样性与复杂性，并巧妙地运用了在废弃年间生长的一些植物，依据植物的不同颜色和特性，挑选出 210 种本地植物，包括雏菊、茴香、牵牛花、玫瑰和各种灌木，其中 160 多种是本地物种，保留了废弃铁轨中自然生长的野花杂草，保存"原生态"的抗旱抗风植物，同时也注重花期的不间断性。

材料方面，设计师充分利用原有的混凝土、耐候钢、木材等工业材料诠释场地原有的铁路印迹，铁轨和道岔等旧元素被重新置入，还原场地原有的荒凉感；十字路口的原结构直接显露出来，对场地的工业氛围进行了全新的展示。

高线公园的各种景观要素都属于同一个综合系统，除植物外，还包括装饰物、路面铺装、照明和公共设施等，系统中的各种要素充分履行各自的功能，共同组成舒适怡人的公园景观。公园的路面采用单独混凝土板构成，非常适合步行，道路边缘设计成锥形，路旁的土地上铺上铁轨、枕木并种上植物，这种生态的设计手法可以让雨水自然流入土壤，从而减少灌溉需求。公园特别设计的长椅呈悬臂结构伸出路面，可以用来观看风景、休息以及交谈。与一期工程相比，二期工程使用的材料和设计元素依然很好地延续了一期工程简洁的特点，同时还加入了一些特别的元素，如直接将铁轨作为铺装的一部分嵌入路面等（图 5-3-6、图

5-3-7）。

图 5-3-6　铺装、植物与保留设施

图 5-3-7　休息设施与空间

（4）游憩功能

高线公园与城市的紧密联系成为该项目鲜明的独特性。它以不间断的形态横向切入多变的城市景观中。高出地面9m的空中步道带来了独特的城市体验，人们在深入城市的同时也在远离城市。很多对周围环境早已了然于心的纽约人也不禁走上高线，以一种全新的视角一睹城市风采，往往能够收获意想不到的惊喜。人们可以在高线上欣赏对岸新泽西州的轮廓线、哈德逊河的日落、纽约一侧的54号码头等美景，也可以在木躺椅区尽情享受日光浴，还可以隔着落地玻璃窗欣赏十大道车水马龙的景致。

纽约高线公园除以丰富的绿化、趣味性的休息场所、细节的设计吸引人们之外，还设置了4处公共艺术装置，在夏季举办包括舞蹈表演、诗歌朗诵、家庭艺术工作坊、电影放映等活动，将公共空间与艺术活动结合一起，丰富公园中的城市生活。其架空的公共空间给予公众活动更深刻的空间感受。公园其中一处转角设计为台阶式的露天剧场，人们可以在此享受阳光、阅读、休息，透过玻璃观看架空挑台之下呼啸而过的车辆（图 5-3-8、图 5-3-9）。

（5）总结与启示

高架铁路由为火车服务改造成为人服务的公园，提供了一种新的城市体验，沿着线性的

图 5-3-8　架空的公共空间

图 5-3-9　纽约高线公园与地面空间

高架轨道，载着游客走近周围的历史建筑工厂与仓库，以抬高的视角观看独特景致的城市景观。高线公园创造了多样的空间体验：荒野的自然、文雅的休憩场所、私密的交流空间、公共的共享场地。架高的公园给予人们独特的线性景观体验，用轨道的延续性展现公园的悠然自得和与众不同。高线公园同时保留了铁路的原始和植物的自然，将公园应具有的功能性和大众性融入改造后的公共空间中，营造出一种时空无限延展的轻松氛围。公园中公共空间层叠交替，沿着轨道而生的路线呈现出不同的景观，让人们沿途领略到不同的纽约城景色。高架公园如同飘浮的绿带悬停在城市中，在街区中展开线性的空中花园。在尊重和维护这条记载着城市历史的铁路的同时，建立了一个美丽而独特的开放式空间，不仅保留了遗迹，还将它改造为一个充满活力的城市绿洲，让居民和游客为之吸引。高线公园已经成为纽约市的地标和著名的旅游目的地。

高线公园第一期开幕以来，受欢迎度已经远远超过了预期，纽约的居民和外地的游客都对高线公园表现出自己的热爱。开幕之后的短短几年中，周围的历史街区和其他的功能单位都逐渐变得更加具有活力。它如磁石般吸引着人们的注意，惹人喜欢，也带动了周围区域的改造。建成以来，已有超过200亿的私人资金投资到周围区域的发展中，增加了许多新的住宅、酒店、餐厅、画廊及商店，创造了数以千计的就业就会，带动了周围的经济发展。

高线公园展现了一个优秀的公共空间对城市的积极回报。高线公园回收了城市曾经非常重要的基础设施，将这条工业运输线转变为后工业时代的休闲空间，重新展现了高架之美，创造性地将其转化成公共景观和纽约市的地标。它成为了城市历史的容器，创造了独特的城市景观，形成了人们的交往中心。"高架铁路是纽约西区工业发展的历史纪念碑，它为创造一个全新的公共空间提供了基础。它的转变为不断变化需求的城市环境中的世界各地的交通基础设施的变身提供了范例，不只是拆除这些与后工业时代不相符的设施，还可以替代它们作为交通运输的功能转变为城市景观，为城市增添绿化，进而促进社会和经济效益的提高。"

5.3.3.2 美国巴尔的摩内港改建

（1）项目背景

美国巴尔的摩内港自建成到 20 世纪初，一直是巴尔的摩市重要的物流和商业中心，属于"港城一体化"模式，其内港改建常被作为滨水区再开发中最早最优秀的经典案例之一。

巴尔的摩市位于美国东海岸，距离美国首都华盛顿仅有 60 多公里，是一个较古老的工业城市，最初是以港口运输、海产品贸易为主的小镇，以后逐渐发展为一座现代化工业城市。内港是该市的发源地，位于巴尔的摩市中心商业区南面，沿水边呈 U 形布局。随着工业发展而建立起来的是巴尔的摩日渐成熟的城市形态和城市景观：低矮平直的工业厂房、不加修饰的机械设备以及繁忙密集的铁路干线，都成为巴尔的摩具有特色的城市景观。20 世纪初，巴尔的摩港口航运及相关工业逐渐向南及东南迁移，内港因设施功能陈旧，无法适应新的工业发展而渐渐衰落，成了一个充满破旧码头、仓库及果蔬批发市场的地区，城市物质环境和社会环境恶劣。于是，1965 年正式全面开始内港的改造与更新，目标是利用位于城市中心的滨水条件，把中心区与内港连接为一体，建成 24 小时充满活力的城市商业、办公、娱乐等功能融为一体的城市生活中心（图 5-3-10）。

图 5-3-10　巴尔的摩内港 1924 年和 2016 年对比

巴尔的摩内港活力衰退的历史揭示了后工业时代滨水工业遗地所面临的困境：单一的产业形式导致了单一的经济基础和人口构成，继而在工业斥力和郊区引力的共同作用下发生了产业的空置、经济的衰退与人口的迁移。因此，如何将既有的工业用地转换为多样的用地性质，并引入多元的产业和人群，提高滨水空间在产业结构更替过程中的韧性，是巴尔的摩内港城市更新过程中需要解决的重要问题。

（2）更新过程

20 世纪 50 年代，首期开发项目"查尔斯中心"利用现代风格建筑吸引大批年轻人，为衰落的中心区注入活力。离内港较近的市中心区的商业综合体"查尔斯中心"为序曲，这一综合体的改建成功带动了周围地区经济的复兴，为内港改建树立了良好的样板和基础；其次市政府把定期举行的"城市经济贸易洽谈会"会场移到了内港,这样不仅扩大了影响,也唤起了人们对内港再开发价值的认识,同时吸引了建设资金。

1964年,巴尔的摩制定内港区海岸线总体规划,完善滨水岸线生态系统,采取政府和私人公司合作的开发模式,释放土地资源,引进新的功能业态,以空中步道系统建立查尔斯商业中心与内港区的联系。1973年内港改建的基本条件初步形成,以后经过十年的操作,逐步形成了世界贸易中心、国家水族馆、内港广场、体育娱乐设施、滨水步行道等主要功能区,使得以内港为中心的巴尔的摩旧市区复兴为一个经济繁荣、活动丰富、环境优美的城市中心区。2013年,为了将新的发展动力注入内港区,在原有的城市设计基础上将内港区的占地规模扩大,分为内港、内港东、内港西三个部分,强调连续的滨水步道、密切的城市与社区联系、绿色基础设施和雨洪管理系统、有活力的聚集场所等,进一步强化内港区对城市的辐射作用(图5-3-11、图5-3-12)。

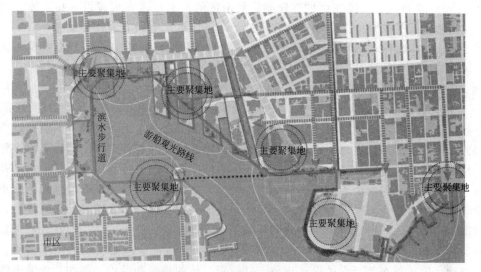

图5-3-11 内港概念性设计平面图

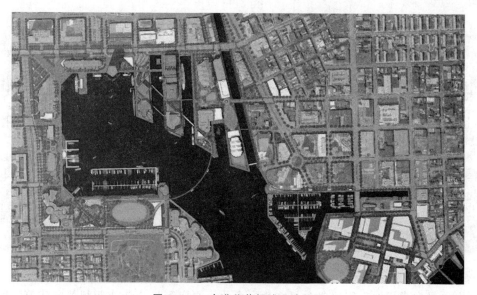

图5-3-12 内港公共领域设计总图

① 1796～1955年　在工业开发阶段，为提升水陆货运系统交接的效率，一系列突堤码头建成，构建了巴尔的摩延续至今的水岸肌理，也导致了内港区的水面面积减少26%，滨水空间完全被工业用地占据。

② 1955～1976年　随着内港西区滨水步行道的建设，原被货运码头包围的水岸成为了公共活动的场所，并延伸至联邦山公园，开放空间的占地面积增长了7%，为重大活动的举办奠定了空间基础。

③ 1976～1985年　公众导向类用地的建设丰富了滨水空间的功能，内港西区的城市肌理基本形成。同时，剩余的突堤码头得以回购，并暂时用作地面停车场所，服务于公众导向类用地。

④ 1985～1996年　内港中心区完成建设，并开始引入兼顾公共性与私密性的商办复合用地。同时，随着突堤码头的更新项目全部完成，内港形成了环抱式的空间形态。

⑤ 1996～2009年　内港东区的连锁酒店和南区的滨水社区完成建设，高密度、高复合度的开发有效利用了剩余的工业用地，并推动了内港区滨水空间的全线开放。

⑥ 2009～2020年　以优化人居环境为目标的周期开始，规划中的水上步行桥将连通内港中心区和南区，使原本处于突堤码头尽端的消极空间能得以激活。

（3）用地多样化

① 可达性强的滨水公共空间　转型初期，内港的滨水地块多属私有，面对有限的开发资金，政府既需要解决土地的回收与整顿问题，又需要确保改造后的滨水空间能得以有效使用。因此，政府将开发重点聚焦在可达性最强的内港西区，并在其中划定了由其直接管理的地块，用以建设开放空间。这一举措既确保了滨水空间主体的开阔与完整，又使内港开放空间能够连通北侧的查尔斯中心与南侧的联邦山公园，形成贯穿城市、水岸与绿地的廊道。随着开发后期用地多样化需求的提升，内港滨水地块的开发权逐步转让给了私人开发商，但为了确保滨水公共空间的通达与统一，政府采取了划定地役权的管控方式。即在政府重新配置地块时，将保有6m宽的滨水地役权，在这个区域内，开发商应遵循明确的关于照明、街边设施、铺地、停车行车等要素的设计规范，并负责具体的施工和维护。例如，内港南侧的滨水住宅区就被明确划定了6m的滨水空间，作为环内港运动步道的重要一环（图5-3-13）。

图5-3-13　巴尔的摩内港滨水廊道鸟瞰图

② 公众导向类用地　用地包含了文化、商业、酒店等与公众消费相关的建筑空间。调

整发展策略以引入商业用地，符合街区消费模式的港湾商场在建成后，第一年的访问人次就达到了 1800 万，提供了超过 2000 个新的工作岗位，为内港注入了稳定的人流和资金来源。推动酒店入驻，政府通过将贷款转为股权的形式，与投资企业共担盈亏，降低了入驻企业的投资风险。而后，凯悦酒店项目的成功也印证了内港的吸引力不只是区域性的，加之在开发后期，内港与州际高速实现交接、公众导向类用地悉数落成、居住区的改造与建设推动了人口的回流，这些要素综合地提升了内港的交通承载能力、服务能力以及消费需求。由此推动了高密度的商旅复合用地在交通环岛周围以组团式的模式建立。

③ 居住类用地　此类用地是城市私密空间的主要组成部分，也是为邻里街区提供稳定人流的重要空间。在内港衰败之时，原有的居民都迁至郊区，遗留了成片的、破败的联排住宅，而私人投资商则借机将这些住宅倒卖或转租给急需住所的黑人，进一步导致了居住环境的恶化。政府并没有资金解决成片住宅区的更新，因此于 1975 开创性地在奥特宾街区采用了"一美元计划"。计划规定，这些破败的住宅将以一美元的价格出售，但购买者需要承担修缮房屋的工作，并在这个建筑中居住至少五年。这一政策有效推动了普通民众对老建筑更新的热情，亦规避了联排住宅被私人开发商整体承包的现象。这一兼顾遗产保护与住宅开发的理念亦体现在了内港南区的码头改造项目中。南区老化残缺的码头无法承载过大的开发量，因此政府以低层高密度住宅所需的基本尺寸对码头进行修整，继而形成了高品质的滨水住宅组团，推动了内港南区土地价值的提升。

④ 商务复合用地　随着转型过程的推进，商业用地的有效运营奠定了内港区消费的基础，早期建设的办公用地为政府提供了日益增长的财产税，这两类用地的转型成果共同提升了开发商投资中高层建筑的信心和政府建设复合用地的能力，使内港区首批复合用地的构想得以实施。复合用地的开发模式也进而应用在了四号码头发电厂的更新项目中，其底层以旅游服务为导向的商业用地激发了假期的人流，标准层的办公场所则提供了平日稳定的租金收入，二者结合，确保了发电厂以新的业态形式重生。

（4）总结与启示

开发过程中，改建的第一期并未在内港基地内直接进行操作，而是选择靠近内港的一块基地为起点进行试点改造，以这一点的成功来带动内港的开发，然后再进行内港投资环境的建设与完善。同时，政府制定了许多经济上的优惠政策，用一部分公共资金改善投资环境；还利用贸易交易会等市民节庆日广泛宣传内港，唤起人们对内港改建的共识，争取广泛的投资渠道。

景观更新上突出以水为主题的设计概念：在活动内容上力求最大限度为人们提供看水、近水、亲水、玩水的项目和条件，以环绕水面的"U"字形宽大的滨水游步道为纽带，把内港各项活动联系起来，满足多样性的使用要求。不足之处是缺少城市设计，新区没有保持和延续原有城市肌理，各地块与建筑之间非常孤立，缺乏有机联系。

巴尔的摩市内港区的转型项目自 20 世纪 50 年代开始，依次经历了滨水活动场所、商业文化中心和国际化旅游港口等发展定位，并最终实现了从废弃工业用地到多元滨水街区的转变。因此，内港区延续至今的发展脉络及其引入各类用地性质的依据与方法，对于国内滨水工业遗产转型的课题而言具有借鉴意义。

5.3.3.3　巴西圣保罗市西维塔公园

位于巴西圣保罗市的维克多·西维塔公园（Victor Civita Park）在污染治理与景观设计中采用了"架空"的处理方式。该公园占地约 1.4hm^2，曾先后作为垃圾焚化炉和垃圾回收设施的用地。2002 年，该场地成为圣保罗市一系列城市改造计划的重要组成部分，2008 年公园建成。

　　该项目的初期，用了两年时间对场地中的土壤进行调查与分析，调查报告指出"场地土壤受到了严重的污染，化学物质含量严重超标，不适宜在场地内进行人类活动"。针对这一情况，设计团队提出了创新性的解决方案——由回收材料制成的宽大巴西硬木平台"漂浮"于受污染的土壤上，阻隔了公众与污染土壤的身体接触，但保持了视线上的沟通。设计师希望这不仅是一种技术上的解决方案，还可以通过这种高差变化将"历史与现在、记忆与未来、自然与设计"之间的对比以并置的方式呈现在使用者面前（图 5-3-14、图 5-3-15）。该项目对场地内的雨水采用了收集、净化与循环利用的系统性考虑与设计。

图 5-3-14　巴西西维塔公园改造前后

图 5-3-15　硬木平台将人与污染土壤隔离

5.4　矿业类棕地景观更新

　　按照《国民经济行业分类》（GB/T 4754—2011）标准中的划分，采矿业具体包括煤炭开采和洗选业、石油和天然气开采业、黑色金属矿采选业、有色金属矿采选业、非金属矿采选业、开采辅助活动和其他采矿业。相关研究数据显示，采矿业场地中各种用地类型的占地情况大致为采矿活动本身占 59%、排土场占 20%、尾矿占 13%、废石堆占 5%、塌陷区占 3%，露天采矿所造成的废弃地面积约占全世界因采矿活动而废弃的土地面积的一半。

5.4.1 背景概况

采矿业废弃地指在矿物的地下或地上采掘、矿井运行及原材料加工等活动过程中遭受破坏，需要经过修复治理才可被重新利用的土地，包括矿坑、采空区和塌陷区、尾矿库、废石堆场、辅助设施及道路所占用的土地。美国土地管理局在其采矿业废弃地门户网站中给出的采矿业废弃地定义，除了被污染或受损的土地，还涵盖受煤矿、矿石和矿物的采掘、选矿与加工过程所污染或损毁的水体与水域。

国外对采矿业废弃地的恢复工作可以追溯到18世纪。1766年，德国诞生了第一例明确要求对褐煤露采坑进行采后植被恢复的开采合同。其后，经济林开始出现于矿区恢复的过程中，至20世纪中期，农田与林地成为德国褐煤露天采矿后土地恢复的主要目标。美国也于1918年开始了在煤矸石堆上进行再种植的尝试。

相对于其他棕地的治理而言，我国采矿业废弃地的修复整治较早地得到了关注，已颁布了相应的法规条例。2011年国务院第145次常务会议通过了《土地复垦条例》。2010年修订的《中华人民共和国水土保持法》明确提出，"生产建设活动结束后，应当及时在取土场、开挖面和存放地的裸露土地上植树种草、恢复植被，对闭库的尾矿库进行复垦"。各地方政府也都积极响应，制定了具有地区针对性的采矿业废弃地修复政策。

我国目前对于采矿业废弃地的再利用仍以复垦为主，主要目标为恢复土壤肥力以将其转化为农业用地。然而，随着中国城市建设的不断扩张，越来越多的采矿业废弃地开始面临城市建设用地需求的压力，需要承载更为复杂多样的城市功能，这既是采矿业废弃地再生的机遇，也对采矿业废弃地的再利用提出了更高的要求与新的挑战。

5.4.2 空间特征

矿区多地处山区，地形起伏较大。采矿业废弃地中占地面积最大的是由采矿活动直接破坏的土地。采矿方式的不同所造成的开采区破坏不同，露天开采以开采坑的形式体现，地下开采以塌陷区的形式体现。不同方式的开采过程所产生的排渣量也不同。矿山开采与弃渣的堆放，都是人为塑造地形的过程。

露天开采所形成的开采坑一般占地面积大，根据矿层埋深，坑底可低于地平面几十至几百米不等。采矿坑周边由高陡边坡环绕，受工程作业与岩体稳定性的影响，边坡一般呈阶梯状向坑底下降。坑壁裸岩给植被恢复造成困难，同时在风化作用下存在安全隐患，但剧烈的高程变化也往往成为采矿业废弃地再利用过程中的空间设计亮点，独特的空间体验正是一般景观项目所不具备的。例如位于湖北省大冶市西南方向的铜绿山铜铁矿区，已经形成的巨大露采坑的边坡高度达到142～215m不等（图5-4-1）。位于辽宁省资源枯竭型城市阜新的海州露天煤矿，在2005年破产后遗留下巨大的露天矿坑，长度近4km，宽2km，垂直深度达到350m。地下开采会形成采空区，导致地下水位下降，原有植被退化，并造成地面塌陷，道路与建筑变形受损。

无论是露天开采还是地下开采，都会产生大量的废石和剥离的废土，由废弃岩土堆置形成的场所即排土场。矿石开采以后，经研磨、水磁选等工艺流程，矿精粉被选取出来，其他的矿渣粉末则被运输到尾矿库。排土场和尾矿库在空间特征上呈现为高出地面十几米甚至几十米的山体或台地，是采矿业废弃地中的地形高点，在棕地再生过程中多成为登高远眺的理想场所。但是其堆放松散，再利用过程中需要注意进行堆体稳定性的检测与加固（图5-4-2）。

图 5-4-1　湖北大冶市铜绿山铜铁矿开采坑　　　　图 5-4-2　雷纳贝煤矿矿渣堆雕塑"天梯和螺旋山"

5.4.3　污染特征

表层废土、废石和尾矿是采矿业废弃地中固体废弃物的主要组成部分。不同类型的矿业开采所产生的尾矿含有害重金属的浓度不同，其有机质、氮和磷的含量都很低，通常混有土壤、不同粒径的沙砾、尾矿废物及其风化物等。它们往往非常不稳定，可能经雨水淋滤、侵蚀和长期风化后，污染土壤、水、大气和生物环境。尾矿库中一般含有大量矿山废水，由高出地面的尾矿坝所围合，矿山废水多具有酸度高、悬浮物浓度大、重金属含量高等特点。尾矿库弃置不用而干涸后，尾矿颗粒细小、极松散，易随风飘散，形成粉尘污染。煤矸石山的酸碱度不适宜植物的生长，并且可能产生自燃现象。

采矿业废弃地中的开采坑常被作为垃圾坑，成为生活垃圾、建筑垃圾或工业废料的倾倒处，在这种情况下，需要注意这些垃圾废料可能产生的污染并采取相应的防治措施，例如垃圾渗沥液和有毒有害的工业污染物质等。根据《建设用地土壤污染状况调查技术导则》（HJ 25.1—2019）中的附录 B，其主要污染物如表 5-4-1 所示。

表 5-4-1　矿业类棕地常见地块类型及特征污染物

行业分类	地块类型	潜在特征污染物类型
采矿业	煤炭开采和洗选业	重金属
	黑色金属和有色金属矿采选业	重金属、氰化物
	非金属矿物采选业	重金属、氰化物、石棉
	石油和天然气开采业	石油烃、挥发性有机物、半挥发性有机物

5.4.4　土壤综合治理

采矿业废弃地中土壤的成分较为复杂，既包括采矿活动自身产生的废石和尾矿，也包括场地中可能被倾倒的垃圾和废料。此类棕地中土壤的治理方式基本包括覆盖、修复、回填和综合利用四种。

对采矿业废弃地中所堆放的生活垃圾与建筑垃圾等固体废弃物的治理，一般采取覆盖的措施，控制其污染的扩散，防止人类活动与之发生接触，其整形工作也常被作为塑造场地地形的契机。对有毒的尾矿库，通过在其上覆盖一层惰性材料，例如钢渣、煤渣等，可以起到化学稳定的作用，防止有毒金属向表层土迁移。废石场与排土场中的土壤结构已被严重破坏，并且在基底层整形过程中，经重型设备反复碾压，已不利于植物的生长，一般需在表层覆盖有营养的新土层。但是对于煤矸石山，如果不加处理而直接覆土，由于土壤的通透性，煤矸石继续氧化、燃烧，土壤也会变黑。

修复策略主要应用于采矿业废弃地中的废土、废石、尾矿库与受重金属污染的土壤。对重金属污染进行治理的修复技术中，植物修复以其较低的经济投入和绿色环保的特点而受到越来越多的青睐，即通过植物的生长机制来去除、降解或遏制土壤中的污染物质。常用的机制包括植物沉积与植物摄取，前者主要是通过植物根部对污染物质进行吸收、积累与沉淀，从而使土壤中的重金属被固定于植物中；后者则指在根部吸收后，重金属通过茎叶向上转移，摄取了重金属的植物最终需要通过焚烧等方法进行处理。

地下采空区会引发地面塌陷，造成地面道路、桥梁、建筑物和城市管网等设施的变形与破坏，可以用废石、废土、尾矿、煤岩石、粉煤灰或矿渣等进行回填。但是需要注意，对于毒害物质超标的煤矸石，如果采用简单的直接回填方式，不进行任何处理，煤矸石中所含的有毒有害物质则可能污染土壤和地下水，破坏生态环境，此种情况应采用安全卫生填埋方式。

采矿业废弃地中的废石和煤矸石可以在经过破碎处理后，作为场地再开发过程中道路的路基材料进行循环利用。此外，已有多种对煤矸石和粉煤灰进行综合利用的工业技术，将煤矸石用于制砖、制水泥、作为混凝土的轻质骨料等，将粉煤灰用于制造混凝土路面砖、混凝土空心砌块、造纸与纤维板生产等工艺过程中。

5.4.5 自然元素修复

主要包括场地中的植被、水体和地形三个方面。

（1）植被

土壤中的重金属污染可以通过植物进行修复，一般应选择可以在贫瘠、干旱且存有重金属污染的土壤上快速生长的植物，某些豆科植物适宜作为先锋物种。多数相关研究都提倡选择本地物种进行矿区植被恢复，但也有学者认为，不要将植物的种类局限于历史上生长于该场地的本土植物，而应选择可以耐受场地现状且仅需要最低限度维护就可以扎根的物种，并应注意不要选择通过种子散播到周边自然地区能力过强的物种。棕地再生中的景观物种可以根据项目景观设计的意图进行选择。

（2）水体

矿层的埋深一般低于地下水位，开采过程中需要通过水泵对开采坑进行排水，保持开采作业面的干燥。当矿区被废弃以后，开采坑中常形成较深的水潭，塌陷区内亦多有积水，有时会形成面积较大的湖状水面。此类水体通常会成为采矿业废弃地再生时的特殊水景，形成观赏、垂钓、划船等亲水空间，亦多与场地的雨洪管理系统相结合，作为场地内水体收集、储存与净化的重要环节。煤矿与金属矿类棕地中的水体可能受到矿业废水的污染，废弃后经过一定时间的自净过程，水质会有所改善，但在场地再利用过程中仍需对水质进行严格检测，如果超标则需采取相应的治理措施。废弃采石场中的水体一般没有污染，除非场地中曾经或仍然堆放生活垃圾。例如美国俄亥俄州建设在采石场上的麦迪森湖公园，建设之初就由于场地中的水体"太干净"了，无法支持鱼类的繁衍，而不得不向湖中投放表层土和肥料等添加物以增加水体中的养分。

采矿业废弃地再生过程中的雨洪管理也应遵循工业类棕地雨洪管理的"隔、汇、净、用"四原则，即隔离雨水与有毒有害土壤的直接接触，防止有害物质在雨水淋滤下随水体迁移；收集汇聚场地内的降水，减小对城市管网的负担；对于收集的水体进行沉淀净化并循环利用于场地植被灌溉等用途。

（3）地形

采矿过程对地形产生剧烈的改变，挖掘活动形成下凹的采矿坑，排出的废土、废石与尾矿堆积成上凸的山体。其棕地再生过程是对土壤的移动与治理过程，是重新塑造场地地形的机会。具体治理方式的选择不仅要考虑其技术上的适宜性、可行性与经济性，同时需与场地的目标用途及景观空间的营造密切结合。

5.4.6　范例解析

5.4.6.1　美国斯特恩矿坑公园

采石废弃地作为一种经过人为剧烈干扰的土地类型，普遍存在于人类聚居的各个地区。为了减少运输成本，采石场都尽量选址在靠近聚居区且交通便利的地方。伴随人口增长与聚居地区建设范围的不断扩大，这些采石场地往往在采石活动进行期间或结束之后逐渐被纳入建设用地范围，而其价值与功能潜质也将发生相应变化。因此，如何对此类采石废弃地进行富有创造性的改造再利用，已成为城市管理者和规划设计师需要思考的现实问题。

（1）项目概况

斯特恩采石场（Stearns Quarry）位于芝加哥市南部的布里奇波特街区（Bridgeport Neighborhood），总面积约 $11hm^2$。该采石场毗邻芝加哥河，靠近史蒂文森高速路与丹赖恩高速路交汇处，距离市中心仅 5km 左右，交通区位优势明显。随着城市的发展，周边街区逐渐发展成熟，该场地环境问题也逐渐显现。与此同时，"如同很多大城市，芝加哥也面临着逐渐增加的土地压力以及对公共休闲场地的需求增长"。这一状况最终促使政府尝试以景观再生的方式对该场地进行设计改造，并得到了城市居民的广泛认可。

（2）场地历史

斯特恩矿坑公园前身是石灰石采石场，含有大量的白云岩化石。斯凯恩采石场一直从1836 年生产开发至 1970 年，因斯特恩采石场的开采方式是在平原上垂直向下开采，导致开采结束时，矿坑已经深至地面以下 116m，对该土地的地质以及地下水系统造成了严重的危害。

1970 年后，斯特恩采石场改作为垃圾填埋场，大量的建筑废料、木块、石材等废弃材料被运此焚烧。随着垃圾日积月累的填积，矿坑逐渐被填满，自然生态环境越来越差，周遭街区的居民受到环境质量的严重影响。1999 年政府决定征集方案改造矿坑，2004 年改造计划获得批准，最后于 2009 年改建完成向市民开放，之后改名为帕米萨诺公园。

（3）设计理念

在方案设计之初征询周围居民意见时，社区代表希望保留裸露的崖壁并建造钓鱼池，以可持续发展的理念对公园进行景观再生设计。最终通过与伊利诺伊州雨洪管理处和居民的共同意愿协商，该改造项目的总体目标为：将矿坑的垃圾进行处理，并建造一个内部含有钓鱼池的城市公园（图 5-4-3）。

图 5-4-3　美国斯特恩矿坑公园改造前后

场地改造前地形条件复杂，对于空间结构的营造和功能定位十分不利，巨量的垃圾堆满整个场地，垃圾外围的边坡将场地的空间挤压得支离破碎。为了实现保留矿坑崖壁和建造钓鱼池的设计任务，场地西北侧的地区成为了解决问题的切入点，同时为了解决垃圾转移的问题，垃圾堆北侧与西侧进行了竖向设计处理。公园入口到钓鱼池的沿途形成了一条下沉通道，利用地势缓坡处理地表径流问题，同时下沉的交通流线也可以形成缓坡引导游客通往垂钓池畔。下沉通道不仅解决了场地内部污染净化和地表径流的问题，还能建立内外空间的有效关联，从总体布局上打破了垃圾堆对场地结构的破坏，也使得被掩埋的崖壁恢复到大众视野之内（图5-4-4）。

图 5-4-4　斯特恩矿坑公园改造后总体鸟瞰

（4）设计方案

　　斯特恩矿坑公园最终设计了钓鱼池、斜坡草坪、崖壁、湿地、运动场等主要区域，供人们休闲、娱乐、观景。矿坑公园的特色钓鱼池面积约 $0.8hm^2$，水面低于外部平地大约 12m，水深最高达到 4.2m，是整个矿坑公园高差最大、最具特色的景观核心。钓鱼池以矿坑的崖壁作为主要的边界区分高差和活动空间，东侧与南侧通过下沉的通道建立净化湿地提升场地整体生态环境，同时覆盖斜坡草坪作为缓冲和休闲用地，并与两个公园入口相连接，连接起了矿坑公园内部的重要的交通要道和景观节点。钓鱼池内的水体自成一派，与周围街区的雨洪系统相分隔。钓鱼池的驳岸处理分别用了草坪铺地以及滨水台阶堆砌，水位的涨幅不同，草坪与台阶的淹没程度也不同，对应呈现的景致也有所不一，展现了滨水景观的多样性（图5-4-5、图5-4-6）。

　　设计师对矿坑的崖壁以及场地内部的机械设备进行了保留处理，展现了场地内部的历史文化记忆特色。原本被局部掩埋的西侧崖壁被混凝土挡土墙遮掩起来以限制游客的靠近从而保障大家的安全，后成为鸟类栖息的场所，场地的生物多样性也因此丰富起来。挡土墙中间设置由场地原有废弃材料铺设的出水槽，可以有效减弱水流流势造成的侵蚀。钓鱼池内的水通过地下管道流至入口平台，再经过水槽和湿地的过滤流回钓鱼池中，起到了净化水体的作用，同时湿地的植被也具备过滤污染物的作用。垂钓深潭内通过不同的水深及水下腐木与石块的摆放方式，为鱼类营造了3种不同的栖息环境。

图 5-4-5　远眺钓鱼池

图 5-4-6　亲水平台

公园东北入口平台以草坪为主，公园西北侧的运动场是一块狭长的块状绿地，周围有采石崖壁与混凝土挡土墙作为分隔，同时一条 400m 的跑道环绕运动场，运动场四周以草坪为主，乔灌木较少，所以视野开阔、景观通透性高（图 5-4-7）。

公园东南部的山丘是整个公园面积最大的范围，是在原有垃圾堆基础上重塑而形成的人造山体，被当地居民称为"Mount Bridgeport"。山丘山顶与街区平地之间的高差有 10m，由于高差的存在对景观有着不同层次的欣赏角度，设计师在山顶设计了一处圆形观景平台，沿着"之"字登山小路登上山顶，游客可以在观景平台上俯瞰公园和周围街区的景色，这处人造山体的高差对公园的节奏变化起着关键的作用（图 5-4-8）。

图 5-4-7　西北侧跑道

图 5-4-8　人造山体

（5）动态调整与公众参与

棕地的场地复杂，经常在施工过程中发现新的情况，设计师需要具备灵活应变的意识与能力，对方案进行及时的调整。在环境修复阶段，为了在水潭底部铺设防渗膜，深潭中的水需要被抽干，随着水位的逐渐降低，深潭北侧与西侧的采石岩壁更多地显露出来，景色壮观。看到这一景象，项目团队临时调整了方案，将原定水位线降低了约 3m，以便展示出更多的岩壁景观。而在塑造山体的过程中，山顶的原设计标高约为 11.6m，但当施工到达约 10m 的高度时，设计人员认为这个高度所产生的空间效果更为理想，且上山步行道的坡度也可减缓，不再需要设置扶手，因此临时调整了方案，观景山也就定在了现在的高度。

在公园的设计过程中，举行了为数众多的公众参与活动。场地所处的社区是芝加哥市种族最多元化的社区之一，是个非常稳定的社区，很多居民几代人都在这里居住。2010 年，斯特恩采石场公园被命名为亨利·帕米萨诺自然公园，以纪念附近社区内一位去世的家族鱼饵店店主亨利·帕米萨诺。对于在这个常年作为垃圾场的采石废弃地上建设公园，社区居民并未过多地顾虑场地中的垃圾是否会产生环境及健康危害，而更多的是对新公园的憧憬与兴奋之情。但是，由于公园的设计风格并未采用美国社区公园中喜闻乐见的乡村风格，而是运用钢材等金属材料营造现代感和工业感，令社区居民在项目之初对公园的设计意图感到难以理解，设计师不得不努力通过模型、效果图等多种表现手段进行沟通。这一点也体现出棕地再生项目复杂的场地信息，无论是场地的工业历史，还是其特殊地形，都需要更多的解读与分析，才能有效地传达给普通公众。

（6）总结与启示

矿业棕地再生设计的第一要点就是对场地历史的充分尊重，斯特恩公园的设计方案受到的是场地自然演变发展历史的启示。从远古珊瑚礁地质构造到现代人类聚居，从近代采石挖掘到建筑垃圾填埋，场地内承载的所有历史信息和痕迹都被精心保留和展示，从而为人们创造出自然的、工业的、城市的以及居住的综合体验。其次设计师对于场地社会价值的体现也值得学习，其主要体现在休闲运动与教育展示两方面。矿坑公园建造了 2.72km 的步道为周围街区的居民提供了非常良好的健身休闲场所；在游客进行游览的过程中，矿坑公园内的水净化循环系统、历史存留遗迹、棕地改造再利用等都会给游客带来潜移默化的教育影响，它的存在使人们知道了历史文化记忆的重要性，更让自然环境与工业文明和谐相处，让可持续发展的思想在人们心中扎根。矿坑公园不仅是对城市休闲绿地空间的有效增益，也提供了一个公共教育与历史回顾的场所，它用优美的景观语言改善着城市人民的生活。

矿坑公园通过土地修复、植被恢复等手段营造了优美的生态风貌，不仅使原来废弃衰败的垃圾场焕然一新，也为生物多样性创造了价值。除了生态环境的改善，矿坑公园的方案还体现出了其特色的设计方式：空间结构错落有致、划分鲜明，满足景观功能的情况下促进了自然的发展形成；栈道与展示平台采用原场地保留材料，道路上也点缀着原场地的白云岩石块，体现了工业时代的生命力，还原了历史的记忆与文明。这套方案整体设计逻辑清晰，空间表达方式简洁明了，尽量保留场地原始地形，使用原场地材料，是基于历史文脉传承的经典景观作品。

5.4.6.2　唐山南湖公园

（1）项目概况

唐山南湖公园，位于唐山市中心城区以南 1km，面积 630hm^2，原为开滦煤田矿。因不合理的开采和唐山大地震的影响使得地面沉降而形成大面积水面，占地面积约 32.5hm^2。场地内还有被遗弃的农田、开采后的建筑垃圾以及煤矸石所堆叠的垃圾山。改造前的几十年里，杂草、污水使得这片场地成为了荒地，对唐山市的城市风貌和生态环境建设以及居民的生活都产生了严重的影响。随着唐山市的转型和生态文明建设，政府开始关注塌陷区的重建工程，南湖作为北方罕见的大型城市湖泊不仅具有稀缺性的生态特征，而且还是采煤塌陷区生态修复的典范（图 5-4-9）。

（2）场地特征

该场地中包含了大量的粉煤灰、生活垃圾和建筑垃圾。场地的主体空间要素为仍在继续下陷的采煤塌陷区、堆积成山的粉煤灰、巨大的垃圾山以及大面积的水体。南湖塌陷区常年被作为垃圾倾倒处，生活垃圾、建筑垃圾、地震废墟垃圾遍地堆放，1989 年政府在此建设了一个相对规范的生活垃圾填埋场，占地约 9.8hm^2。2008 年垃圾填埋场封场以前，总垃圾量已达到了 450 万吨，堆起来的垃圾山近 50m 高（图 5-4-10、图 5-4-11）。由于垃圾填埋过

图 5-4-9　唐山南湖公园改造前后对比

程中覆盖不足，局部用建筑垃圾简易封场，雨水渗入垃圾堆体，渗沥液量大增，并且收集管道发生堵塞，收集起来的渗沥液也未能有效处理，对于周边的环境造成严重的污染。

图 5-4-10　改造前的粉煤灰堆　　　　　　　图 5-4-11　改造前的垃圾山

（3）规划设计

对塌陷区进行生态敏感性评价和建设适宜性评价，确定场地的分类和职能以便为后续规划设计提供依据。着重对塌陷区内的水体进行规划，以南湖塌陷区为中心，通过南北两条人工沟渠连通陡河和青龙河，形成环形水系，同时对水质进行净化，使得南湖形成了超过 $500hm^2$ 的湿地面积，为下游河道的水质改善和净化城市雨水都提供了良好的基底条件。同时加以景观性的功能营建，为人们提供休闲娱乐的场所（图 5-4-12）。

公园建设前，场地内堆积的粉煤灰达到 600 万立方米之多。在再生过程中，其中一部分用于地形塑造，上覆种植土，包括公园东北角的植物园、南湖中央的几个岛屿以及景观半岛的建造等；一部分作为公园道路的路基材料；一部分烧制成粉煤灰砖作为公园小品的建设材

图 5-4-12　改造后的局部鸟瞰

料；剩余部分的粉煤灰则卖给工厂用于水泥和混凝土的生产。将大部分粉煤灰在场地内消纳与综合利用，减少了对粉煤灰进行运输与处置的费用，也避免了运输过程中可能产生的二次污染问题。

　　唐山南湖公园在建设过程中对于垃圾山进行了全面的封场整治，由上海市政工程设计研究院负责封场工程，清华同衡进行种植设计。对于大于 1：3 的边坡进行了整形，必要处建设挡墙，增设了渗沥液与填埋气的收集导排与处理系统，增设监测井，按照规范进行封场覆盖系统，防止雨水渗入垃圾堆体，表层覆盖种植土。地表水的收集导排系统也得到完善，沉淀池与景观水景设计相结合，水体还可用于绿化灌溉。昔日的垃圾山已经转变为叶绿花艳的凤凰台，2012 年又在山顶加建了中国古典建筑风格的凤凰亭，成为俯瞰唐山南湖公园全景的理想之所（图 5-4-13）。

图 5-4-13　垃圾山改造为凤凰台

　　南湖与陡河、青龙河连为一体，南湖采煤塌陷区形成的湿地缓解了陡河的排洪压力，对城市雨水收集和地下水渗透都创设了良好的条件。同时农作物需要集中供水时，南湖起到了平原调蓄水库的作用。枯水期后，青龙河及陡河对南湖进行补水处理，丰水期湖内的水系通过暗渠流入青龙河。环城水系的建设对改善城市整体的生态环境和推动城市发展具有深远的意义。

　　公园的水面分为南北两个湖，北面为龙泉湾，南面为青龙泽。北面水体所处区域的地质结构已经基本稳定，布置了较多的休闲娱乐设施，如游船码头、滨水茶室等。南面水体所在的区域仍处于沉陷的过程之中，因此以自然保护区为主。水岸的设计也采用了创新性的"枝桠沉床"绿色技术，将场地内遗留的约 13.4 万棵死树的树干与枝桠切成短小的木桩，捆绑用于驳岸的稳固化（图 5-4-14）。

图 5-4-14　水体景观

（4）总结与启示

唐山南湖公园的规划将自然与城市融为一体，将塌陷区转型为大型湿地，一方面促成了环城水系的建设，另一方面提升了人民的幸福指数，使场地成为生态景观、工业旅游、文化展示于一体的城中有山、环城有水的休闲游憩场所。

南湖生态城的核心区总造价达到 25.2 亿元，但它同时也产生了巨大的经济效益。南湖公园就像一块巨大的"生态磁场"，吸引了大量的投资建设，周边片区的土地已由每亩 10 多万元（1 亩 ≈ 666.7m²）迅速升值至 200 多万元，总体比开发前增值 1000 多亿元，产生了 1∶100 的经济效益。

5.5　城市棕地景观再生的原则

在现代城市棕地中，有相当多用地曾经是城市中最具生命力的地区，不仅包括"有形文化"，还蕴含了大量的"无形文化"，然而城市的不断发展最终导致其衰败、活力的退化。在进行污染治理、生态修复的基础上，这些区域中随着岁月的积淀所形成的价值观念、生活方式、组织结构、人际关系、风俗习惯等，都是值得保留的文化价值。根植于过去，立足于当代，放眼于未来，城市棕地景观再生的基本原则主要包括以下几个方面。

5.5.1　尊重自然的生态原则

棕地景观再生的必要基础和前提是对原有场地污染的有效清除，以及对场地生态环境的逐步修复。维护自然界本身的缓冲和调节能力，建立正确的人与自然的关系，尊重自然、保护自然，维持自然生态平衡，其中水分循环、植被、土壤、小气候、地形等在这个系统中起决定性作用。因此在进行景观再生时，应该因地制宜，利用原有地形及植被，避免大规模的土方改造工程，尽量减少因施工对原有环境造成的负面影响，尽量小地对原始自然环境进行变动。具体内容包括：生态修复及生态关系协调、自然的自组织和调节能力、边缘效应及生物多样性。将先进的生态技术运用到景观再生中去，修复原有的不良生态环境，尽量保持现存优势的生态环境。

在景观更新方面应尽量避免对景观进行破坏性改造，如破坏原有结构独立性和稳定性、重细部而轻整体等做法，特别是对于结构保存完好的旧景观，应该尽量保持它的完整性。这样可以充分利用景观所贮藏的能量，使其在长时间内持续发挥作用，同时还可以减少建造成本、缩短建设周期、降低施工对环境的破坏作用。

5.5.2 尊重历史的共生原则

　　棕地景观再生不仅是一项经济活动，同时也是一项社会活动，它不仅含有经济价值，同时也承载着保存历史文化价值的责任，因此应该在再生过程中保持历史的真实性。保存历史真实性并不是说对旧有景观不能进行变更，而是要求在变动的同时能够清晰地显现出时间的痕迹，改动部分与原有景观应尽量显现出各自的时代特点，不至于被后来人混淆。

　　城市棕地曾是历史信息的真实载体，其特别珍贵之处在于它可以不断地被研究，不断地有所发现。所以保护的实质是保护其历史信息，其内容是保证历史遗存、文化传统的真实性。要保留原有场地景观的真实性，必须对实物进行充分的调查研究，掌握第一手资料。不但需要对原有景观与场地给予充分了解，挖掘其在空间构成、材料运用、功能结构上的特点，还要调查景观环境的历史背景和文化价值，然后从中筛选主要的特点给予保留，如果可能还要在新的方案中强调这些特点，对于剩余的非主要特点，可以根据具体的设计要求进行灵活处理。

　　作为城市整体的一个组成部分，棕地再生必须从全局出发，其景观与城市共生主要体现在以下几个层面。

　　① 宏观层面　融入城市整体文脉结构，延续城市空间肌理，保护城市历史空间轮廓线，体现历史建筑在城市空间的标志性地位。

　　② 中观层面　再现传统元素，融入历史环境氛围，给历史环境注入新的活力。

　　③ 微观层面　尊重传统文脉，追求文化内涵，体现时代精神，运用新技术。

5.5.3 尊重地域的文化原则

　　城市的地域性必然导致城市景观的多样性。这种多样性表现在两个层次：一个层次是不同城市之间的多样性；另一个层次是一个城市内部的多样性。棕地景观再生应体现所在地域的自然环境特征，因地制宜地创造出具有时代特点和地域特征的景观形象，使再生后的景观场所具有较强的可识别性。场所的可识别性的重要特性体现在两个层次上：视觉形式和使用模式。视觉形式的可识别性是指具有高辨识度的地域特征；使用模式的可识别性是指景观功能引入后，场所的细节应帮助人们识别出它曾经所包含的使用模式。

　　地域文化是城市中最吸引人、最具活力的部分，它是历史、经济、自然条件、民族性等多方面作用的结果。在特定的文化背景中，人们以特定的生活方式、行为模式与文化价值观念表达与他人共存的生活世界。社会文化价值观往往对人与特定环境性格的认同感有重要影响，帮助人在空间中定位，表明人能够认知特定情景的空间性格。在现代城市棕地景观再生设计中，通常以抽象隐喻、象征和传统特征等方法表达文化意义，常常吸收历史上为人们熟识的语言与符号、样式与风格、片段与场景借以唤醒沉睡于人们心底的恒久"印迹"；同时又注重不同地域、阶层、年龄群体间的交流与生活，表达尊重各种民俗行为的雅俗共赏的平民化意识，体现大众化象征和时代特征。

　　在更新再生过程中，还应适度地引入公众参与。20世纪60年代末兴起的"公众参与"（public participation）设计，是让群众参与设计决策过程，这里强调的是与公民一起设计，而不是为他们设计。当前，影响棕地景观更新的力量包括政府力、市场力和社会力三方。在市场经济体制深化的背景下，政府的城市经营意识增强，同开发商代表的市场力关系日趋紧密，而以居民为代表的社会力却处于被边缘化的境况，居民往往只有被动地接受事实，没有多少发言权；已有的公众参与也主要停留在设计人员对居民的调查访谈，以及设计完成后的方案展示等浅层次上，真正意义上的、能影响设计结果的公众参与缺失。因此，在现代城市棕地景观再生过程中，必要时应在策划—调查—设计—实施的整体过程中实行全方位的公共参与，真正体现以人为本、尊重地域文化的原则。

5.5.4　尊重科学的经济原则

由于棕地旧有的景观是已经存在的实体，因此它对景观再生设计的方法限制较多，创作的自由度相对受限，设计师必须在允许的范围内选择科学的景观更新技术。另一方面，再生必然要对原有的物质基础进行一定程度的破坏与调整，因此再生本身所需要的施工技术也需要更加先进、更加合理。一系列修补、恢复、加固、翻新等技术措施，需要由多学科专业人员群策群力、积极配合、打破陈规、勇于创新，在有限的条件下制定出科学经济的解决方案。

一个科学的、可行的棕地景观再生设计可以最大程度地节约成本，有时还可以带来可观的经济收益和社会效益。因此，需要充分结合所在地区的经济状况，采用适宜的技术，注重合理使用土地资源，保护与节约自然资源，减少能源消耗。尽量采取简单而高效的措施，对能源和资源充分利用和循环利用，减少各种资源的消耗。多选用本地材料，对废弃材料进行分类筛选，化腐朽为神奇，既节省原材料，又能产生令人惊叹的艺术效果。

本章小结：

通过与城市废弃地等相近概念的对比，明确了城市棕地的概念、主要分类及其景观特点；针对性地介绍了城市工业类棕地、基础设施类棕地以及矿业类棕地景观再生的主要内容和特点，并结合典型经典实例解析了基本设计原则和具体设计内容。

课后习题：

1. 城市棕地的概念和特点是什么？
2. 城市棕地景观的特点有哪些？
3. 城市棕地景观再生的基本原则是什么？
4. 城市工业类棕地有哪些常见类型？
5. 交通设施类棕地包括哪些？
6. 矿业类棕地的一般景观特点是什么？

参 考 文 献

[1] 祁嘉华. 设计美学 [M]. 武汉：华中科技大学出版社，2009.

[2] 朱狄. 当代西方美学 [M]. 北京：人民出版社，1993.

[3] 王中德，杨玲. 中国城镇空间景观文化失谐现象的探讨 [J]. 中国园林，2010，26（2）：24-26.

[4] 张翼明. 点线面美学与景观设计 [D]. 福州：福建农林大学，2007.

[5] 程志刚. 三大构成艺术在现代景观设计中的应用研究 [J]. 四川建材，2013（3）：76-78.

[6] 吴伟. 城市风貌规划——城市色彩专项规划 [M]. 南京：东南大学出版社，2009.

[7] 陈飞虎. 建筑色彩学 [M]. 北京：中国建筑工业出版社，2007.

[8] 吴松涛. 城市色彩规划原理 [M]. 北京：中国建筑工业出版社，2012.

[9] 崔唯. 城市环境色彩规划与设计 [M]. 北京：中国建筑工业出版社，2006.

[10] 阿恩海姆. 艺术与视知觉 [M]. 北京：中国社会科学出版社，1984.

[11] 李克文. 群化、秩序与变异——论视知觉的审美心理 [J]. 天津美术学院学报，2005（4）：66-69.

[12] 李闽川. 基于视知觉动力理论的非欧建筑形态审美研究 [D]. 南京：东南大学，2016.

[13] 甄明扬. 基于视知觉理论的群化空间设计研究 [D]. 天津：天津大学，2015.

[14] 徐明前. 城市的文脉 [M]. 上海：学林出版社，2004.

[15] 周典，周若祁. 构筑老龄化社会的居住环境体系 [J]. 建筑学报，2006（10）：10-12.

[16] 中华人民共和国住房和城乡建设部. 城市居住区规划设计标准：GB 50180—2018 [S]. 北京：中国建筑工业出版社，2018.

[17] 中华人民共和国住房和城乡建设部. 建筑设计防火规范：GB 50016—2014（2018 年版）[S]. 北京：中国计划出版社，2018.

[18] 中华人民共和国住房和城乡建设部. 民用建筑设计统一标准 GB 50352—2019 [S]. 北京：中国建筑工业出版社，2019.

[19] 徐春英. 中国传统院落模式在城市开放住区景观中的设计研究 [D]. 成都：西南交通大学，2016.

[20] 窦以德. 回归城市——对住区空间形态的一点思考 [J]. 建筑学报，2004（4）：8-10.

[21] 于泳，黎志涛. "开放街区"规划理念及其对中国城市住宅建设的启示 [J]. 规划师，2006（2）：101-104.

[22] 张玉玉. 社区居家养老模式下合肥市老旧住区公共空间适老化更新策略 [D]. 合肥：合肥工业大学，2020.

[23] 贺万里. 中国当代装置艺术史 [M]. 上海：上海书画出版社，2008.

[24] 马陶. 装置艺术在商业建筑外环境中的应用研究 [D]. 哈尔滨：东北林业大学，2021.

[25] 徐悦，党成强. 当代设计下商业空间中装置艺术的个性化研究 [J]. 设计，2018（20）：140-142.

[26] 张彦超. 如何提高居住区软质景观设计的实景效果 [J]. 现代园艺，2013（16）：104.

[27] 何疏悦，疏梅. 浅析城市道路软质景观设计 [J]. 福建林业科技，2012（1）：145-149.

[28] 蔡永洁. 城市广场 [M]. 南京：东南大学出版社，2006.

[29] 戴洁. 城市广场空间景观形态视觉尺度研究 [D]. 济南：山东建筑大学，2014.

[30] 刘晓光. 城市绿地系统规划评价指标体系的构建与优化 [D]. 南京：南京林业大学，2015.

[31] 中华人民共和国住房和城乡建设部. 城市绿地设计规范：GB 50420—2007（2016 年版）[S]. 北京：中国计划出版社，2016.

[32] 中华人民共和国住房和城乡建设部. 城市用地分类与规划建设用地标准：GB 50137—2011 [S]. 北京：中国建筑工业出版社，2010.

[33] 中华人民共和国住房和城乡建设部. 城市湿地公园管理办法：2017 [S]. 北京：中国建筑工业出版社，2017.

[34] 李碧舟，杨建. 广场空间对人交往行为影响的研究 [J]. 华中建筑，2016（7）：15-19.

[35] 傅维君，李贺. 中国北京首钢旧厂滨水区的复兴和重振 [M]. 北京：中国环境出版社，2013.

[36] 林慧颖. 基于多学科视角的城市棕地改造技术体系构建 [D]. 长春：吉林大学，2016.

[37] 霍兰德，科克伍德，高德. 棕地再生原则：废弃地的清理·设计·再利用 [M]. 北京：中国建筑工业出版社，2014.

[38] 牛慧恩. 美国对"棕地"的更新改造与再开发 [J]. 国外城市规划，2001（2）：30-31，26.

［39］ 郑晓笛．基于"棕色土方"概念的棕地再生风景园林学途径［D］．北京：清华大学，2014.

［40］ 乔廷尧．"韧性城市"视野下城市废旧码头空间再利用设计研究［D］．青岛：青岛理工大学，2019.

［41］ 杨春侠，吕承哲，徐思璐，等．伦敦金丝雀码头的城市设计特点与开发得失［J］．城市建筑，2018（35）：101-104.

［42］ 崔庆伟．美国斯特恩矿坑公园的景观改造再利用研究［J］．中国园林，2014，30（3）：74-79.

［43］ 黄舒弈，章明．滨水工业区转型中的用地多样化过程与弹性规划机制：以巴尔的摩内港为例［J］．国际城市规划，2021（9）：1-15.

［44］ 张衔春，单卓然，贺欢欢，等．英国"绿带"政策对城乡边缘带的影响机制研究［J］．国际城市规划，2014，29（5）：42-50．资料来源：Greater London Regional Planning（Second Edition）［S］．Greater London Regional Planning Committee，1933.